T0206288

Landauer Beiträge zur mathematikdidaktischen Forschung

Reihe herausgegeben von

Jürgen Roth, Institut für Mathematik, Universität Koblenz-Landau, Landau, Rheinland-Pfalz, Deutschland

Stephanie Schuler, Institut für Mathematik, University of Koblenz and Landau, Landau, Nordrhein-Westfalen, Deutschland

In der Reihe werden exzellente Forschungsarbeiten zur Didaktik der Mathematik an der Universität Koblenz-Landau publiziert. Sie umfassen das breite Spektrum der Forschungsarbeiten in der Didaktik der Mathematik am Standort Landau, das in der einen Dimension von empirischer Grundlagenforschung bis hin zur fachdidaktischen Entwicklungsforschung und in der anderen Dimension von der Unterrichtsforschung bis hin zur Hochschuldidaktischen Forschung reicht. Dabei wird das Lehren und Lernen von Mathematik vom Kindergarten über alle Schulstufen und Schulformen bis zur Hochschule und zur Lehrerbildung beleuchtet. In jedem Fall wird konzeptionelle Arbeit mit qualitativen und/oder quantitativen empirischen Studien verbunden. In der Reihe erscheinen neben Qualifikationsarbeiten auch Publikationen aus weiteren Landauer Forschungsprojekten.

Weitere Bände in der Reihe http://www.springer.com/series/15787

Tim Lutz

Diagnose und Förderung in der elementaren Algebra

Entwicklung eines Diagnoseinstrumentes und Vorbereitung eines Förderkonzeptes

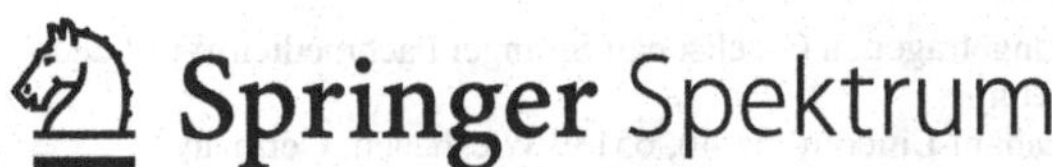

Tim Lutz
Heidelberg University of Education
Heidelberg, Deutschland
https://tim-lutz.de/aldiff

Diese Arbeit wurde als Dissertation von Tim Lutz an der Pädagogischen Hochschule Heidelberg erstellt und am 13.01.2021 mit summa cum laude abgeschlossen.

Die Arbeit berichtet die Ergebnisse eines Forschungsvorhabens über die Entwicklung automatisiert auswertbarer Diagnose mit sich anschließenden Förderkonzepten.

Gefördert wurde das Projekt von der internen Forschungsförderung der Pädagogischen Hochschule Heidelberg in Zusammenarbeit mit Prof. Dr. Guido Pinkernell, Prof. Dr. Markus Vogel (1. Gutachter) und Prof. Dr. Augustin Kelava (Universität Tübingen, 2. Gutachter).

ISSN 2662-7469 ISSN 2662-7477 (electronic)
Landauer Beiträge zur mathematikdidaktischen Forschung
ISBN 978-3-658-34207-4 ISBN 978-3-658-34208-1 (eBook)
https://doi.org/10.1007/978-3-658-34208-1

Die Deutsche Nationalbibliothek verzeichnet diese Publikation in der Deutschen Nationalbibliografie; detaillierte bibliografische Daten sind im Internet über http://dnb.d-nb.de abrufbar.

Planung/Lektorat: Marija Kojic
Springer Spektrum ist ein Imprint der eingetragenen Gesellschaft Springer Fachmedien Wiesbaden GmbH und ist ein Teil von Springer Nature.
Die Anschrift der Gesellschaft ist: Abraham-Lincoln-Str. 46, 65189 Wiesbaden, Germany

Ärzte schreiben unleserliche Rezepte, wenn sie ihrer Diagnose nicht sicher sind.

Wolfram Weidner (*1925, dt. Politikjournalist)
(1999, S. 109)

Kommentar:
Die Absicht, eine Diagnose „fachgerecht“ erstellen zu können, gründet sich auf dem Wunsch, ein Defizit, das man glaubt erkannt zu haben, in Folge so umfassend diagnostizieren zu können, dass in einer sich anschließenden „Therapie“ die Aussicht besteht, den Mangel zu bessern.

Danksagung

Die Zeit der Dissertation ist eine einmalige wertvolle Zeit.

Danken möchte ich den Menschen, die mich durch diese Zeit hindurch begleitet haben.

Prof. Dr. Guido Pinkernell, dem Schöpfer des Projektes aldiff und

Prof. Dr. Markus Vogel, dem weiteren Projektleiter des Projektes aldiff.

Beide haben mich begleitet von den aufregenden Anfängen der Vorüberlegungen über die Umsetzung der Hauptstudie bis hin zum Abfassen von Artikeln.

In der Zeit meiner Arbeit an der Pädagogischen Hochschule Heidelberg konnte ich vielfältige Erfahrungen im Bereich wissenschaftlichen Arbeitens sammeln. Dafür möchte ich beiden Professoren in ganz besonderer Weise danken. Die Arbeit mit beiden wird mein zukünftiges berufliches Leben prägen.

Ich möchte Dank aussprechen an Prof. Dr. Augustin Kelava. Herr Prof. Kelava betreute diese Arbeit von Beginn an für den Bereich der quantitativen statistischen Ausführungen, angefangen vom Forschungsdesign über Expertenrat möglicher Auswertungsstrategien bis hin zu Tipps zur Qualitätssicherung der Ergebnisse.

Mein weiterer Dank gilt Prof. Dr. Jürgen Roth, für dessen Rücksichtnahme in der Zeit, die für die Fertigstellung dieser Arbeit nötig war.

Mein größter Dank gilt meiner Familie, die mir während der Zeit meiner Dissertation nach hinten den Rücken von Banalem freigehalten hat und nach vorne gerichtet den Blick auf das Elementare (nicht nur der Algebra) geschärft hat.

Inhaltsverzeichnis

1 Einleitung

aus: Aristoteles, „Περὶ ἑρμηνείας"(Über die Deutung), zweiter Teil des Werkes Organon.

altgriechisches Original herausgegeben von: Minio-Paluello (1949)

Übersetzung angefertigt von: Tim Lutz.

Ἔστι μὲν οὖν τὰ ἐν τῇ φωνῇ τῶν ἐν τῇ ψυχῇ παθημάτων σύμβολα,

Nun also sind die Zeichen in der gesprochenen Sprache Vorstellungen in der Seele,

Erläuterung: Nun also sind dic Zeichen in der (gesprochenen) Sprache (im Weiteren φωνῇ als „Worte") Empfindungen (gemeint: Vorstellungen) in der Seele,

καὶ τὰ γραφόμενα τῶν ἐν τῇ φωνῇ.

und die geschriebenen Zeichen sind Zeichen von den gesprochenen Worten.

Erläuterung: und die geschriebenen (hier elliptisch:) Zeichen sind (elliptisch:) Zeichen von den (gesprochenen) Worten (wörtl: Sprache, synchron zu vorderer Satzteil).

καὶ ὥσπερ οὐδὲ γράμματα πᾶσι τὰ αὐτά, οὐδὲ φωναὶ αἱ αὐταί

So wie nun die Schriftzeichen nicht bei Allen (meint: Menschen) dieselben sind, sind auch die (gesprochenen) Worte nicht bei Allen dieselben.

ὧν μέντοι ταῦτα σημεῖα πρώτων,

Frei: **Was allerdings beiden gemeinsam ist:**

Erläuterung: Wessen Zeichen allerdings die ersten-vorgenannten sind:

ταὐτὰ πᾶσι παθήματα τῆς ψυχῆς,

Die Empfindungen der Seele sind bei Allen dieselben,

T. Lutz, *Diagnose und Förderung in der elementaren Algebra*, Landauer Beiträge zur mathematikdidaktischen Forschung, https://doi.org/10.1007/978-3-658-34208-1_1

καὶ ὧν ταῦτα ὁμοιώματα πράγματα ἤδη ταὐτά.

und unmittelbar die Dinge sind dieselben, von welchen die Abbilder die Vorstellungen sind.

Erläuterung: und unmittelbar die Dinge (elliptisch:) sind

dies (gemeint: dieselben), derer (gemeint: von welchen) die Abbilder die Empfindungen (gemeint: Vorstellungen) sind.

Bedeutung des Zitats für das Projekt aldiff:

Algebra als formale Sprache der Mathematik schafft Zeichen.

Warum Algebra in der Schulmathematik wichtig ist:

„Der Untersuchung von Lernschwierigkeiten in der Algebra kommt eine besondere Bedeutung zu. Die Algebra hat eine Art Schlüsselstellung innerhalb der Sekundarstufenmathematik, insofern als in ihr grundlegende mathematische Begriffe und formale Qualifikationen vermittelt werden." (Tietze 1988, S. 196)

In der vorliegenden Arbeit wird das Wissen und Können im Bereich „elementarer Algebra" aufgrund ihrer Relevanz für den Übergang Schule-Hochschule untersucht, da sie dort als formale Sprache der Mathematik ihre Bedeutung beibehält.

„Lernschwierigkeiten auch in der Sekundarstufe II lassen sich wesentlich auf eine mangelhafte algebraische Kompetenz zurückführen (vgl. HAYEN 1983)." (Tietze 1988, S. 196)

Struktur der Arbeit

2

2.1 Glossar der wichtigsten Begriffe und Abkürzungen

aldiff (**A**lgebra **diff**erenziert fördern): In dieser Dissertation beschriebenes Projekt

DiaLeCo: Vorgängerprojekt von aldiff

SUmEdA (**S**innstiftender **U**mgang **m**it **E**lementen **d**er **A**lgebra): entstanden im Projekt DiaLeCo. Theoriebasiertes Modell der elementaren Algebra auf Basis einer systematischen Literaturrecherche bestehender fachdidaktischer Literatur. SUmEdA wurde im Rahmen einer Expertenbefragung inhaltlich validiert. Informationen zu SUmEdA sind erhältlich bei Prof. Guido Pinkernell, Prof. Markus Vogel, Christian Düsi.

Projektleitung, Vorgaben der Projektleitung: An bestimmten Stellen im Projekt hatte der Autor nicht die Möglichkeit einer Einflussnahme. Diese Stellen waren, wie vorgefunden, bzw. vorgegeben, einend in das Gesamtkonzept einzubinden und sind jeweils durch einen Hinweis entsprechend gekennzeichnet.

SUmEdX: Erweiternd zu SUmEdA sollen analog theoretische Modelle zu weiteren mathematischen Themengebieten entstehen. „Sinnvoller Umgang mit Elementen der X (wobei X = Algebra, Arithmetik, Funktionen, Raum und Form bzw. Messen).“ (Pinkernell 2019)

T. Lutz, *Diagnose und Förderung in der elementaren Algebra*, Landauer Beiträge zur mathematikdidaktischen Forschung,
https://doi.org/10.1007/978-3-658-34208-1_2

SUmEdA Tabelle: Graphische Übersicht über die 10 Kategorien des Modells SUmEdA (Erklärungen zur Tabelle finden sich bei „Schritt 0: Erstellung der ersten Version des Vereinfachten Modells (Version 1)")

SUmEdA Tabelle

SUmEdA Tabelle

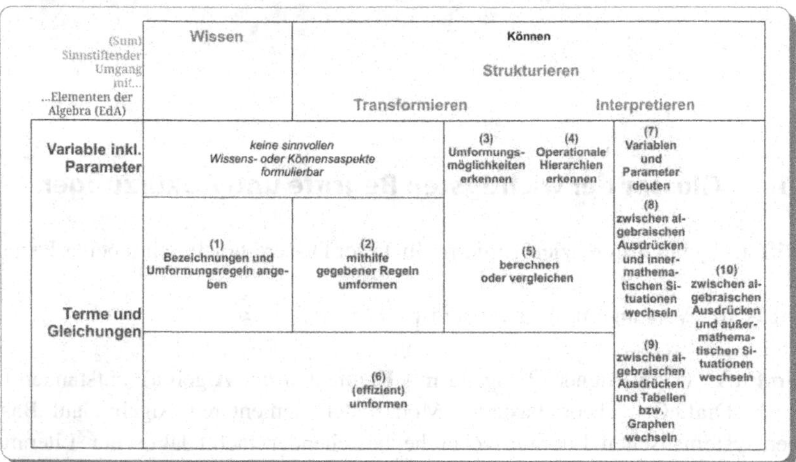

Aufgabenpool SUmEdA: SUmEdA und der Aufgabenpool aus SUmEdA haben den Anspruch umfänglich die elementare Algebra abzubilden. Der Aufgabenpool aus dem Vorgängerprojekt DiaLeCo zum Modell SUmEdA wurde entwickelt von Prof. Guido Pinkernell, Prof. Markus Vogel, Christian Düsi und bildet die Grundlage der empirischen Untersuchungen der vorliegenden Arbeit.

2.2 Ziel der Arbeit

Ziel der Arbeit ist die Entwicklung eines Diagnoseinstrumentes der elementaren Algebra nach SUmEdA (10-Kategorien-Modell aus Vorgängerprojekt DiaLeCo). Alle Aufgaben aus SUmEdA bilden in Ihrer Gesamtheit die elementare Algebra vereint im Modell SUmEdA des Vorgängerprojektes. Diese „elementare Algebra nach SUmEdA" ist Gegenstand der empirischen Untersuchungen dieser Arbeit.

Das Projekt aldiff arbeitet mit einer eigens für die Entwicklung eines Diagnoseinstruments erstellten Vereinfachung dieses Modells (6-Kategorien-Modell).

Dieses Diagnoseinstrument wird explizit für den Übergang Schule-Hochschule konzipiert und ist zum Einsatz in Vorkursen bestimmt. Zur Konfiguration des Diagnoseinstrumentes wird u. a. ein Algebratest durchgeführt, zusammengesetzt aus Aufgaben, die aus dem Vorgängerprojekt für SUmEdA vorliegen. Basierend auf den Ergebnissen des Algebratest wird das Diagnoseinstrument finalisiert.

Für die Analysen des Algebratests werden zum einen Modelldefinitionen vorgenommen, welche sich aus theoretischen Aufgabenkategorien zusammensetzen. Zum anderen werden "rein" explorative Untersuchung des Algebratests vorgenommen.

Die Untersuchungen zur Diagnoseinstrumententwicklung haben zum Ziel eine differenzierende Diagnose zu ermöglichen.

Die Bemühungen um Ansätze einer auf den Untersuchungen dieser Arbeit aufbauenden Folgeforschung haben zum Ziel eine Diagnose zu ermöglichen, die „Förderung ausreichend differenziert".

Zur Definition von Diagnose, die „Förderung ausreichend differenziert", wird der Begriff der „Einzelausfallerscheinung" als auswertungstechnische Idee eingeführt, um individuelle Förderempfehlungen auszusprechen.

Die Faktoren der erstellten Modelle sind schon durch die Wege, die zu ihrer Entstehung führen an SUmEdA rückgebunden.

Als Anregung für Folgeforschung, der Umsetzung einer Förderung, wird auf Basis der Ergebnisse aus aldiff auf weiterführende Literatur und zum Teil auch mögliche Fördermaterialien verwiesen.

Mit dem letzten Abschnitt der Arbeit sollen empiriegestützte Empfehlungen ausgesprochen werden. Eine auf die Resultate von aldiff aufbauende Fördermaterialentwicklung für die erstellten Modelle und die Förderwirksamkeitsforschung sollen so vorbereitet werden.

2.3 Überblick über die Struktur der Arbeit

Algebra bildet die "formale Sprache der Mathematik" ab. Das "Wissen und Können" im Bereich der "Schulalgebra" am Übergang Schule-Hochschule ist von studienrelevanter Bedeutung.

Hier greift das Projekt aldiff an: Es soll ein Diagnoseinstrument erstellt werden, ausgerichtet auf die Zielgruppe Übergang Schule-Hochschule und basierend auf den Aufgaben aus SUmEdA.

Theorieteil allgemein:
Im allgemeinen Theorieteil werden vielfältige Anforderungen zusammengetragen, die ein Diagnoseinstrument erfüllen sollte.

Im Verlauf der Projektentwicklung bestimmte die Projektleitung, welche der Anforderungen nur als Setzungen weiterzuführen waren und welche der Anforderungen weiterverfolgt untersucht werden sollten.

Die erarbeitete Diagnose im Projekt aldiff wird letztendlich zur Einordnung in die klassischen Gütekriterien Stellung nehmen.

Im allgemeinen Theorieteil der Arbeit wird über allgemeine Testgütekriterien hinaus der Begriff "Förderdiagnose" als das verbindende Element der vier Forschungsstränge in aldiff aufgebaut.

Ausführung der vier Forschungsstränge in aldiff:
Theorieteil a)
Der erste Abschnitt von Theorieteil a) beschreibt zunächst bestehende Anforderungskataloge, die sich an Studienanfänger richten. Die elementare Algebra in ihrer Funktion als Grundlage mathematischen Wissens und Könnens am Übergang Schule-Hochschule wird unter Verweis auf die Anforderungslisten plausibel und, wo möglich, mit den aus SUmEdA vorliegenden Aufgaben in Verbindung gebracht. Häufig basieren Anforderungslisten auf Dozentenbefragungen. Im zweiten Abschnitt von Theorieteil a) wird die Begriffsbedeutung „Experte" und der literaturbasiert hergeleitete Ausdruck „Experte aus der Praxis" näher untersucht, um eine Dozentenbefragung für das Projekt aldiff vorzubereiten.

Theorieteil b)
Im ersten Abschnitt von Theorieteil b) werden in Strukturanalogie zum ersten Abschnitt in Theorieteil a) einige bestehende Aufgabensammlungen und Tests, die elementare Algebra beinhalten, beschrieben. Dabei werden zwei Zielsetzungen verfolgt: 1. Die Aufgaben aus SUmEdA sollen zumindest indirekt vergleichbar gemacht werden mit Aufgaben, die frei zugänglich sind. Diese Vorgehensweise ist nötig, da der Vorgabe der Projektleitung zu folgen war, die im Fundus von SUmEdA enthaltenen Aufgaben nicht zu veröffentlichen.

2. Es wird festgestellt: In keinem der aufgeführten Beispiele bestehender Aufgabensammlungen und Tests sind a l l e Aspekte der Aufgaben aus SUmEdA enthalten.

Daraus begründet sich die Motivation einer empirischen Untersuchung der SUmEdA Aufgaben am Übergang Schule-Hochschule.

Im zweiten Abschnitt von Theorieteil b) erfolgt ein Exkurs in den Themenbereich "Vorkurse". Der Exkurs verfolgt zwei Zielsetzungen:

1. Darstellung der Heterogenität der Studierendenschaft am Übergang Schule-Hochschule

2. Beschreibung der Heterogenität an bestehenden Vorkursangeboten. Damit wird schließlich eine Einordnung des in dieser Arbeit entwickelten Algebratests in mögliche Einsatzszenarien vorgenommen.

Theorieteil c)

Theorieteil c) beschäftigt sich im ersten Teil, strukturanalog zu a) und b), mit bestehenden Testkürzungsverfahren. Der zweite Teil von Theorieteil c) thematisiert die Umsetzung der automatischen Auswertung des Algebratests.

Diese beiden Elemente von c) bilden die theoretische Grundlage für die Nutzung der Ergebnisse aus b).

Die Frage nach der Relevanz für die Erstellung eines Diagnoseinstrumentes sieht Theorieteil c) bereits in den Ausführungen aus den Theorieteilen a) und b) beantwortet.

Theorieteil d)

Theorieteil d) beschäftigt sich, ebenfalls strukturanalog zu den anderen drei Theorieteilen, mit bestehenden differenzierenden Förderangeboten am Übergang Schule-Hochschule (u. a. im Bereich der elementaren Algebra). Theorieteil d) stellt eine Problematik bezüglich der Diagnose fest: Es sind zwar viele differenzierte Diagnosen vorhanden, die detailgenaue Aussagen treffen über den Lernstand des jeweiligen Probanden; diese nutzen jedoch am Übergang Schule-Hochschule nicht das Potential, Förderung in „ausreichendem Maße" zu differenzieren.

Theorieteil d) motiviert die auswertungstechnische Idee der Definition „Einzelausfallerscheinung" als möglichen Ausweg und wird sich damit als verwandtes Konzept zu anderen technischen Definitionen, wie bei Feldt-Caesar (2017), zeigen. Die Untersuchung des empirischen Vorkommens von Einzelausfallerscheinungen, sowie Untersuchung im Zusammenspiel mit den Ergebnissen aus b) bzw. c) bestimmen den Forschungsstrang d).

Im Anschluss an die Theorieteile werden die Forschungsfragen formuliert.

Die Reihenfolge der Bearbeitung der Forschungsfragen folgt in weiten Teilen der Arbeit der chronologisch erstellten Auswertungsfolge.

Die Bearbeitung der Forschungsfragen folgt bewusst dem Schema:
Auf die Darstellung der Methodik folgt direkt im Anschluss die jeweilige Auswertung. Dies soll einen sinntragenden Lesefluss befördern.

Eine Ausnahme bildet Forschungsstrang a). Dieser verfolgt selbst ein delphiähnliches zyklisch aufgebautes Unternarrativ, um den Charakter des Forschungsstranges a) beizubehalten.

Eine weitere Eigenschaft von Diagnoseinstrumenten für die Förderdiagnose ist die Verständlichkeit der Diagnose für den Probanden (und erweitert, auch für potentielle Etablierer der Diagnose, d. h. Hochschullehrer; hier ist auch Akzeptanz wichtig).

Hierzu wird Forschungsfragenabschnitt a) definiert. Eine Expertenbefragung eingebettet, in zwei weitere Befragungen, untersucht die Bereiche „Akzeptanz" und „Verständlichkeit" empirisch.

Um die Expertenbefragung zu motivieren, einzuordnen und umzusetzen werden in Theorie a) bestehende Anforderungslisten in Bezug auf elementar algebraische Inhalte untersucht. Es werden Zusammenhänge zwischen Anforderungslisten und Expertenbefragungen in Mathematik am Übergang Schule-Hochschule aufgezeigt.

aldiff arbeitet mit einem Algebratest, der aus Aufgaben des Vorgängerprojektes zusammengestellt ist. Auf Anweisung der Projektleitung sind die Aufgaben des Algebratests nicht zur Veröffentlichung bestimmt. Ausgewählte Aufgaben des Algebratests, die an anderer Stelle veröffentlicht sind, sind hiervon ausgenommen. Dies gibt jedoch nur einen sehr kleinen Teil der Algebratestaufgaben wieder. Es wird daher eine Übersicht über bestehende Aufgabensammlungen und Tests gegeben, die elementare Algebraaufgaben beinhalten, um Ähnlichkeiten zu den Testaufgaben in aldiff herauszuarbeiten. Als Teil der Theorie b), jedoch inhaltlich auch c) zuordenbar, werden die potentiellen Adressaten eines Diagnoseinstrumentes der elementaren Algebra untersucht: bestehende Vorkursszenarien.

Es wird festgestellt, dass elementare Algebra im Zuge der zunehmenden Relevanz von Sekundarstufe I Inhalten in Vorkursen im Schnitt immer mehr an Bedeutung gewinnt. Längst nicht allen Vorkurskonzepten liegen genuin mathematikdidaktische Modelle zugrunde. Selbst die Vorkurskonzepte, die z. B. Kompetenzmodelle zugrunde legen, sind (zumindest auf den ersten Blick) nicht so detailliert und breit theoretisch abgestützt wie SUmEdA. Damit wird die praktische Relevanz, ein Diagnoseinstrument der elementaren Algebra zu entwickeln, plausibel. Die Verwendung der Aufgaben aus SUmEdA ist inhaltlich-theoretisch äußerst valide.

Die Aufgabenzusammenstellung umfasst nach Auffassung des Vorgängerprojektes umfänglich den Kern der elementaren Algebra. Die Aufgaben aus dem Vorgängerprojekt eignen sich daher, um das Wissen und Können der elementaren Algebra am Übergang-Schule-Hochschule empirisch zu untersuchen.

Zur empirischen Untersuchung der Durchführung des Algebratests formuliert aldiff mehrere empirisch gestützte Modelle.

Ein Teil der Untersuchung widmet sich dem Vergleich der empirischen Untersuchung mit bekannten Lösungsraten bei Küchemann und Oldenburg.

Rein explorative Analysen untersuchen die Daten der empirischen Haupterhebung.

Die Übernahme in weitere Untersuchungen wird von der Nützlichkeit für die Vorbereitung einer differenzierenden Diagnose mit anschließender Förderempfehlung beurteilt.

Explorative Analysen unter Zuhilfenahme konfirmatorischer Hilfsmittel verbinden theoretische Vorannahmen mit Gütekriterien empirischer Akzeptanz. Die theoretischen Vorannahmen sind auf Basis von Einteilungen ähnlicher Inhalte u. a. mit SUmEdA getroffen. Eine klare Zuordnung aller Aufgaben in das Modell von SUmEdA war nicht mehrheitsfähig unter der Projektleitung. Eine Einteilung nach dem Vereinfachten Modell war mehrheitsfähig. Die Untersuchungen ergeben ein Modell, welches u. a. Faktoren des Vereinfachten Modells enthält.

Ein Kriterium, die Praxistauglichkeit eines Diagnoseinstruments zu beurteilen, ist der Aufwand zur Durchführung eines Tests (Ressourcen der Tester) und die Testdauer (Ressourcen des Getesteten). Am Übergang Schule Hochschule, gibt es im Fach Mathematik bereits diverse Themengebiete, die für einen Vorkurs relevant werden. Eine Übersicht hierzu wird schon in Theorie b) gegeben. Forschungsstrang c) beschäftigt sich damit, die Ergebnisse aus Forschungsstrang b) durch eine Testkürzung für den Einsatz in Vorkursszenarien u. a. datenbasiert zu optimieren. Hierbei ist die Verortung im Bereich der Vorkurse treibende Kraft zur Anstrengung einer Testkürzung (Bezug zur Theorie b), Ressourcen des Getesteten).

Forschungsstrang c) beschäftigt sich ebenfalls damit, wie der dann gekürzte Algebratest, möglichst valide automatisiert ausgewertet werden kann. Dies ist nötig, da die meisten Aufgaben des Algebratests „offen" gestellt sind, siehe b).

Resultat des Forschungsstranges c) ist ein automatisiert auswertbarer Diagnose-Test (trotz vieler offener Aufgabenstellungen und einer frei zu formulierenden "Begründungsaufgabe"). Hohe Objektivität in der Bewertung kann so erreicht werden.

Förderdiagnose muss so beschaffen sein, dass Diagnose Förderempfehlung ermöglicht und an der Wirksamkeit von Förderung gemessen wird. Förderdiagnose muss ursachenhypothesengeleitet sein. Passgenauer Zuschnitt auf den Probanden (basierend auf dessen Diagnose, z. B. aber auch dessen Lernverhalten) ist unumgänglich, um Erfolg in Aussicht zu stellen. Der Forschungsstrang d) beschäftigt sich mit einem Ansatz, wie auf Basis der Ergebnisse in b) eine möglichst auf den Lernenden passende Förderung erfolgen könnte. Im Forschungsstrang d) wird deshalb ausgehend von der Darstellung bestehender Förderangebote der auswertungstechnische Begriff der Einzelausfallerscheinung motiviert und in der Methodik d) definiert. Ein auf diesem Begriff aufbauendes Konzept zum Aussprechen der individuellen Förderempfehlung wird formuliert. Außerdem werden Empfehlungen für die Relevanz bestimmter Faktoren der untersuchten Modelle ausgesprochen. Diese Empfehlungen könnten für die Erstellung von Fördermaterialien auf Basis der empirischen Modelle dienen.

In der sich anschließenden Gesamtschau wird auf die Gütekriterien, die zu Beginn formuliert werden, resümierend Bezug genommen.

In einem abschließenden Ausblick werden die grundlegenden, im Rahmen der Arbeit formulierten, möglichen weiterführenden Forschungsansätze zusammengetragen.

2.3.1 Die Struktur der Arbeit als graphische Übersicht

Zur besseren Erfassung der Struktur der Arbeit wurde eine graphische Gesamtübersicht erstellt (siehe nachfolgende Abbildung).

Graphische Gesamtübersicht der Arbeit

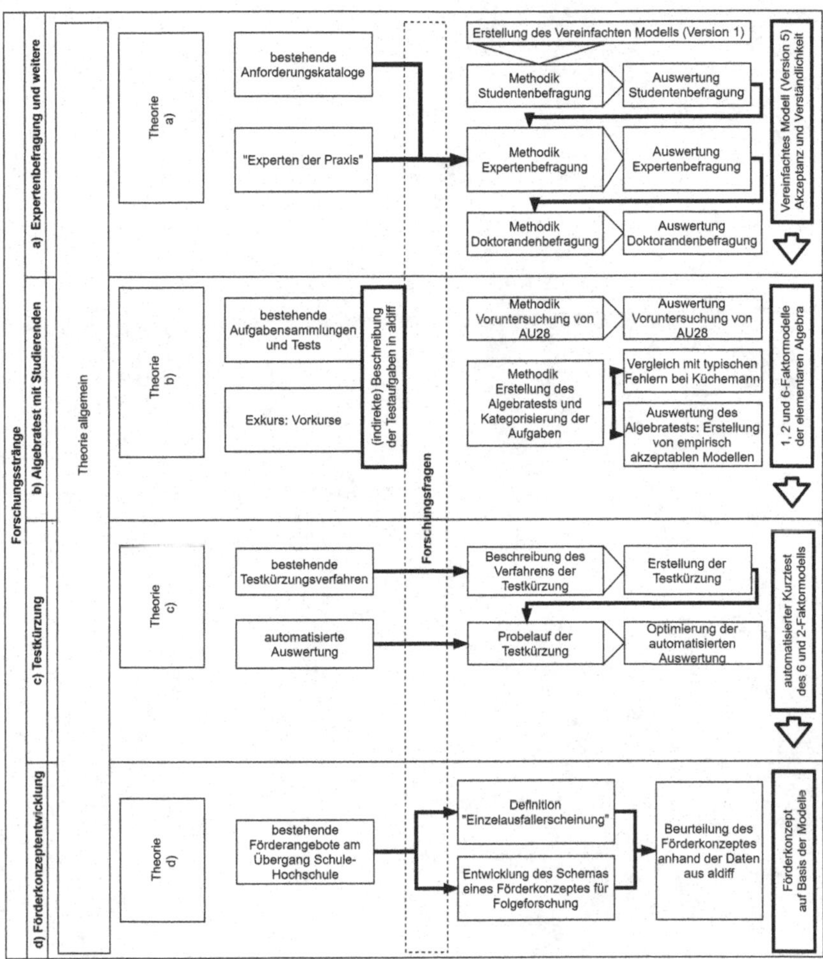

Theorie

3

3.1 Allgemeiner Theorieteil

Im allgemeinen Theorieteil werden Anforderungen zusammengetragen, die ein Diagnoseinstrument erfüllen sollte. Im Verlauf der Projektentwicklung bestimmte die Projektleitung, welche der Anforderungen nur quasi als plausible Setzungen weiterzuführen waren und welche der Anforderungen aktiv weiterverfolgt untersucht werden sollten.

3.1.1 Allgemeine Testgütekriterien

Bei der Erstellung von Testinstrumenten sind allgemeine Testgütekriterien zu beachten: (Moosbrugger und Kelava 2012, S. 8)

1. Objektivität
2. Reliabilität
3. Validität
4. Skalierung
5. Normierung (Eichung)
6. Testökonomie
7. Nützlichkeit

Elektronisches Zusatzmaterial Die elektronische Version dieses Kapitels enthält Zusatzmaterial, das berechtigten Benutzern zur Verfügung steht https://doi.org/10.1007/978-3-658-34208-1_3.

T. Lutz, *Diagnose und Förderung in der elementaren Algebra*, Landauer Beiträge zur mathematikdidaktischen Forschung, https://doi.org/10.1007/978-3-658-34208-1_3

8. Zumutbarkeit
9. Unverfälschbarkeit
10. Fairness

Die im Rahmen des Projektes aldiff zu erarbeitende Diagnose muss sich letztendlich auch der Einordnung in diese klassischen Gütekriterien stellen.

Dies wird rückblickend in der Gesamtschau am Ende dieser Arbeit thematisiert.

3.1.2 Gütekriterien für Schulische Diagnose in der elementaren Algebra nach Meyer

Die Entwicklung des Diagnoseinstrumentes im Projekt aldiff wird bezugnehmend auf Meyer (2015) und Meyer und Fischer (2013) verortet.

Meyer entwickelt für eine etwas andere Zielpopulation(Schüler und Lehrer) und mithilfe anderer Diagnoseverfahren eine Diagnose der elementaren Algebra.

Der theoretische Teil von Meyers Arbeit wird genutzt, um zunächst das Ziel von Diagnose im Projekt aldiff herauszuarbeiten und dann die Forschungsstränge von aldiff über die Theorie der „Förderdiagnose" miteinander zu verbinden.

Meyer beschreibt (Schulische) Diagnose:

> *„Diagnose ist die kriterienorientierte, systematische Erfassung und Beschreibung der Ressourcen und Defizite eines Lerners, mit dem Ziel einer möglichst individuellen, fachlich orientierten Förderung des Lernens."* (Meyer 2015, S. 69)

Meyer ermittelt 4 zentrale Funktionen von Diagnose in der Sekundarstufe: Selektions- und Qualifikationsfunktion, Bewertungsfunktion, didaktische Funktion und Förderfunktion.

Für das Projekt aldiff sind die beiden letzten Funktionen von Bedeutung:

> *„3. Didaktische Funktion. Eine Diagnose hat zum Ziel zu ermitteln, wie Schülerinnen und Schüler im Unterricht bei ihrem Vorwissen abgeholt werden können, so dass ausgehend von ihrem Vorwissen unterrichtet werden kann. So kann etwa ermittelt werden, ob Lernende wesentliche Aspekte eines Unterrichtsthemas verstanden haben oder ob Aspekte wiederholt werden müssen.*
>
> *4. Förderfunktion. Eine Diagnose hat zum Ziel, die besonderen (Lern-) Bedürfnisse von Lernenden zu ermitteln und von diesen Bedürfnissen ausgehend eine Förderung zu gestalten. Diese Diagnose kann iterativ gestaltet sein, d. h. der Erfolg einer Förderung*

wird durch erneute Förderdiagnosen bestimmt (Kleber, 1992; Ingenkamp & Lissmann, 2005 [...])" (Meyer 2015, S. 70)

aldiff nimmt die Förderfunktion, in diesem Zusammenhang aber auch die didaktische Funktion, als theoretische Grundlage für die Entwicklung eines Diagnoseinstrumentes.

aldiff wird eine defizitorientierte Förderdiagnose entwickeln, mit dem Ziel eine anschließende Förderung der defizitären Bereiche vorzubereiten. Dabei kann der Algebratest teilweise auch der didaktischen Funktion zugeordnet werden.

Für die Förderdiagnose gilt:

„Wichtige Kennzeichen solcher Diagnosen sind eine präzisierte, möglichst theoriegeleitete Problemstellung, eine systematische Datenerhebung mit geeigneten Methoden sowie eine an Kriterien orientierte Datenreduktion (vgl. Thomas, 2007, S. 83)." (Meyer 2015, S. 73)

Förderung auf Faktorenebene muss Ursachen für die fehlerhafte Bearbeitung von Aufgaben suchen (siehe Meyer (2015, S. 74)). Die Analyse von „typischen Fehlern" könnte hier erste Ergebnisse liefern. Als typischer Fehler gilt ein gehäuft in einer Population auftretendes strukturell verwandtes Fehlerbild, dessen Ursachen zu ergründen sind. Die Analyse dieser typischen Fehler wird in aldiff jedoch nur bei einem Teil der Aufgaben durchgeführt. (Für nicht zur Veröffentlichung freigegebene Aufgaben wäre eine Einzelaufgabenanalyse zur Bestimmung typischer Fehler für den Leser nicht nachvollziehbar).

3.1.3 Eigenschaften von Förderdiagnose nach Meyer

„Im Fokus der Förderdiagnose steht die Förderung des Einzelnen mit eher kurzfristigen, dafür situationsgerechten Fördermaßnahmen." (Meyer 2015, S. 73)

Die Diagnose im Projekt aldiff soll eine passgenaue Förderung der elementaren Algebra nach SUmEdA ermöglichen.

Kennzeichen einer solchen Förderdiagnose sind nach Meyer (2015, S. 73):

- präzisierte, möglichst theoriegeleitete Problemstellung
- systematische Datenerhebung mit geeigneten Methoden
- an Kriterien orientierte Datenreduktion.

aldiff nimmt die „inhaltliche Adaptivität" bei Meyer mit in die Überlegungen in Forschungsstrang d) auf.

Inhaltliche Adaptivität definiert Meyer über Prediger bzw. Helmke:

> *„bei möglichst vielen Schülern ein Optimum erreichbarer Lernfortschritte zu bewirken […], indem die fachdidaktisch-inhaltliche Passung der Lernangebote zu den Lernständen und Lernbedürfnissen der Lernenden im Vordergrund steht (Prediger et al., 2013, S. 172), darin zitiert (Helmke, 2010)"* (Meyer 2015, S. 80)

Meyer setzt noch weitere Gütekriterien an:

> *„Ein Diagnoseverfahren, welches die Förderung der Schülerinnen und Schüler zum Ziel hat, muss transparent sein und die Schülerin/den Schüler als gleichberechtigten Partner einer Diagnose anerkennen. Zugleich muss ein solches Verfahren es ermöglichen, die Ergebnisse einer Diagnose verständlich an die Schülerinnen und Schüler zurück zu melden."* (Meyer 2015, S. 95)

Bei einer Förderdiagnose können positive Auswirkungen auf die Motivation von Lernenden resultieren, wenn sich die Lernenden als Partner der Diagnose wahrnehmen (Meyer 2015, S. 73).

Übertragen auf das Diagnoseinstrument, welches in aldiff entwickelt wird, folgt, dass die Diagnose für alle Beteiligten verständlich in Bezug auf Formulierung und inhaltlicher Erfassbarkeit sein sollte. Die Modelle, die im Rahmen der Auswertungen entwickelt werden, sollten sich möglichst dieser Aufforderung annähern.

Forschungsstrang a) wird sich neben anderen Fragestellungen mit der Eigenschaft „Verständlichkeit der Diagnose für Dozenten und Studenten" (in delphiähnlicher Weise) auseinandersetzen.

> *„Es muss also das Ziel einer Förderdiagnose sein, ein möglichst geeignetes, auf die einzelne Schülerin/auf den einzelnen Schüler zugeschnittenes Lernangebot bereit zu stellen, und zwar auf der Basis von Hypothesen über die kognitiven Hintergründe der Stärken und Schwächen des Lerners."* (Meyer 2015, S. 94–95)

In **Forschungsstrang c)** wird auf Basis der Ergebnisse aus **Forschungsstrang b)** ein Diagnoseinstrument erstellt, welches Empfehlungen für die Erstellung eines solchen zugeschnittenen Lernangebots ermöglichen soll. **Forschungsstrang d)** wird versuchen die Ergebnisse aus c) für die Erstellung eines Konzepts einer individuellen Förderung zu nutzen. Hypothesen über die kognitiven Hintergründe der Schwächen eines Probanden werden dabei durch die Auswahl eines für den Probanden möglichst passenden empirisch gestützten Modells formuliert.

Die Stärken des Probanden hingegen finden sich aufgrund des defizitorientierten Settings in aldiff gegebenenfalls nur indirekt durch die Auslassung einer Förderempfehlung. Im Rahmen des Projektes aldiff werden die Stärken von Probanden im Bereich der elementaren Algebra nicht im Sinne der didaktischen Funktion von Diagnose nach Meyer Beachtung finden.

Im Forschungsstrang d) werden die Fallzahlen der ausgesprochenen Förderempfehlungen auf Basis der Daten aus Forschungsstrang b) beurteilt.

Meyers Ausführungen zu Diagnose und Förderdiagnose im Hinblick auf elementare Algebra lassen sich nicht in allen Aspekten auf aldiff anwenden. Dies liegt an Meyers Fokus auf „Diagnose durch eine Lehrkraft". Meyer arbeitet jeweils auf qualitative Untersuchungen von Problemlöseszenarien und die Identifizierung von Indikatoren hin. Diese deutlich komplexeren Diagnosesituationen erfordern bei Meyer weitere Theorie, die auf aldiff nicht anwendbar ist.

aldiff wird nach Projektplan in schriftlicher (digitaler) Testform erheben. Der Fokus bei aldiff liegt somit auf „automatisierter Diagnose" in Analyse des Algebratests.

Anhand des theoretischen Teils der Arbeit von Meyer wurde aufgezeigt, inwiefern die vier Forschungsstränge von aldiff Einfluss auf die Entwicklung des Diagnosetests und die damit verknüpften Empfehlungen nehmen werden und wie folglich die Forschungsstränge zueinander in Beziehung stehen.

Nun beginnt mit dem Theorieteil a) die Arbeit am Forschungsstrang a)

3.2 Theorie a)

3.2.1 Theorie a) Teil 1: „Standards" und andere Formen von Anforderungslisten

Elementare Algebra in den KMK Bildungsstandards

Die Kultusministerkonferenz beschloss 1997 (Konstanzer Beschluss), das deutsche Schulsystem regelmäßig international zu vergleichen (*Bildungsstandards der Kultusministerkonferenz)*. Dies geschah auch als Reaktion auf die in diesem Zeitraum veröffentlichte TIMSS-Studie (*Bildungsstandards im Fach Mathematik für die Allgemeine Hochschulreife* 2012).

Im gleichen Kontext wie die Bildungsstandards der KMK stehen ebenso gemeinsam verantwortete Werke wie „Bildungsstandards Mathematik: konkret" (enthält z. B. ein Grußwort der Präsidentin der KMK)

Um eine Basis für gemeinsame Bestrebungen und nationale Vergleichbarkeit zu schaffen wurden „Bildungsstandards" entwickelt: Eine Beschreibung, was Schüler zu einem gewissen Zeitpunkt ihrer schulischen Laufbahn erworben haben sollen.

> *„Bei den in Deutschland eingeführten Bildungsstandards handelt es sich um Regelstandards, die angeben, welches Kompetenzniveau Schülerinnen und Schüler im Durchschnitt in einem Fach erreichen sollen"* (*Bildungsstandards im Fach Mathematik für die Allgemeine Hochschulreife* 2012, S. 5)

Deutschlandweit gültige gemeinsame Bildungsstandards wurden vereinbart für: Primarstufe, Hauptschulabschluss, mittlerer Schulabschluss und allgemeine Hochschulreife. Berücksichtigt wurden dabei die Fächer Mathematik und Deutsch, teilweise ergänzt um Englisch, Französisch, Biologie, Physik und Chemie. Für das Projekt aldiff ist der Bereich „allgemeine Hochschulreife Mathematik" von Interesse, da dieser der Probandenzielgruppe des Projektes großteils entspricht. (Probandenzielgruppe: Schüler von allgemeinbildendem Gymnasium und Studenten in Studiengängen mit Anteilen Mathematik, hauptsächlich mit allgemeiner Hochschulreife)

Die Bildungsstandards zur allgemeine Hochschulreife Mathematik (vom 18.10.2012) unterscheiden je nach Unterrichtswochenstundenzahl: Bei einer Wochenstundenanzahl des Fachs Mathematik von ($\leq$)3 wird die Erreichung des Niveaus der Kompetenzstufe 1 gefordert. Für die Wochenstundenanzahl ≥ 4 wird die Kompetenzstufe 2 angelegt.

Für die in der Hauptstudie in aldiff zu untersuchenden Schüler sollte die erhöhte Kompetenzstufe 2 als Vergleich angesetzt werden, da die Studie mehrheitlich Schüler aus Baden-Württemberg befragt und die befragten Schüler zum Zeitpunkt der Erhebung 4 Wochenstunden (Pflicht-)Mathematikunterricht erhalten (siehe dazu auch: Trautwein et al. (2010) und Neumann und Nagy (2010)). Bereits während der Laufzeit des Projektes aldiff wurden neuere Reformen eingeführt: Eine Auftrennung in Grundkurse (3 Wochenstunden) und Leistungskurse (5 Wochenstunden) im Fach Mathematik (und Deutsch).

Für die Auswertungen und Bewertungen der Ergebnisse in aldiff wird Kompetenzniveau 2 zugrunde gelegt.

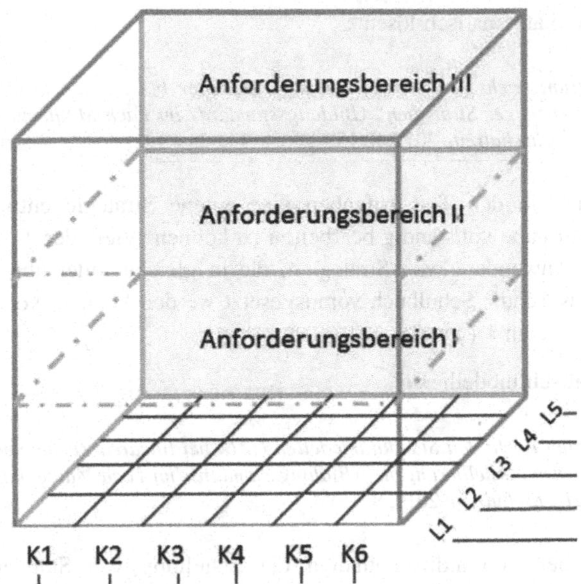

(Abb. aus: KMK Bildungsstandards vom 18.10.2012, S. 12)

Die Bildungsstandards erarbeiten ein 3D-Würfel Modell, welches sich zusammensetzt aus den Dimensionen „Leitideen", „Allgemeine mathematische Kompetenzen" und „Anforderungsbereich 1, 2, 3".

Diese sollen im grundlegenden Niveau (Kompetenzstufe 1) mit der „Akzentuierung" von Anforderungsbereich 1 und 2, im erhöhten Niveau (Kompetenzstufe 2) mit „Akzentuierung" der Anforderungsbereiche 2 und 3 bearbeitet werden.

Im Folgenden werden die in aldiff eingesetzten Testaufgaben in den Bereichen der Bildungsstandards verortet.

Die in den Bildungsstandards aufgeführten allgemeinen mathematischen Kompetenzen sind: „K1 Mathematisch argumentieren", „K2 Probleme mathematisch lösen", „K3 Mathematisch modellieren", „K4 Mathematische Darstellungen verwenden", „K5 Mit symbolischen, formalen und technischen Elementen der Mathematik umgehen" und „K6 Mathematisch kommunizieren"

„K1 Mathematisch Argumentieren":

Das „mathematische Argumentieren" findet sich in den in aldiff verwendeten Testaufgaben an manchen Stellen explizit (z. B. in den Aufgaben, die ursprünglich von Küchemann stammen, siehe Theorie b)), vorwiegend im Anforderungsbereich 2 (von 3).

„K2 Probleme mathematisch lösen“:

> *„Das Spektrum reicht von der Anwendung bekannter bis zur Konstruktion komplexer und neuartiger Strategien“* (*Bildungsstandards im Fach Mathematik für die Allgemeine Hochschulreife* 2012, S. 15)

Vereinzelt muss in den Test-Aufgaben eine eigene Strategie entwickelt werden, um die Aufgabe vollständig bearbeiten zu können. Viele der Test-Aufgaben erfordern die Anwendung von Strategien, die in gleicher oder ähnlicher Form als bekannt aus Schule/Schulbuch vorausgesetzt werden können, vorwiegend im Anforderungsbereich 1 (von 3).

„K3 Mathematisch modellieren“:

> *„Das Spektrum reicht von Standardmodellen (z. B. bei linearen Zusammenhängen) bis zu komplexen Modellierungen.“* (*Bildungsstandards im Fach Mathematik für die Allgemeine Hochschulreife* 2012, S. 15)

Die Testaufgaben von aldiff enthalten die Erstellung von Standardmodellen zumeist im Anforderungsbereich 1 (, vereinzelt 2).

„K4 Mathematische Darstellungen verwenden“: *„Diese Kompetenz umfasst das Auswählen geeigneter Darstellungsformen, das Erzeugen mathematischer Darstellungen und das Umgehen mit gegebenen Darstellungen. Hierzu zählen Diagramme, Graphen und Tabellen ebenso wie Formeln. Das Spektrum reicht von Standarddarstellungen – wie Wertetabellen – bis zu eigenen Darstellungen, die dem Strukturieren und Dokumentieren individueller Überlegungen dienen und die Argumentation und das Problemlösen unterstützen.“* (*Bildungsstandards im Fach Mathematik für die Allgemeine Hochschulreife* 2012, S. 16)

In den verwendeten Testaufgaben werden nur Standarddarstellungen präsentiert. Die Testaufgaben bewegen sich dabei vorwiegend im Anforderungsbereich 2. Das „Aufstellen von Termen“ kann u. U. im Bereich 1 verortet werden.

„K5 Mit symbolischen, formalen und technischen Elementen der Mathematik umgehen“:

Von allen allgemeinen mathematischen Kompetenzen, die die Bildungsstandards beschreiben, ist K5 als Kernintention der Testaufgaben aus aldiff zu bezeichnen. Aus diesem Grund wird die Bereichsbeschreibung durch die Bildungsstandards im Folgenden ausführlich zitiert. Um die große Nähe zu den Aufgaben aus SUmEdA deutlich zu machen wird das Zitat verkürzt um die Themen „digitales Mathematikwerkzeug“ und um die mathematischen Themen, die nicht im Fokus der Untersuchungen der elementaren Algebra nach SUmEdA stehen. In dieser verkürzten Version sind alle diejenigen Anforderungsbereiche entfernt, die vom Test nicht untersucht werden. Anhand der Positivliste im Zitat (grüne Textpassagen), aber auch anhand der Auslassungen (schwarze Textpassagen) werden die Aufgaben aus SUmEdA fassbarer. In []-Klammern ergänzt werden Abweichungen erläutert: (Die colorierte Version siehe elektronischer Anhang, Stichwort: Abgleich)

„Diese Kompetenz beinhaltet in erster Linie das Ausführen von Operationen mit mathematischen Objekten wie Zahlen,[~~Größen~~] Variablen, Termen, Gleichungen und Funktionen [~~sowie Vektoren und geometrischen Objekten~~]. Das Spektrum reicht hier von einfachen und überschaubaren Routineverfahren bis hin zu

[nicht: Anforderungsbereich III ~~komplexen Verfahren durchführen~~ stattdessen nur bis: Anforderungsbereich II: *gezielt ausgewählt und effizient eingesetzte Verfahren*]

einschließlich deren [stellenweise indirekt] *reflektierenden Bewertung. Diese Kompetenz beinhaltet auch Faktenwissen und grundlegendes Regelwissen für ein zielgerichtetes und effizientes Bearbeiten von mathematischen Aufgabenstellungen, auch mit eingeführten Hilfsmitteln* [wie in einer Formelsammlung]*[~~und digitalen Mathematikwerkzeugen~~].*

Die drei Anforderungsbereiche zu dieser Kompetenz lassen sich wie folgt beschreiben:

Anforderungsbereich I: Die Schülerinnen und Schüler können

- elementare Lösungsverfahren verwenden

- Formeln und Symbole direkt anwenden

- mathematische Hilfsmittel [~~und digitale Mathematikwerkzeuge~~] direkt nutzen

Anforderungsbereich II: Die Schülerinnen und Schüler können

- formale mathematische Verfahren anwenden

- mit mathematischen Objekten im Kontext umgehen

- mathematische Hilfsmittel [~~und digitale Mathematikwerkzeuge~~] je nach Situation und Zweck gezielt auswählen und effizient einsetzen

Anforderungsbereich III: Die Schülerinnen und Schüler können

[- ~~komplexe Verfahren durchführen~~]

- [stellenweise indirekt] verschiedene Lösungs- und Kontrollverfahren bewerten

[- ~~die Möglichkeiten und Grenzen mathematischer Verfahren, Hilfsmittel und digitaler Mathematikwerkzeuge reflektieren~~]" (Bildungsstandards im Fach Mathematik für die Allgemeine Hochschulreife 2012, S. 16)

In den Inhaltsbereichen der Bildungsstandards finden sich nur vereinzelt direkte Hinweise auf die elementare Algebra. Dies ist auch dem Umstand geschuldet, dass die elementare Algebra der Sekundarstufe I im Verlauf der Sekundarstufe II immer mehr die Aufgabe eines grundlegenden Werkzeugs übernimmt und damit ein Bestandteil der beschriebenen allgemeinen prozessbezogenen mathematischen Kompetenzen wird. Zugleich wird durch die Wahl des Begriffs „Funktion" als Leitidee (siehe z. B. Lehrpläne BW) von Anfang an die elementare Algebra auch in Prozesskompetenzen „verdeckt eingebunden" und wird dadurch nicht als inhaltlich eigenständiger und besonders grundlegender Inhaltsbereich sichtbar. Lediglich die ab Sekundarstufe 1 neu hinzukommenden Inhalte werden im Bereich „Zahl-Variable-Operation" gesammelt. Die Prozesskompetenzen beschreiben also m. E. korrekt die Funktion der elementaren Algebra in der Schulmathematik, führen aber auch zu einer sehr abstrakten Vorstellung und einer fehlenden Detailbeschreibung, was es eigentlich heißt, mit formalen Elementen der Mathematik umzugehen.

Dennoch finden sich vereinzelt konkrete Andeutungen auf die elementare Algebra. Dazu gehören z. B.

- *„geeignete Verfahren zur Lösung von Gleichungen und Gleichungssystemen auswählen"* in „Algorithmus und Zahl" (*Bildungsstandards im Fach Mathematik für die Allgemeine Hochschulreife* 2012, S. 18)
- *„die sich aus den Funktionen der Sekundarstufe I ergebenden Funktionsklassen zur Beschreibung und Untersuchung quantifizierbarer Zusammenhänge nutzen"* in „Funktionaler Zusammenhang" (*Bildungsstandards im Fach Mathematik für die Allgemeine Hochschulreife* 2012, S. 20)

Fazit zur Verortung der Testaufgaben von aldiff in den Bildungsstandards der KMK

Bei der Analyse der allgemeinen mathematischen Kompetenz, insbesondere K5 wird klar, dass sich die elementare Algebra im Projekt aldiff durch die Übernahme der Items aus dem Modell SUmEdA fast ausschließlich in den Anforderungsbereichen I und II verorten lässt (siehe Zitatkürzung/Ergänzung oben). Daher ist die eingangs durch die Kompetenzniveaus der Bildungsstandards für die allgemeine Hochschulreife dargelegte Unterscheidung für das Projekt aldiff nun deutlicher geworden. Das Projekt aldiff stellt vor allem Aufgaben auf „grundlegendem Niveau" (Stufe 1) und kann damit universell auf alle Teilnehmer (Schüler UND Studenten unabhängig von deren Bundeslandherkunft) angewendet werden.

Der Itempool aus dem Vorgängerprojekt nimmt im Sinne der Bildungsstandards der KMK für die meisten Probanden des Projektes aldiff eine Zwischenstufe zwischen „Mindeststandard" und Regelstandard ein. „Mindeststandard" soll bedeuten: Anforderungen am unteren Ende des Regelstandards. Es wäre erwartbar, dass die Probanden aus Baden-Württemberg, aufgrund der zum Erhebungszeitpunkt verpflichtend zu besuchenden Mathematikkurse auf Leistungskursniveau in der Regel das erhöhte Niveau erreichen sollten. Insbesondere sollte dabei das Niveau des Algebratests in aldiff erreicht sein.

Eine Untersuchung verschiedener Mindeststandardkonzepte sowie deren Vergleich findet sich bei Feldt-Caesar (2017, S. 21–38).

Durch die Einführung des Grund- und Leistungskursprinzip im Fach Mathematik ab dem Schuljahr 19/20 in Baden-Württemberg ist daher davon auszugehen, dass zumindest ein Teil der MINT-Studienanfänger, auch die, die aus Baden-Württemberg kommen, nur auf dem Niveau 1 ausgebildet sind. Mit der Einführung von 5-/3-stündigen Mathematikkursen, wird die Leistungsheterogenität in Baden-Württemberg im Übergang in MINT-Studiengängen wohl weiter zunehmen, da zur Erreichung der allgemeinen Hochschulreife die bisher für alle Schüler verbindliche schriftliche Leistungskursprüfung Mathematik durch eine mündliche Prüfung auf Grundkursniveau auf Schülerentscheidung hin ersetzt werden kann. Ein unbefriedigender Ausweg, der zwar die Selbstbestimmung der Abiturienten ernst nimmt, aber zugleich die allgemeine Hochschulreife anzweifelt wäre wohl folgender: Wenn man die in der Oberstufe getroffene Wahl ernst nimmt, könnte man zukünftige Brückenangebote besonders auf die 5-stündigen Mathematikkursteilnehmer hin konzipieren oder zweiteilen.

Langfristig scheint aufgrund derartiger struktureller Veränderungen auch für rein auf Baden-Württemberg hin orientierte Übergangskurse die Orientierung an Kompetenzniveau 1 angemessen (d. h. Anforderungsbereich I und Anforderungsbereich II). Letztlich wird durch die Änderung der Dualismus der Kompatibilität nach den KMK Bildungsstandards umgesetzt.

Der Algebratest von aldiff wird mit beiden Populationen durchführbar bleiben, da er sich an Kompetenzniveau 1 orientiert.

Es wird deutlich, dass schon aufgrund der auftretenden Heterogenität bei den diversen Kurssystemen in einem einzelnen Bundesland die Forderung nach „Mindeststandard"-Überlegungen die Regelstandardsetzungen durch die KMK ergänzen müssen. Ein solcher Ansatz findet sich im Katalog der Cooperation Schule-Hochschule cosh, welcher später noch betrachtet wird.

Der nächste Abschnitt nimmt die Analyse weiterer Anforderungskataloge (und Bedarfserhebungen) vor.

Elementare Algebra in anderen Anforderungskatalogen Erwartungen von Hochschullehrkräften

Es gibt vornehmlich drei Ansätze mathematische Bedarfsanalysen für Anforderungslisten an Hochschulen durchzuführen.

Ansatz 1: Man kann Lehrmaterialien untersuchen, wie sie in einzelnen Lehrveranstaltungen verwendet werden.

Ansatz 2: Man kann Studenten bei ihrer Arbeit/Lernen innerhalb einer Lehrveranstaltung untersuchen und „extrahieren", welche mathematischen Fähigkeiten sie denn zur Bewältigung der Tätigkeiten innerhalb einer Lehrveranstaltung tatsächlich benötigt haben (Rüede et al. 2018).

Aus diesen analysierten Fähigkeiten wiederum kann man dann konzentrieren, welche mathematischen Kompetenzen für den erfolgreichen Besuch von bestimmten Veranstaltungen benötigt werden: Dabei wurden „erste mathematische Komponenten für allgemeine Studierfähigkeit empirisch bestimmt, nämlich: 1. gewisse verfahrensorientierte Kompetenzen (insbesondere aus der Arithmetik und elementaren Algebra der Sekundarstufe 1), sowie 2. gewisse verstehensorientierte Kompetenzen (vor allem das Lesen von Graphiken und Formeln)" (Rüede et al. 2018, S. 1)

Die Ansätze 1 und 2 können aufgrund der Notwendigkeit ihrer sehr lokalen Verortung sehr präzise Aussagen für Einzelveranstaltungen treffen, die manchmal verallgemeinerbar sind.

Ansatz 3: Man untersucht die Bedürfnisse für mathematische Eingangsvoraussetzungen, wie sie betroffene Hochschuldozenten äußern. Dieser Ansatz scheint auch deshalb sinnvoll, da von Seiten der Hochschuldozenten verstärkt Mängel in den Eingangsvoraussetzungen angezeigt werden. Zum Teil werden Texte und Resolutionen in ziemlich ungehaltenem Ton verbreitet, die auch sprachlich teilweise durchaus in aggressiver Wortwahl gehalten sind (Tartsch 2011). Mancher Unmut äußert sich sogar in Form der Verwendung von Parabeln (Langemann 2016). In Reaktion auf diese und gemäßigtere Kritik können zumindest teilweise die Entstehung von sogenannten Mindestanforderungskatalogen begründet werden. Es gibt diverse Bestrebungen solche Anforderungskataloge z. B. auf Basis von Befragungen zu erstellen (Horstmann et al. 2016; Horstmann und Hachmeister 2016).

Die genauere Betrachtung von z. B. Wolf und Friedenberg (2017) oder Kürten (2016) macht deutlich, dass nicht immer methodisch in Katalogveröffentlichungen nachvollziehbar ist, wie genau die Auswahl und Formulierungen zustande gekommen sind, die Eingang in den Katalog gefunden haben. In der Regel ist ein solcher Anforderungskatalog Resultat von Befragungen von Hochschullehrern (oder Lehrern) z. B. bei Pötschke und Karnaz (2009).

Ein großer Nachteil, den man sich bei einer Bedarfserhebung über Dozentenbefragungen schafft, ist die indirekte Vorgehensweise, welche sich in den folgenden drei praktischen Unsicherheiten äußert.

Unsicherheit 1: Hochschuldozenten können auch Anforderungen äußern, dass bestimmte schulische Themen unbedingt für die Hochschule von Bedeutung sind, die gar nicht zwingend erforderlich sind, sondern eher eingestuft werden könnten als: „Wer hier studieren will, soll ... können. Er braucht es hier nicht direkt, aber, wenn er schon das nicht kann, wie soll er dann..." Ähnliche Bedenken führt z. B. Neumann et al. (2018, S. 25) in der Analyse der Aussage-Grenzen der MaLeMINT-Studie an.

Unsicherheit 2: Hochschuldozenten können sensibel Mängel feststellen, die nur einen kleinen Teil der Studierenden betreffen und sich jedoch exemplarisch für eine geringe Leistungsfähigkeit nachhaltig einprägen. Trotz häufiger Nennungen durch Hochschuldozenten kann ein gehäuftes Auftreten solcher Mängel dann letztlich erst empirisch weiter untersucht werden. z. B. „Überlinearisierung" als systematischer „typischer Fehler" am Übergang Schule-Hochschule bei Düsi et al. (2018).

Unsicherheit 3: In großen Befragungen wird oft nicht zwischen Standorten und Studiengängen unterschieden, sodass die Anforderungskataloge zu allgemein und umfänglich gehalten sind, um für einen bestimmten Studiengang tatsächlich eine Mindestanforderung darzustellen. Mindestanforderungskataloge nehmen damit automatisch eine an das Abitur rückgerichtete Zielrichtung ein. Die Anforderungskataloge beschreiben z. B. Kriterien einer allgemeinen Studierfähigkeit im Großbereich MINT. Es stellt sich dann meist immer noch die Frage, welche Anforderungslisten Teil von Schullehrplänen werden sollen, um universell die Bedürfnisse aller Schulabgänger mit anderen Berufswünschen gleichberechtigt zu berücksichtigen (Ähnliche Anmerkungen auch bei Neumann et al. (2018, S. 25)).

Ansatz 3 wird im Projekt aldiff aufgegriffen und weiterverfolgt. Das Projekt aldiff begegnet der Problematik der indirekten Vorgehensweise durch die Durchführung eines Algebratests, der empirische Aussagen über die Wissens- und Könnensstände der untersuchten Populationen zulässt.

Der wohl bundesweit bekannteste Anforderungskatalog ist der von cosh (Cooperation Schule-Hochschule). Der Katalog liegt der Arbeit in seiner aktualisierten Version 2.0 vor. Die bundesweite Rezeption des Katalogs ist unter anderem deshalb so erfolgreich, da er z. B. durch einen Präsidiumsbeschluss der DMV (Deutsche Mathematiker-Vereinigung) aber auch durch GDM und MNU allgemein empfohlen wird.

„Die Mathematik-Kommission Übergang Schule-Hochschule der Verbände DMV, GDM und MNU hat die Bemühungen um diesen Katalog ausdrücklich begrüßt, da Kataloge dieser Art in geeigneter Weise die Bildungsstandards konkretisieren können. Der Mindestanforderungskatalog erfährt eine breite Akzeptanz durch Hochschulen und Fachverbände." (Mindestanforderungskatalog Mathematik (Version 2.0) der Hochschulen Baden-Württembergs für ein Studium von WiMINT-Fächern, S. 1)

Das Phänomen des Erstellungsbedarfs von Anforderungskatlogen ist nicht nur auf die Mathematik beschränkt, so z. B. siehe Soziologie in Kassel (Pötschke und Karnaz 2009).

Es gibt aber auch innerhalb des Fachs Mathematik auf verschiedenen organisatorischen Ebenen Bestrebungen spezifische Anforderungskataloge zusammenzustellen (Heimes et al. 2016; Wolf und Friedenberg 2017).

In der Vielzahl der Anforderungskataloge lassen sich relativ einfach konferenzbasierte von studienbasierten Katalogen unterscheiden. Konferenzbasierte Kataloge verfolgen durch aus auch politische Ziele, während studienbasierte Anforderungskataloge häufig lokalen Fokus haben und sich direkt an Studienbeginner vor Ort richten.

Konferenzbasierte Beispiele sind der cosh-Katalog, welcher im Folgenden noch ausführlicher dargelegt wird, die Empfehlungen der Fachbereiche Physik (Konferenz der Fachbereiche Physik 2011), oder auch European Society for Engineering Education (Alpers 2013).

Die Konferenz der Fachbereiche Physik bezieht bei der Katalogerstellung verstärkt Stellung aus Sicht der Hochschule, während cosh, von Anfang an auch sehr bewusst Lehrer (Schule) in die Entwicklung miteinbezieht.

Der Katalog der European Society for Engineering Education nennt für die Arithmetik und Algebra Fähigkeiten teilweise sehr detailliert auf Aufgabenebene, bleibt dabei in weiten Teilen sehr „rechenorientiert":

„Arithmetic of real numbers

As a result of learning this material you should be able to • carry out the operations ***add, subtract, multiply and divide on both positive and negative numbers • express an integer as a product of prime factors*** *• calculate the highest common factor and lowest common multiple of a set of integers • obtain the modulus of a number • understand the rules governing the existence of powers of a number • combine powers of a number • evaluate negative powers of a number • express a fraction in its lowest form • carry out arithmetic operations on fractions • represent roots as fractional powers • express a fraction in decimal form and vice-versa • carry out arithmetic operations on numbers in decimal form • round numerical values to a specified number of decimal places or significant figures • understand the concept of ratio and solve problems requiring the use of ratios • understand the scientific notation form of a number • manipulate* *logarithms • understand how to estimate errors in measurements and how to combine them.*

Algebraic expressions and formulae

As a result of learning this material you should be able to • add and subtract algebraic expressions and simplify the result ***• multiply two algebraic expressions, removing brackets • evaluate algebraic expressions using the rules of precedence • change the subject of a formula • distinguish between an identity and an equation • obtain the solution of a linear equation•*** *recognise the kinds of solution for two simultaneous equations • understand the terms direct proportion, inverse proportion and joint proportion • solve simple problems involving proportion* ***•factorise a quadratic expression • carry out the operations add, subtract, multiply and divide on algebraic fractions•*** *interpret simple inequalities in terms of intervals on the real line • solve simple inequalities, both geometrically and algebraically • interpret inequalities which involve the absolute value of a quantity.*"

Die wichtigsten Fähigkeiten, die in den Aufgaben von aldiff aus SUmEdA benötigt werden, sind fettgedruckt hervorgehoben. Viele der nicht besonders hervorgehobenen Inhalte sind n i c h t Teil der Aufgaben aus SUmEdA.

Die Konferenz der Fachbereiche Physik zählt Themen der grundlegenden Schul- und Hochschulmathematik auf. Sie legt fest, welche Fähigkeiten und Inhaltsgebiete aus der Schule vorausgesetzt werden, und welche explizit nicht vorausgesetzt werden und deren Erwerb dementsprechend in der Verantwortung der Hochschule liegen. Die Darstellung des Kataloges unterscheidet nach Bundesländern. Der Bereich elementare Algebra kommt bei diesem Katalog nur in Form der „Umstellung von Gleichungen" und dem „Bestimmen von Flächen und Volumen" vor. Die übrige elementare Algebra wird nur indirekt in Form der „Lösung von linearen Gleichungssystemen" und z. B. über die Themenbereiche Vektoren und Funktionen angesprochen.

Die wichtigsten Fähigkeiten, die bei den Aufgaben von aldiff benötigt werden, finden sich nur indirekt in den Formulierungen von Oberstufenthemen. Eine explizite Abprüfung der elementaren Algebra nach dem Katalog des Fachbereichs Physik würde sich daher nur schwer umsetzen lassen.

Die für den Fachbereich Mathematik zurzeit wohl bedeutendsten Anforderungslisten sind die von cosh und MaLeMINT. Der nächste Abschnitt beschäftigt sich mit dem cosh-Katalog.

Der cosh-Katalog

Der cosh-Anforderungskatalog (*Mindestanforderungskatalog Mathematik (Version 2.0) der Hochschulen Baden-Württembergs für ein Studium von WiMINT-Fächern)* definiert, wie bereits angemerkt, Mindeststandards, genannt Mindestanforderungen, im Gegensatz zu Regelstandards (KMK). Die Definition von „Mindestanforderungen" hat einen verbindlicheren Charakter als der Begriff „Regelstandards". Diese zusätzliche Verbindlichkeit entsteht durch die Kombination der Wortbegriffe aus „Anforderung" und „Mindest". Diese Kombination ersetzt die Begriffe „Standard" und „Regel". „Anforderung" anstelle von „Standard" enthält bereits deutlicher die Intention auf: „Es muss gefordert werden, dass..." (von den Fähigkeiten der Studenten zu Studienbeginn eines WiMINT-Faches). „Mindest" anstelle von „Regel" verdeutlicht das Elementare der Forderung. Es bestärkt die Konsequenzen, die gezogen werden müssen, wenn diese Mindestanforderungen nicht erfüllt werden. Dabei wird die Mindestanforderung nur soweit relativiert, als dass nach eigenen Angaben der Übergang Schule-Hochschule beidseitig dabei nach Möglichkeit unterstützen kann, Lücken selbstständig zu schließen.

Der Mindestanforderungskatalog äußert die folgende inhaltliche Zielsetzung:

> *„Der folgende Mindestanforderungskatalog beschreibt die Kenntnisse, Fertigkeiten und Kompetenzen, die StudienanfängerInnen eines WiMINT-Studiengangs haben sollten, um das Studium erfolgreich zu starten. Diese Anforderungen werden durch Aufgabenbeispiele konkretisiert."* (*Mindestanforderungskatalog Mathematik (Version 2.0) der Hochschulen Baden-Württembergs für ein Studium von WiMINT-Fächern,* S. 1)

Der Anforderungskatalog definiert dabei Ziele der einzelnen Beteiligten, die schließlich aus der Verbindlichkeit des Begriffs „Mindestanforderung" resultieren. (*Mindestanforderungskatalog Mathematik (Version 2.0) der Hochschulen Baden-Württembergs für ein Studium von WiMINT-Fächern,* S. 2)

Die Schule muss versuchen, Schüler diese Mindestanforderungen erreichen zu lassen und ggf. Schüler über ein Nichterreichen des Mindeststandards informieren. Die Hochschule erklärt die Mindestanforderungen als ausreichend zur Aufnahme eines Studiums: Es ist zwar sinnvoll mehr zu können, aber die Hochschule reagiert innerhalb ihrer Studiengänge selbstständig durch Ausbringung geeigneter Mathematikveranstaltungen auf nicht im Mindestanforderungskatalog genannte Themenbereiche:

> *„Die StudienanfängerInnen müssen, wenn sie ein WiMINT-Fach studieren, dafür sorgen, dass sie zu Beginn des Studiums die Anforderungen des Katalogs erfüllen. Dafür muss ihnen ein adäquater Rahmen geboten werden."* (*Mindestanforderungskatalog Mathematik (Version 2.0) der Hochschulen Baden-Württembergs für ein Studium von WiMINT-Fächern,* S. 2)

Der Anforderungskatalog fordert auch indirekt strukturell politisch curriculare Veränderungen. Denn es wird unterschieden, ob im Anforderungskatalog gelistete Themengebiete z. B. im Berufskolleg BW nicht (mehr) bedacht werden oder sogar zusätzlich im Gymnasium nicht (mehr) bedacht werden.

Es folgt eine Darstellung der Bereiche aus dem Anforderungskatalog, welche mit der elementaren Algebra zusammenhängen.

Die elementare Algebra nach cosh im Vergleich zur KMK

Der cosh Mindestanforderungskatalog wird als Konkretisierung der Bildungsstandards wahrgenommen und verfolgt somit ähnliche Ziele wie Blum (2012). Daher wird im Folgenden auch der Vergleich von den KMK Bildungsstandards mit dem cosh-Katalog in Bezug auf die elementare Algebra vorgenommen.

Auch der cosh Mindestanforderungskatalog kennt die Bezeichnung „allgemeine mathematische Kompetenzen". Auch hier gibt es die Bereiche „Probleme lösen" und „kommunizieren" bzw. „argumentieren." Es werden aber eigene Unterteilungen gewählt. Das Modellieren wird beispielsweise vom Mindestanforderungskatalog innerhalb von „Probleme lösen" integriert. Mit der Hinzunahme des „Systematischen Vorgehens" gewichtet der cosh Mindestanforderungskatalog mathematische Arbeitsweisen stärker als die Bildungsstandards:

„Die StudienanfängerInnen können systematisch arbeiten. Sie

- *zerlegen komplexe Sachverhalte in einfachere Probleme;*
- *können Fallunterscheidungen vornehmen [...];*
- *arbeiten sorgfältig und gewissenhaft [...]." (Mindestanforderungskatalog Mathematik (Version 2.0) der Hochschulen Baden-Württembergs für ein Studium von WiMINT-Fächern, S. 3)*

Wohl im Hinblick auf die Verwendung von digitalen Werkzeugen nennt der cosh Katalog die Kategorie „Plausibilitätsüberlegungen anstellen".

Die in den Bildungsstandards benannte Kategorie „Mit symbolischen, formalen und technischen Elementen der Mathematik umgehen" innerhalb derer, wie in der Einleitung, der Kern der elementaren Algebra gesehen wurde, wird auch von den Katalogentwicklern hervorgehoben. Der Wechsel und die Argumentation mit Darstellungsformen werden so z. B. in die Kategorie „mathematisch kommunizieren und argumentieren" aufgenommen.

„1.4 Mathematisch kommunizieren und argumentieren Für das Begreifen der Fragestellungen und das Weitergeben mathematischer Ergebnisse ist es unerlässlich, dass

die StudienanfängerInnen • Fachsprache und Fachsymbolik verstehen und verwenden • mathematische Sachverhalte mit Worten erklären (14, 15, 16); • mathematische Behauptungen mithilfe von unterschiedlichen Darstellungsformen, z. B. Worten, Skizzen, Tabellen, Berechnungen begründen oder widerlegen; • Zusammenhänge (mit und ohne Hilfsmittel) visualisieren (3, 17, 18); • eigene sowie fremde Lösungswege nachvollziehbar präsentieren können (19)." (Mindestanforderungskatalog Mathematik (Version 2.0) der Hochschulen Baden-Württembergs für ein Studium von WiMINT-Fächern, S. 4)

Diese Kategorie enthält damit auf aldiff bezogen, die Verwendung von Fachsymbolik und das Argumentieren und Deuten von unterschiedlichen Darstellungsformen; aber auch den Bereich „Zusammenhänge [...] visualisieren" (nicht Teil des Aufgabenpools des Projektes aldiff).

Die elementare Algebra, welche sich in den Regelstandards der KMK unter dem Unterpunkt „Mit symbolischen, formalen und technischen Elementen der Mathematik umgehen (K5)" verbarg und die als fünfte von sechs allgemeinen mathematischen Kompetenzen nur indirekt in deren Beschreibung auftaucht, erhält vom cosh-Katalog im Vergleich dazu eine besonders exponierte Stellung. Die elementare Algebra wird als inhaltlich/und arbeitsmethodische Kategorie auf dieselbe Stufe wie die Überkategorie der allgemeinen mathematischen Kompetenzen gestellt. Die Herauslösung macht die elementare Algebra damit zugleich zu der Ersten der inhaltsorientierten Kategorien, wodurch der Stellenwert, welcher durch die reine Anordnung im Text impliziert wird, abermals steigt.

Es ist allerdings Vorsicht geboten, diese Zunahme direkt auf die Wichtigkeit der elementaren Algebra im Sinne des Projektes aldiff zurückzuführen. Die elementare Algebra, wie sie aus SUmEdA dem Projekt aldiff vorliegt, umfasst nur einen Teil der von cosh als elementare Algebra deklarierten Inhalte.

Die Betonung der „elementaren Algebra" nach cosh hat z. B. auch die Funktion, die in den Bildungsstandards hervorgehobenen digitalen Werkzeuge zu relativieren, indem „abgesehen von der Bestimmung eines numerischen Endergebnisses" die elementare Algebra als händisch ohne Verwendung von Hilfsmittel betont wird. Die elementare Algebra (und Arithmetik) beinhaltet nach cosh ebenso Zahlraumverständnisse, Überschlagsrechnung, Exponentialgleichungen, Wurzelgleichungen, Betragsgleichungen, Proportionalität und Dreisatz, darüber hinaus gesondert betont, Bruchrechnung, Prozentrechnung, Potenzen, Wurzeln und Ungleichungen. Die Aufgaben aus SUmEdA erfassen diese Bereiche fast vollständig nicht.

Das Projekt aldiff kann sich jedoch insbesondere auf die folgenden Kompetenzbeschreibungen stützen:

„beherrschen die Vorzeichen- und Klammerregeln, können ausmultiplizieren und ausklammern"

„können Terme zielgerichtet umformen mithilfe von Kommutativ-, Assoziativ- und Distributivgesetz"

„beherrschen die binomischen Formeln mit beliebigen Variablen"

„lineare und quadratische Gleichungen lösen"

„Gleichungen durch Faktorisieren lösen"

„Gleichungen durch Substitutionen lösen (biquadratisch, exponential, ...)"
(Mindestanforderungskatalog Mathematik (Version 2.0) der Hochschulen Baden-Württembergs für ein Studium von WiMINT-Fächern, S. 4–5)

In aldiff enthalten aus dem Bereich Analysis sind weiterhin:

„können aus gegebenen Bedingungen einen Funktionsterm mit vorgegebenem Typ bestimmen", „können elementare Funktionen transformieren und die entsprechende Abbildung (Verschiebung, Spiegelung an Koordinatenachsen, Streckung/Stauchung in x- und y-Richtung) durchführen (65, 66);" (Mindestanforderungskatalog Mathematik (Version 2.0) der Hochschulen Baden-Württembergs für ein Studium von WiMINT-Fächern, S. 6)

Der cosh-Katalog nennt Beispiel-Aufgaben, die die Beschreibungen konkretisieren sollen. Es wird herausgestellt: „Die Aufgaben sind keine Lehr-, Lern- oder Testaufgaben."

Drei für das Projekt aldiff inhaltlich relevante Beispiele werden nun zitiert:

„Was ist an der folgenden Darstellung falsch?

$x^2 - 4 => (x - 2)(x + 2)$"

„Vereinfachen Sie den Ausdruck $3ab - (b(a - 2) + 4b)$"

„Vereinfachen Sie $\left(\frac{a^2 \cdot b}{c^2 \cdot d^3}\right)^3 : \left(\frac{a \cdot b^2}{c^2 \cdot d^2}\right)^4$"
(Mindestanforderungskatalog Mathematik (Version 2.0) der Hochschulen Baden-Württembergs für ein Studium von WiMINT-Fächern, S. 10–13)

Fazit cosh und KMK

Der cosh-Anforderungskatalog erhält durch die Beschreibung von Mindestanforderungen in besonderem Maße Gewicht für die Untersuchungen des Projektes aldiff. Die Verbindlichkeit auf beiden Seiten(Schule/Hochschule) ist Grundlage des Anforderungskataloges. Weil tendenziell der Katalog, wie schon im Titel verkündet, letztlich von Seiten der Hochschule formuliert ist, sieht man trotz Beteiligung von Vertretern der Schule: Die Hochschule will durch den Katalog vorgeben, sozusagen „wer für was zuständig ist".

Anders als der aus Praxissicht/Schulsicht realistische „Regelstandard", der schließlich eine Zustandsbeschreibung trifft, kann es sich die „Mindestanforderung" erlauben, alle Probanden, die diese Mindestanforderung nicht erfüllen, auszuschließen, im Falle, dass zusätzliche Hilfestellungen versagen. Die Mindestanforderung ist eben Anforderung.

Als Mindestanforderung besteht auch kein Grund zur Kompetenzniveauabstufung. Die Mindestanforderung kann somit einfacher definiert werden als der Regelstandard, weil sie sich in ihrer Formulierung nicht auf ein „besser" oder „schlechter" innerhalb von Kompetenzen beziehen muss.

Der cosh Anforderungskatalog zeigt auf der Ebene der konferenzbezogenen Standardkataloge, dass anders als in den Bildungsstandards der KMK, die elementare Algebra eine zentrale und propädeutische Aufgabe am Übergang Schule-Hochschule einnimmt.

Der cosh-Anforderungskatalog beschreibt einerseits curriculare Leerstellen (wie den bewussten Gebrauch binomischer Formeln mit beliebigen Variablen), fordert aber ebenso eine ausreichende Ausbildung in den curricularen Themenbereichen.

Im Bereich der elementaren Algebra geht er weit über die vom Projekt aldiff untersuchten Bereiche hinaus (Bruchrechnung, Potenzen etc.). Diese frei gehaltene Auffassung von elementarer Algebra wird, wie sich zeigen wird, durchgängig eine theoretisch basierte Einschränkung der Ergebnisse des Projektes aldiff sein, welches als Nachfolger des Projektes DiaLeCo mit dem von diesem entwickelten Modell der elementaren Algebra SUmEdA arbeitet.

Die elementare Algebra von SUmEdA ist damit ein Teil der elementaren Algebra des cosh Anforderungskatalogs (Anwendung / Modellierungsaspekte / funktionale / mathematisch-darstellerische Aspekte außer Acht gelassen).

Beispiele für lokale Anforderungskataloge

Neben den gerade an cosh vorgestellten konferenzerarbeiteten/beschlossenen Anforderungskatalogen sollen nun noch zwei Beispiele für sehr lokale Katalogerstellungen gegeben werden.

Wolf und Friedenberg (2017) stellen einen lokalen empirischen Ansatz an der Hochschule Stralsund dar. Im Gegensatz zu den meisten konferenzerarbeiteten Katalogen, wird in studienbasierten Katalogen die Methodik zur Erhebung beschrieben. Abschließend wird von Wolf und Friedenberg angemerkt, dass „nicht alle Themen des cosh-Katalogs von unseren Lehrenden mit hoher Wichtigkeit bewertet [wurden] (z. B. elementare Geometrie und Stochastik), so dass eine direkte Übernahme des cosh-Katalogs auf unsere Hochschule nicht angebracht erscheint."

Kürten (2016) nimmt eine Anpassung des cosh Kataloges vor. Bei Kürten werden einige cosh Anforderungen umformuliert und einige Anforderungen gestrichen, um den Katalog für die Fachhochschule Münster, Campus Steinfurt passgenau zu gestalten.

Die elementare Algebra nach MaLeMINT

Das MaLeMINT Projekt

Neben den zuvor vorgestellten lokalen studienbasierten Katalogerstellungen und Anpassungen des cosh Kataloges gibt es auch globalere Bestrebungen Anforderungslisten empirisch zu erstellen.

Aufgrund vieler inhaltlicher Gemeinsamkeiten von Vorkursen bei sehr unterschiedlicher Schwerpunktsetzung stellte sich die Frage, ob ein Konsens besteht oder gefunden werden kann.

In die Kategorie der studienbasierten Katalogerstellungen kann auch die MaLeMINT Studie eingeordnet werden.

Aufgrund hoher Studienabbrecherzahlen, siehe Heublein et al. (2010), untersuchte das Telekom-Projekt MaLeMINT (Mathematische Lernvoraussetzungen für MINT-Studiengänge) die Anforderungen, welche von Studienanfängern in MINT Studiengängen von Dozenten erwartet werden. Die Möglichkeit zur Weiterverwendung der Ergebnisse der MaLeMINT-Studie für die Konzeption von Vor- und Brückenkurse wird dabei hervorgehoben.

> *„So würde ein Konsens unter Hochschullehrenden erlauben, die Erwartungen an die mathematischen Lernvoraussetzungen für das MINT-Studium an Hochschulen in Deutschland transparent zu machen. Arbeitsgruppen, die Anforderungskataloge entwickelt haben (s. o.) oder entwickeln wollen, bzw. Lehrende von Vor- und Brückenkursen können die empirischen Ergebnisse ebenso als Orientierungsrahmen heranziehen, wie Mathematiklehrkräfte an Schulen und Verantwortliche in der Bildungsadministration.“* (Neumann et al. 2018, S. 22)

Für eine Gesamtübersicht über MaLeMINT siehe Pigge et al. (2016).

Kern des Projektes MaLeMINT stellt eine groß angelegte Expertenbefragung in einem Delphi-Design dar. Methodisch bezieht sich das Projekt MaLeMINT dabei auf Häder (2014). Eine sogenannte Delphi-Befragung geht, um zu einem Themenbereich (, wenn möglich,) Konsens zu finden, mehrschrittig und zyklisch vor: Experten/Teilnehmer werden wiederholt befragt, die Rückmeldungen der Experten eingearbeitet und die Experten erneut über die Änderungen befragt.

> MaLeMINT definiert den Arbeitsbegriff „Lernvoraussetzung“: *Als „Lernvoraussetzung [werden] die Aspekte erfragt, die seitens der Hochschullehrenden zu Studienbeginn mindestens erwartet werden, das heißt Aspekte, die MINT-Studienanfängerinnen und -anfänger mindestens aus der Schule mitbringen sollten.“* (Neumann et al. 2018, S. 23)

MaLeMINT formuliert folglich Mindestvoraussetzungen (vgl. cosh).

Besonderes Merkmal der MaLeMINT Studie sind zwei Eingangsvoraussetzungen der Vorbereitung und der ersten Befragung.

1. Auf Basis einer Online-Recherche wurden 2233 Hochschullehrende aus Deutschland als Zielpopulation ausgemacht. Diese erfüllen die Eigenschaft, dass sie maximal bis 5 Jahre vorher letztmals Erstsemestervorlesungen Mathematik angeboten hatten.

2. Die erste Befragungsrunde startete mit einem „weißen Blatt“, ohne inhaltliche Vorgaben von außen (Neumann et al. 2018, S. 23). Neumann et al. (2018) beschreibt, dass die meisten Delphi-Befragungen mit inhaltlichen Vorgaben einsetzen. Die Probanden der ersten Runde in MaLeMINT erhielten keinerlei Vorschlagsformulierungen. 36 Personen aus der Gesamtliste wurden zunächst kriteriengeleitet ausgewählt und bildeten die erste Befragungsrunde.

Danach wurden zweimal alle erfassten Hochschullehrenden darum gebeten, an der Studie teilzunehmen. Immerhin 952 der 2233 Personen nahmen in der zweiten Runde teil. Noch 664 in der dritten Runde. Die doch recht hohe Teilnehmerzahl spricht für die Qualität der von MaLeMINT generierten Aussagen.

Quantifizierung von Definitionen im MaLeMINT Projekt

Um aussagekräftige Ergebnisse zu erhalten, definiert die Studie MaLeMINT den Begriff „Lernvoraussetzung“ unerwartet quantitativ (eben nicht als qualitativ).

„notwendig“ und „nicht notwendig“ sind sprachlich eindeutig qualitativ einzuordnende Begriffe, die aber bei MaLeMINT quantifiziert definiert werden. Dazu legen die Autoren mit einer bestimmten Zielsetzung und Plausibilitätsargumenten letztlich aber doch notwendigerweise willkürlich (in diesem Falle nicht abwertend, sondern neutral zu bewerten) eine Quantifizierung der beiden Kategorien fest.

Die Plausibilität der Setzungen bestimmt wesentlich die Reichweite der Aussagen auf Basis von MaLeMINT.

Andere Festlegungen der Quantifizierung hätten u. U. unmittelbare Konsequenzen auf das Ergebnis der Studie.

Es wird im Abschnitt zur Definition „Einzelausfallerscheinung“ von Relevanz werden, eine prinzipiell ähnlich geartete Charakterisierung der quantifizierten Definition eigentlich qualitativer Kategorien durchzuführen. Um vorab ein praktisches Beispiel einer solchen Quantifizierung zu geben, bieten sich die Kategorien von MaLeMINT an. MaLeMINT spricht nur dann davon, dass ein Inhalt „notwendig“ ist, wenn drei Kriterien erfüllt sind.

1. Mindestens 2/3 der Befragten müssen den Inhalt als „notwendig“ bezeichnet haben (wohl sich an der politisch bedeutsamen 2/3 Mehrheit orientierend).

2. Mindestens die Hälfte aus den Einzelbereichen Mathematik, MINT oder INT müssen einen Inhalt als „notwendig“ bezeichnen. Dieses Kriterium stellt sicher, dass für jeden einzelnen Fachbereich mindestens eine einfach mehrheitliche Zustimmung erfolgt sein muss.

3. Schließlich müssen mindestens die Hälfte der Universitäts-Zugeordneten und, davon unabhängig, mindestens die Hälfte der Fach-/Hochschule-Zugeordneten übereinstimmen. Dies gewährleistet die Kontrolle von zumindest einfachen Mehrheiten für jede der untersuchten Einrichtungsformen.

Als „nicht notwendig“ dagegen werden nur diejenigen bezeichnet für die die Ablehnung eine $\frac{3}{4}$ -Mehrheit und in den beiden zusätzlichen Bedingungen $\frac{2}{3}$ -Mehrheiten herrschen. Weil Konsequenzen der expliziten Verneinung von Themen eine deutlich negative Einflussnahme nehmen können, werden für eine Ablehnung die Kriterien, wie beschrieben, weiter verschärft. Eines wird jedoch deutlich: Warum gerade $\frac{2}{3}$, $\frac{1}{2}$, $\frac{1}{2}$ und $\frac{3}{4}$, $\frac{2}{3}$, $\frac{2}{3}$ gewählt wurden, kann letztlich nicht „allgemeingültig“ bestimmt werden. Es kommt darauf an, ob diese willkürliche Wahl dem Leser plausibel wird oder ob er die getroffene Quantifizierung für unangemessen hält.

Im Rahmen der Auswertung wird sich, der Projektplanung folgend, ein kleiner Exkurs mit der Reanalyse der MaLeMINT Ergebnisse im Hinblick auf die elementare Algebra nach SUmEdA beschäftigen.

3.2.2 Fazit Theorie a) Teil 1: Anforderungskataloge

Die vorgestellten Anforderungskataloge, angefangen bei den Bildungsstandards der KMK, über konferenzbezogene Kataloge, wie der cosh-Katalog, bis hin zu empirisch erstellten Katalogen, wie dem von MaLeMINT, bilden eine Vielfalt möglicher Anhaltspunkte für die Orientierung von Vorkurs-Curricula. Viele der Themen des Projektes aldiff auf Basis des Modells SUmEdA werden in diesen Katalogen inhaltlich aufgeführt; cosh und MaLeMINT heben stärker als die Bildungsstandards die Bedeutung der elementaren Algebra hervor. cosh und MaLeMINT ordnen aber auch weit über die durch SUmEdA abgedeckte elementare Algebra hinaus Inhalte diesem Bereich zu. Die vorliegende Arbeit fokussiert auf die elementare Algebra, so wie sie als Modell aus SUmEdA vorliegt; sie sieht sich im Kontext von SUmEdX (siehe Glossar in „Struktur der Arbeit"). Möchte man Kompatibilität zu den Algebradefinitionen anderer herstellen, wird es absehbar im Anschluss an die vorliegende Arbeit einer Folgeforschung bedürfen. Diese muss die „Algebra und Arithmetik nach SUmEdX" ergänzen, um weiter gefassten (jedoch ungeordneten) Modellen der elementaren Algebra gerecht zu werden.

Es wurde dargelegt, dass es an verschiedenen Standorten den Wunsch nach einem dem Standort angepassteren Mindestanforderungskatalog gibt. Daher kann nicht einfach auf die bestehenden Anforderungslisten verwiesen werden, um den im Rahmen der vorliegenden Arbeit entwickelten Test auf Basis der SUmEdA Aufgaben verständlich zu kommunizieren (und so potentielle Aufnahme in standortbezogene Mindestanforderungskataloge zu erleichtern). Die vorliegende Arbeit wird sich auch aus diesem Grund mit der Kommunizierbarkeit möglicher Modelle beschäftigen. Die Ergebnisse von aldiff könnten so als Baustein in Vorkurskonzepten anderer Standorte Eingang finden.

3.2.3 Theorie a) Teil 2: Expertenbefragungen für Anforderungslisten

Die Projektleitung hatte sich bei Projekterstellung dazu entschieden, eine Expertenbefragung zur Datenerhebung zu verwenden. Diese Expertenbefragung sollte sich den „Experten aus der Praxis" widmen.

Im folgenden Abschnitt werden zunächst allgemeine Überlegungen zum Begriff „Experte" angestrengt, um dann den Begriff „Experten aus der Praxis" literaturbasiert herzuleiten. Theorie a) Teil 2 sieht sich mit Theorie a) Teil 1 über die empirisch erstellten Anforderungskataloge verbunden. Dies wird sich auch in einer an MaLeMINT teilweise angelehnten Methodik a) bemerkbar machen.

Warum wir „Experten" befragen und wie jemand zum „Experten" wird

Im folgenden Abschnitt wird zunächst überlegt, warum Experten befragt werden, und wie Experten zu Experten werden.

Es ist üblich, Experten einer Sache zu Rate zu ziehen, wenn es um eine Sache geht, bei der man einen Experten finden kann. Verlässt man sich auf den Rat eines Experten, so verlässt man sich auf dessen Expertise in der Sache. Er wird zum Experten, indem man ihm zuspricht, Expertise zu besitzen. Der Wert des Rates, den man bei einem Experten einholt, liegt in dieser dem Experten zugesprochenen Expertise begründet. Die zugesprochene Expertise ist gekoppelt an ein Vertrauen in die Expertise durch denjenigen, der die Expertise dem Experten zuspricht.

Ein ähnlicher Mechanismus der Argumentation findet sich auch in völlig anderem Kontext; in der dialektischen Theologie bei Karl Barth: „Die Theologie des Offenbarers": Der Offenbarer wird offenbar, indem er sich in der Offenbarung offenbart. Seine Offenbarung besteht in der Offenbar-Werdung (Barth 1932).

Im Projekt aldiff wird von „Experten aus der Praxis" gesprochen. Diese Bezeichnung beinhaltet den eben geäußerten Überlegungen folgend, dass aldiff der untersuchten Personengruppe „Experten aus der Praxis" Expertise zuspricht. Die Expertise kann nur zugesprochen werden, wenn aldiff Vertrauen in die Expertise der „Experten aus der Praxis" setzt.

Der Experte kann überhaupt nur Experte werden, wenn es jemanden gibt, der ihn zum Experten (für sich) macht, indem er dessen Expertise vertraut. Andernfalls kann er sich vielleicht Experte nennen, doch für den Betrachter wird er nur mit dem Vertrauen in die Expertise zum Experten (für den Betrachter).

aldiff muss also zunächst für sich festhalten, worin das Vertrauen in die Expertise besteht, in der Hoffnung, dass dieses Vertrauen auch von Dritten nachvollzogen und akzeptiert werden kann.

Dabei ist die Expertise der „Experten aus der Praxis", wie jede Expertise, äußerst domänenspezifisch. Der Experte in altgriechischer Literatur muss nicht Experte in antiker Mathematik sein, doch kann man je nach Einschätzung vielleicht einfordern, dass bei einem Experten in antiker Mathematik auch der diesbezügliche Umgang mit spezifischer altgriechischer Literatur zur Expertise zu rechnen und auch einzufordern ist. Das Beispiel soll verdeutlichen, dass das Wissen um das Spezifische der Domäne der Expertise wesentlich zu dem Wissen, das zu Vertrauen führen kann, beiträgt. Die Rolle des Experten ist dabei ambivalent. Einerseits fußt wissenschaftliches Vertrauen-Setzen in einen Experten auf dem Wissen um die Passung des Spezifischen der Domäne zu dem Bereich, in dem ein Rat eingeholt werden soll. Andererseits kann die Passung des Spezifischen der Domäne zu dem Bereich letztlich nur mit Wissen auf höhere Verstehensebene abgeglichen werden, was schließlich dazu führt, dass „mit letzter Gültigkeit" nur ein Experte(A) in eben jener Sache gesichert einen anderen als Experten(B) benennen kann. Dann jedoch ist die Expertise des Experten(B) überflüssig geworden, denn der Experte(A), der den Experten(B) als „Experten" anerkennt, besitzt selbst die dazu notwendige Expertise, alle Fragestellungen an den Experten(B) ebenso gut/ gültig selbst zu beantworten.

Diese Gedankenspiele sollen verdeutlichen, dass das Vertrauen, welches in den Experten gesetzt wird, in einem Fall, in dem der Experte um einen echten Rat gebeten wird, nicht beweisbar ist, auch nicht für denjenigen, der den Experten zum Experten gemacht hat. Es kann daher nur versucht werden, das Vertrauen in einen Experten, d. h. in dessen Expertise, plausibel zu machen.

Festzuhalten ist: Damit die von aldiff akzeptierten „Experten aus der Praxis" die Möglichkeit erhalten plausibel Vertrauen zu erhalten, muss die Domäne der „Experten aus der Praxis" genauer beschrieben werden und mit Qualifikationskriterien der als „Experten" Befragten abgeglichen werden.

Was ist ein „Experte aus der Praxis" für aldiff?

In diesem Abschnitt wird erläutert, was im Folgenden aldiff unter "Experten aus der Praxis" verstehen möchte.

Das Hinzuziehen von Praktikern, d. h. (Hochschul-)Lehrern als Experten im Fachbereich Mathematik wird z. B. von Ruthven (2000) anhand von zwei Projekten, bezogen auf die Grundschule, erläutert. Das eine Projekt beschäftigt sich mit der Analyse der „handwerklichen Fähigkeiten" (craft knowledge) von Lehrkräften. Das andere Projekt geht umgekehrt vor, indem es sich die Frage stellt, wie wissenschaftliches Wissen kontextualisiert bei Lehrern zur Anwendung kommen kann. Über den Begriff der Lehr-Profession verbindet Ruthven beide Themengebiete. Dieses „wissenschaftliche Vertrauen in die Profession", die an Kriterien plausibel gemacht wird, entspricht für die vorliegenden Untersuchungen dem Begriff „Expertise".

Bei den folgenden Ausführungen ist ebenso einzubeziehen, was Loewenberg Ball unter "noticing" versteht, wenn sie die Arbeit eines „erfahrenen Lehrers" beschreibt:

„Noticing is a natural part of human sense making. In our daily lives, we see and interpret based on our own orientations and goals. However, the noticing entailed by teaching is specialized to its purposes. In teaching, teachers must notice things that are central not to personal goals but to professional ones." (Loewenberg Ball 2011)

Unter dem Begriff „handwerklichen Können" (craft knowledge) versteht Ruthven (2000) die Professions-Fähigkeiten, die Lehrer durch die Ausübung ihrer Tätigkeit und der Bewältigung situativer Anforderungen in ihrem Schulalltag erwerben. Die Arbeit des Lehrers, der den Schulalltag Tag für Tag lebt, wird schließlich in das Vertrauen auf dessen Expertise bezüglich des Schulalltags gewendet. Handlungsorientierte Fähigkeiten werden dem Lehrer zugeschrieben, die durch Experimentieren, Problemlösen und Reflektieren der eigenen Handlungen erwachsen sind. Zu dieser dem Praktiker zugesprochenen Praxisexpertise gehört beispielsweise auch, fachdidaktisches Wissen zu kontextualisieren.

Es bietet sich an, das Vertrauen ins handwerkliche Können der Lehrer auf Basis der Schülerleistung oder Schülerleistungszunahme zu ermitteln. Als Experten werden z. B. Lehrer bezeichnet, deren Schüler individuell eine möglichst große Leistungssteigerung erfahren und insgesamt gute Leistungen (auf einen Durchschnitt gesehen) zeigen (Ruthven 2000).

Wenn es um das WIE der Handlung geht, eignen sich solche Auswahlverfahren zur Wahl von Experten der Praxis.

In aldiff werden die Experten nicht nach dem WIE der Handlung befragt, die Outputorientierung wäre zudem indirekt, da die Förderung algebraischer Fähigkeiten als Voraussetzung nicht unmittelbar ist. Daher scheint es nicht notwendig die Auswahl der Experten aufgrund einer Outputorientierung vorzunehmen. Es würde sich auch schwierig gestalten, vergleichbare Outputorientierung als Grundlage der Auswahl für den Übergang Schule-Hochschule zu definieren. Anders als unter Schulbedingungen ist die Erfassung einer Leistungssteigerung eines Studienbeginners nur schwer fassbar, im Falle, dass z. B. keine „Zwischenklausuren" abgeprüft werden.

Von Überlegungen einer outputorientierten Wahl der Experten für aldiff wird absehen, da die Untersuchungen nicht zum Ziel haben, eine „good practise" feststellen zu wollen. Die vorliegende Arbeit wird nicht untersuchen, wie die Dozenten z. B. mit der Heterogenität der Studierendenschaft im Bereich der elementaren Algebra umgehen.

Im Projekt aldiff werden die Experten der Praxis zu verschiedenen Fragestellungen befragt. Experten der Praxis sind sie für das Projekt aldiff in Bezug auf das WAS der Erfahrung um das defizitäre Wissen und Können der Studienanfänger MINT im Bereich der elementaren Algebra.

Worin besteht die befragte Expertise jenseits des WAS?

Die Funktion der Experten in der von aldiff durchgeführten Expertenbefragung ist jedoch nicht nur auf diese beschriebene Komponente beschränkt. Mit Sicht auf das in Methodik a) noch vorzustellende Vereinfachte Modell der elementaren Algebra, werden die Experten der Praxis in Teilen der Expertenbefragung selbst Teil der Zielgruppe. Das macht sie damit aber auch gleichzeitig zu Konsumenten und damit eher gleichberechtigten Partner-Experten mit zugesprochener „Teil-Expertise" für die Art und Weise der Ausgestaltung, als zu Experten, die anstreben, neue Modelle zu definieren.

Deshalb wird die Analyse dieser Befragungsteile auch nicht in dem Befolgen und Anmerken des Rates enden (, da für diesen Teilbereich der Befragung nur Teil-Expertise zugesprochen wird), sondern in der direkten Reaktion und Umgestaltungsvorschlägen im Gespräch münden.

Dies entspricht in etwa Ruthvens zweitem Beispiel: Kontextualisierung von wissenschaftlichem Wissen (Fachdidaktik): Wie kann Fachdidaktik kontextualisiert werden, damit sie lehr-praktische Relevanz erhält?

script, agenda und explanation

Ruthven übernimmt die Begriffe „script", „agenda" und „explanation" in seinen Sprachschatz der Beschreibung des pädagogischen Wissens von Lehrern im Kontext des craft knowledge. Diese Begriffe bieten sich an, um die Zielsetzung der Expertenbefragung in aldiff zu beschreiben.

Das script ist ein zu einem bestimmten Thema „lose" zusammengestelltes Konglomerat von Zielen, Aufgaben und Handlungen durchgehend entwickelt und über die Zeit verfeinert (Ruthven 2000, S. 122–123).

Dieses script hat vor allem ordnend-organisierende Funktion. In ihm sind die agendas, d. h. Abläufe einzelner Stunden verankert, welche nun ganz konkret Stundenziele und Handlungen für deren Umsetzung beschreiben.

Die Einführung eines neuen Themas oder einer neuen Idee ist das, was explanations meint.

Unter dem Begriff explanation zusammengefasst fließt all das ein, was zu einer „guten" Erklärung gehört: zentrale Kompetenz ist hier verständliche und präzise Wortwahl auf Basis von vorhandenem Vorwissen bei den Lernenden.

Die drei Begriffe script, agenda, explanation vermitteln also zwischen Mikro- und Makro-Lehrkompetenzen des Lehrenden. Sie lassen sich in ihrer Allgemeinheit direkt auf Hochschullehrende übertragen. Die Expertise der in aldiff befragten Lehrenden als „Experten aus der Praxis" wird vornehmlich in den Dimensionen script und explanation zu Rate gezogen.

Hier muss jedoch eine Unterscheidung nach Lehrern und Hochschullehrenden vorgenommen werden.

Auf Seite der Hochschullehrenden wird script insofern relevant, als dass die elementar algebraischen Kompetenzen der Studenten von den Hochschullehrenden mit ihrem script abgeglichen werden können.

Es soll in aldiff nicht nach den Zielen im script der Hochschullehrenden gefragt werden; aldiff nutzt auf Makroebene die Fähigkeit von Hochschullehrenden elementar algebraische Voraussetzungen für Ziele ihres scripts zu identifizieren.

Im Bereich explanations wird Expertise auf zweifache Weise bei der Befragung von aldiff abgerufen: Zum einen können die Hochschullehrer das benötigte, auch schulische, Vorwissen benennen, welches vorausgesetzt werden muss, um die explanation auf Mikroebene nachvollziehen zu können. Zum anderen wird die Fähigkeit zur explanation für die Untersuchung folgender Fragestellung benutzt: „Wie kann man ein Modell der elementaren Algebra für Dozenten und Studenten verständlich formulieren?“

Neben dieser letzten Fähigkeit wird auf Seiten der Lehrer der Oberstufe wohl mehr das „script und explanation der Oberstufe“ Einfluss auf die Rückmeldungen nehmen. „script und explanation der Oberstufe“ werden die Expertise in diesem Bereich wohl dominieren, denn wie eingangs bei Tietze ausgeführt, sind viele SekII Inhalte nur mit entsprechenden algebraischen Kenntnissen anzugehen und zu bewältigen.

Das Michigan Modell

Um die Expertise der Hochschullehrer und Lehrer der Oberstufe im Projekt aldiff weiter zu charakterisieren wird Loewenberg Ball et al. (2008) herangezogen.

Das „Michigan Model“, welches das „Shulman Model“ differenziert beinhaltet, unterteilt das Lehrerprofessionswissen in 6 Domänen (Ruthven 2011). Durch das Modell werden geeignete Begriffe geschaffen, sodass eine Fokussierung auf einzelne dieser Domänen sich leichter in ein Gesamtbild einordnen lassen (siehe z. B. Hill und Loewenberg Ball (2004): Ein Instrument zu Messung der Entwicklung von „content knowledge“; oder auch Titel wie: „Subject-matter didactics as a central knowledge base for teachers, or should it be called pedagogical content knowledge?“ zur Verhältnisbestimmung des Shulman Models zum Begriff Fachdidaktik (Hefendehl-Hebeker 2016)).

Auf Basis des „Michigan Model“ werden Untersuchungen geplant wie z. B. Baumert et al. (2010).

Im Folgenden wird eine kurze Zusammenfassung der einzelnen Domänen gegeben, um dann diejenigen Domänen festzuhalten, die im Projekt aldiff von besonderem Interesse sind.

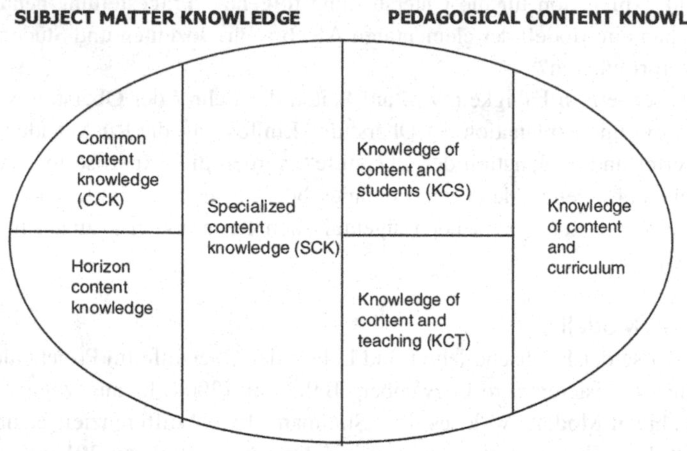

Schaubild aus: Loewenberg Ball et al., S. 403 (2008)

„common content knowledge (CCK)“: beschreibt die Fähigkeit mathematische Aufgabenstellungen korrekt zu lösen (Loewenberg Ball et al. 2008, S. 399).

„spezialized content knowledge (SCK)“: *„is the mathematical knowledge and skill unique to teaching.[…] Close examination reveals that SCK is mathematical knowledge not typically needed for purposes other than teaching. In looking for patterns in student errors or in sizing up whether a nonstandard approach would work in general, as in our subtraction example, teachers have to do a kind of mathematical work that others do not.“* (Loewenberg Ball et al. 2008, S. 401)

Dieses spezifische in der praktischen Lehre entstehende Professionswissen wird von der Expertenbefragung angesprochen. Es lässt sich im Allgemeinen auch nicht von Schülern und Studenten erfragen (der anderen beteiligten Seite):

„We do not hold as a goal that every learner should be able to select examples with pedagogically strategic intent, to identify and distinguish the complete range of different situations modeled by $38 \div 4$, or to analyze common errors.“ (Loewenberg Ball et al. 2008, S. 402)

Als Beispiel wird gegeben:

> „*Accountants have to calculate and reconcile numbers and engineers have to mathematically model properties of materials, but neither group needs to explain why, when you multiply by 10, you „add a zero.*"" (Loewenberg Ball et al. 2008, S. 402)

> **„knowledge of content and students (KCS)":** „*The third domain, knowledge of content and students (KCS), is knowledge that combines knowing about students and knowing about mathematics. Teachers must anticipate what students are likely to think and what they will find confusing. When choosing an example, teachers need to predict what students will find interesting and motivating. When assigning a task, teachers need to anticipate what students are likely to do with it and whether they will find it easy or hard.*" (Loewenberg Ball et al. 2008, S. 402)

Die drei Begriffe werden durch ein illustrierendes Beispiel in einen Zusammenhang gebracht.

> „*In other words, recognizing a wrong answer is common content knowledge (CCK), whereas sizing up the nature of an error, especially an unfamiliar error, typically requires nimbleness in thinking about numbers, attention to patterns, and flexible thinking about meaning in ways that are distinctive of specialized content knowledge (SCK). In contrast, familiarity with common errors and deciding which of several errors students are most likely to make are examples of knowledge of content and students (KCS).*" (Loewenberg Ball et al. 2008, S. 402)

aldiff nutzt das KCS der Experten (auch übertragen auf die Hochschullehre). Vor dem Hintergrund des literaturbasierten SUmEdA wird die Expertenfunktion besonders dann der Erkenntnis zuträglich sein, wenn es sich um KCS handelt, welches sich z. B. über SCK entwickelt hat. Ebenso ist aus Literatur erlerntes KCS, das durch Nennungen aus der Praxissituation heraus in der Expertenbefragung zurückgemeldet wird, interessant. Eine Wertung des Unterschieds soll nicht erfolgen, sodass die Dimension KCS für das Projekt aldiff nicht in der angedeuteten Weise bei der Konzeption der Expertenbefragung berücksichtigt werden muss.

> **„knowledge of content and teaching (KCT)":** „*knowledge of content and teaching (KCT), combines knowing about teaching and knowing about mathematics. Many of the mathematical tasks of teaching require a mathematical knowledge of the design of instruction. Teachers sequence particular content for instruction. They choose which examples to start with and which examples to use to take students deeper into the content. Teachers evaluate the instructional advantages and disadvantages of representations used to teach a specific idea and identify what different methods and procedures afford instructionally. Each of these tasks requires an interaction between specific*

mathematical understanding and an understanding of pedagogical issues that affect student learning." (Loewenberg Ball et al. 2008, S. 402)

Das KCT hat keinen direkten Bezug zur Expertenbefragung bei aldiff. Das Wissen um die Inhalte des Curriculums werden dagegen zumindest indirekt im Sinne des „was muss man können" – „wird aber nicht gekonnt"(KCS) von der Expertenbefragung mit untersucht.

Wie werden die Experten in aldiff zu Experten und worauf ist zu achten, damit die Experten ihre Expertise nicht verlieren

Im obigen Abschnitt wird auf mehrfach auf die Profession der ausgewählten Hochschullehrer und Lehrer verwiesen.

Provokation: Was ihre Profession auszeichnet, wird zwar beschrieben; vom wissenschaftlichen Standpunkt aus muss man jedoch eigentlich untersuchen, ob sie diese Profession überhaupt besitzen, die man ihnen zuschreibt. Dies resultiert jenseits einer Outputorientierung in einem Dilemma der Expertise.

Bei Simoncini et al. (2014) wird deutlich, dass ein wichtiger Faktor bei der Untersuchung von „Experten aus der Praxis" eine grundsätzlich offene wertschätzende Haltung für Rückmeldungen aus der Praxis ist. Wer Experten aus der Praxis untersucht, darf dies nicht von einem übergeordneten wissenschaftlichen Standpunkt aus betreiben. Das Lernen von Experten aus der Praxis stellt dabei idealerweise ein Wechselspiel anhand einer wissenschaftlich verwendeten Methode dar. Die Experten aus der Praxis lernen eine wissenschaftlich durch die Untersuchenden empfohlene Methode kennen (, die schon deshalb als empfohlen wahrgenommen wird, da sie von den Untersuchenden angewendet wird). Auf diese Weise werden aktiv von Seiten der Wissenschaft wissenschaftliche Ergebnisse für die Praxis umgesetzt und eingesetzt. Die Untersuchenden andererseits erhalten über die Methode vermittelt gezielt Informationen aus der Praxis. Methodenkritik aus der Praxis ist dabei ernst zu nehmen!

Auch in aldiff übernimmt das vereinfachte Modell die bei Simoncini beschriebene Aufgabe der Funktion eines Wechselspiels. Obwohl die Methode bei Simoncini et al. (2014) als Lehrexperiment eine doppelte Bedeutung erfährt und es um die praxisnahe Erprobung von Reflexionsmethoden geht, die von der Wissenschaft als empfohlen gelten kann, lässt sich die Situation vergleichbar auf die Expertenbefragung im Projekt aldiff übertragen.

Simoncini et al. (2014) setzt auf die Wirkung seiner Empfehlungen; er empfiehlt durch sein Vorgehen in direkter Weise ein WIE der Praxis. Es gehört nach Simocini auch dazu, Einschätzungen „aus der Praxis" zumindest in ihren Folgen „für die Praxis" zu vertrauen. Dies geschieht unter dem Grundsatz, dass nur in der Praxis tätige Personen letztlich die Anwendung und Anwendbarkeit einer Methode beurteilen können. Dies wiederum kann analog für die von den Experten im Projekt aldiff ausgesprochenen Empfehlungen und Kommentare gelten.

Wissenschaftliche und praktische Anfragen können bei einer Untersuchung mit Experten aus der Praxis kombiniert werden. Eine Zusammenarbeit kann auf verschiedenen Ebenen erfolgen.

> „*The project has defined a model of sheltered instruction that is based on the research of best practices, as well as on the experiences of participating teachers and researchers who collaborated in developing the observation tool being utilized in the study.*" (Short und Echevarria 1999, S. 5)
>
> Dabei kommt es zu bekennenden Aussagen wie: „*The project described in this report was designed with the belief that teacher professional growth can be fostered through sustained collaborative inquiry between teachers and researchers.*" (Short und Echevarria 1999, S. 8)

Vorsicht ist geboten, wenn die Gefahr besteht, die Experten in ihrer Expertise anhand der von den Forschenden vorgeschlagenen Methode zu beurteilen. Dies führt zurecht zu Unmut und Misstrauen bei den Beteiligten. Wird der „Experte der Praxis" in seiner Expertise durch die Untersuchungsmethode selbst bewertet wird, verliert er dadurch seine Funktion als Experte.

> „*We are videotaping and collecting data from control classrooms as well. Through analyses, our goal is to determine whether students receiving high-quality sheltered instruction differ significantly from their peers in non-sheltered or lowerquality sheltered instruction in their content and language achievement.*" (Short und Echevarria 1999, S. 10)

Spätestens folgende Anmerkung muss dagegen aufhorchen lassen: „„„If you are going to use that to observe us," one teacher said, „then maybe we should use it to plan lessons." A similar situation occurred on the west coast that fall when a district group was discussing the use of the SIOP for rating lessons. There a teacher commented that, „It may even be more useful for planning.""

In dem Falle, dass der durchführende Hochschullehrer/Lehrer von vornherein die Befragungssituation als „Prüfungssituation" unreflektiert auf sich selbst bezieht, gibt er seine eigene Kompetenz weg, zugunsten eines teaching-to-the-test-Verhaltens – und verliert dadurch seine Expertenfunktion.

In diesem Kontext müsste m. E. eigentlich eine unerwünschte Entwicklung erkannt und mit einer Änderung der Strategie gegengesteuert werden. Aus einem „gemeinsam die Diagnose untersuchen" wird ein „auf das Diagnoseinstrument hinarbeitendes Testobjekt“. Der Lehrer verliert in diesem Moment die Expertenfunktion, er selbst wird zum Untersuchungsgegenstand, der von höherem Standpunkt, dem Diagnoseinstrument, bewertet wird. Aus Sicht des wissenschaftlichen Entwicklers mag es erfreuen, dass die Diagnosekonzepte schon in die Planung der per Diagnose zu untersuchenden Einheiten Einfluss nehmen. Aus Sicht der Funktion und Rolle der Experten verbietet sich in aldiff eine solche Wendung. Der Grundsatz gilt: Die Experten werden in Ihrer Expertenfunktion nicht bewertet werden.

Experten werden bei fehlender Outputorientierung alternativ auch über Lehrerfahrung quantifiziert durch Jahre der Berufsausübung definiert (Araujo et al. 2017; Baumert et al. 2010; Cheng 2017).

Je nach Sensibilität der Maßnahmen bei diesen Untersuchungen (z. B. Beeinflussung des Unterrichts in Experten-Novizen Tandems) werden teilweise nur Lehrende mit 10 oder mehr Jahren Berufserfahrung aufgenommen.

Für aldiff gilt als Experte, wer aktiv am Übergang Schule-Hochschule lehrt und mindestens 3 Jahren Lehrerfahrung aufweist. Dies scheint eine angemessen angesetzte Zeitspanne zu sein, die auch bei anderen Untersuchungen zur Unterscheidung in „erfahrene“ und „unerfahrene“ Lehrer genutzt wird (Melnick und Meister 2008).

3.2.4 Fazit Theorie a) Teil 2: Experten aus der Praxis

Es wurde aufgezeigt, dass der Experte durch seine domänenspezifische Expertise zum Experten wird und auf welche Grundlage sich die Expertise eines „Experten der Praxis“ stützt (vgl. Rüede et al. (2016, S. 621–622)).

Anhand der Begriffe script, agenda und explanation und dem Michigan Modell wurde aufgezeigt, wie die von aldiff befragte Expertise beschaffen ist.

Es wurde ebenfalls auf Tücken eingegangen, wodurch ein Experte seinen Expertenstatus durch unglücklich erstellte Untersuchungen verlieren kann und dass dies zumindest dokumentiert werden sollte. Abschließend wurde in Übereinstimmung mit vergleichbarer Literatur ein Kriterium festgelegt, an dem bestimmt werden kann, ob jemand als „Experte aus der Praxis“ für die Zielrichtung des Projektes aldiff gelten kann.

Die Lehrenden aus Hochschule und Oberstufe werden in der „Expertenbefragung“ als Experten der Praxis wahrgenommen. Sie werden hauptsächlich bezüglich ihres KCS, script und explanation angesprochen (mit dem Hintergrund SCK). Sie sind lehrerfahren und ihre Expertise wird ernst genommen und wertgeschätzt. Es geht nicht um das WIE der Handlung, sondern um das WAS der

Erfahrungen mit defizitärem Wissen und Können der Studienanfänger MINT im Bereich der elementaren Algebra am Rande von SUmEdA. Außerdem geht es um das WIE der Formulierungsausgestaltung des Vereinfachten Modells (siehe „Teil-Expertise").

3.2.5 Fazit Theorie a) Teil 1 und Teil 2

In Theorie a) Teil 1 wurden verschiedene Anforderungskataloge verwendet, um die elementare Algebra nach den Testaufgaben aus dem Modell des Vorgängerprojektes SUmEdA einzuordnen. Gleichzeitig bestätigten die Analysen die Relevanz der elementaren Algebra am Übergang Schule-Hochschule. Empirische Anforderungskataloge wie MaLeMINT motivierten dann dazu in Theorie a) Teil 2 theoretisch eine Expertenbefragung von „Experten der Praxis" vorzubereiten. Dazu wurde zunächst der Begriff „Expertise" als wesentliche und fremd-zugeschriebene Eigenschaft eines Experten aufgebaut. Schließlich wurde die Expertise genauer beschrieben und definiert, welche bei der Untersuchung in aldiff von Relevanz ist.

Es wurde bereits angedeutet, dass die Untersuchungen zu Forschungsstrang a) delphiähnlichen Charakter haben werden.

Nachdem nun mit der Theorie a) Anforderungslisten und „Lehrer und Dozenten als Experten" als Mittelpunkt des Kontexts der Untersuchungen in Forschungsstrang a) aufgebaut wurden, folgt nun Theorie b) mit dem Fokus auf die empirischen Untersuchungen in Forschungsstrang b).

3.3 Theorie b)

3.3.1 Theorie b) Teil 1: Verschiedene bestehende Tests und Aufgabensammlungen und deren indirekter Vergleich mit den Algebratestaufgaben in aldiff

Übersicht über Ziele der Darstellung bestehender Tests und Aufgabensammlungen

Im folgenden Abschnitt werden mehrere bestehende Aufgabensammlungen und Tests untersucht, die u. a. Inhalte der elementaren Algebra testen. Auf Wunsch der Projektleitung wurden in die empirischen Untersuchungen zum Vergleich lediglich einige PISA-Aufgaben mitaufgenommen. Der Algebratest im Projekt aldiff besteht aus den vom Projekt DiaLeCo vorgeschlagenen Aufgaben zu SUmEdA.

Die vorliegende Arbeit untersucht diese Aufgabensammlung empirisch.

Alle hier vorgestellten Tests, abgesehen von denjenigen, die bereits durch den Vorschlag von SUmEdA von DiaLeCo in den Testpool aufgenommen wurden, testen nur zu einem kleinen Teil elementaralgebraisches Wissen und Können im Sinne von SUmEdA ab.

Es können keine empirischen Vergleiche mit vollständigen anderen Testinstrumenten vorgenommen werden, da aus Gründen der Zumutbarkeit eine Durchführung anderer zusätzlicher Tests nicht möglich ist. (siehe Theorieteil allgemein)

Die Schau der Tests in diesem Abschnitt versteht sich daher nicht klassisch mit Blick auf einen empirischen Vergleich von Konzepten. Die Algebratestaufgaben können nicht veröffentlicht werden können, da die Projektleitung die weitere Verwendung zu wissenschaftlichen Zwecken garantieren möchte.

Bis auf wenige Ausnahmen können daher lediglich die andernorts veröffentlichten Testaufgaben, wie z. B. ein Teil der Aufgaben bei Küchemann (Küchemann 1978, 1981, 2013 (Upload)) unmittelbar in der vorliegenden Arbeit untersucht werden. Umso wichtiger wird die inhaltliche Beschreibung der Testaufgaben, die von der Projektleitung beschlossen nicht zur Veröffentlichung bestimmt sind. Um dem Leser zumindest indirekt einen Eindruck vom Algebratest aus DiaLeCo zu verschaffen, werden im folgenden Abschnitt durch die Untersuchung von Aufgaben aus verschiedenen Tests (indirekte) Klassifizierungen der Testaufgaben vorgenommen. Damit nimmt der folgende Abschnitt eine praxisnähere Beschreibung der Testaufgaben vor, als dies allein über die Referenz auf das theoretische Modell SUmEdA möglich wäre. Anhand der Tests mit Algebraanteilen sollen darüber hinaus Schlüsse und Anregungen für eine Förderung im Anschluss an die Diagnoseerstellung durch aldiff gezogen werden.

Etliche der bestehenden Tests mit algebraischen Inhalten sind kostenpflichtig, wie z. B. http://mathematiktest-fuer-schulen.de/ (Sek I Inhalte für berufliche Schulen) Darin wird verwiesen auf weitere kostenpflichtige oder teilweise auch frei verfügbare Förderangebot Realmath (Betrieb wird demnächst eingestellt) oder bettermarks mit gezielter Einbindung dieser Materialien nach der Diagnose (Stein 2019).

Studienauswahl/Studienorientierungstests werden in dieser Arbeit bewusst nicht berücksichtigt, da sie die Forschungsziele aldiff nicht oder nur zu einem unwesentlichen Teil abbilden. Derartige Tests sind in der Regel nicht zur Diagnosestellung in einem spezifischen mathematischen Bereich bestimmt, sondern dienen in der Regel eher einer „overall" Diagnose im mathematischen vs. naturwissenschaftlichen vs. technischen Bereich und allgemeiner Studierfähigkeit.

Oder es sollen gesonderte Zielgruppen angesprochen werden z. B. das Projekt tasteMINT (LIFE Bildung Umwelt Chancengleichheit e. V. 2019) das die Erhöhung des Frauenanteils befördern soll. Zitat aus der Projektbeschreibung tasteMINT: Bei tasteMINT handelt es sich um ein „Potenzialermittlungsverfahren".

Ein anderes Beispiel aus diesem Bereich ist der Test „komm mach mint" (Kompetenzzentrum Technik-Diversity-Chancengleichheit e. V. 2019).

Oft sind die Aufgabenzusammenstellungen bei solchen Testungen nicht als Fachtestung Mathematik o.Ä. zu denken: Wenige Aufgaben sollen eine Prognose herbeiführen, ob eine Person für eine Gesamtstudienrichtung geeignet ist. Gleichzeitig soll z. B. die Entscheidungsfindung für die Bereitschaft, ein Studium der MINT Studiengänge aufzunehmen, befördert werden. Im Mittelpunkt der Diagnosen stehen somit zurecht nicht die Aufgabeninhalte im Vordergrund, sondern die Beurteilung von angewandten Arbeitstechniken und die Stärkung motivationaler Aspekte durch Beratung und das Ausräumen von nichthinterfragten Bedenken.

Projektformulierungen wie „Komm mach mint" implizieren bereits offen im Titel, wohin die (Beratungs-)Reise gehen soll.

Studienorientierungstests werden daher in dieser Arbeit, aufgrund der dort noch viel komplexeren Situation, ohne Absicht der Förderung von Defiziten im Anschluss an die Diagnose, nicht weiter berücksichtigt.

Die Aufgaben bei Küchemann, der CSMS/ICCAMS Test bei Oldenburg

Einige der Aufgaben aus SUmEdA haben bereits eine längere Forschungstradition.

An den Beginn sei das Projekt CSMS (Concepts in Secondary Mathematics and Science) gestellt, welches einen bereits zuvor in den 1970er Jahren entwickelten Algebratest nutzte (Oldenburg 2009b).

Im Rahmen des Projektes ICCAMS (Increasing Competence and Confidence in Algebra and Multiplicative Structures) wurden diese Tests in England empirisch untersucht an 11–14 jährigen Schülern(2008–2009) (Oldenburg 2009b).

Im Folgenden sind die Aufgaben dieses ursprünglichen Tests gekennzeichnet als „ICCAMS Aufgaben" oder „Aufgaben bei Küchemann" (wg. „(Küchemann 1981)").

Die ICCAMS Aufgaben wurden schon in anderen Tests eingesetzt. Oldenburg nimmt eine Klassifizierung der ICCAMS Aufgaben in „syntaktisch" und „semantisch" vor:

„A syntactic task, or assessment item is one that can be solved by actions triggered by the syntactic structure of the expression alone without involving a mental model for interpretation, i.e. without having mental objects referred to by the symbols. For example, it is possible to solve the expansion of $(x + y)^2$ *by purely syntactic thinking, because the pure lexical structure may activate the schema of the binomial theorem.*

A semantic task, or assessment item is one in which the need for the interpretation of symbols (i.e. the construction of a mental model of objects denoted by symbols) is dominant in successful solutions. For example, in order to give a general expression that allows one to calculate the number of wheels a certain number of cars have, one has to activate semantic thinking to symbolize the number of cars by a letter and relate this letter in its domain of interpretation with the wheel number." (Oldenburg 2013a)

Da die Aufgaben aus ICCAMS vor dem Hintergrund einer generalisierten Arithmetik auf Basis von verschiedenen Variablenaspekten erstellt wurde, gestaltete sich die Zuordnung der Aufgaben in die Kategorien „syntaktisch" bzw. „semantisch" als schwierig, mit der Folge, dass einer der drei Rater bei Oldenburg gehäuft Items als „sowohl syntaktisch als auch semantisch" einstufte.

ICCAMS Aufgaben in SUmEdA

In der folgenden Tabelle sind die ICCAMS Aufgaben dargestellt, welche im SUmEdA Aufgabenpool übernommen wurden. Als Referenz dient dabei nicht die ursprünglich englische Version bei Brown et al. (1984), sondern die deutsche Version der Untersuchungen bei Oldenburg.

ICCAMS	SUmEdA	aldiff	Notizen
Nr. 6 (1/2 der Aufgabe(Teil1))	Nr. 1	x	
Nr. 16	Nr. 2	x	bei SUmEdA: „weniger" durch „kleiner" ersetzt
Nr. 4 (1/6 der Aufgabe (Teil3))	Nr. 3	Nr. 1	siehe nächste Zeile Nr. 4
Nr. 4 (1/6 der Aufgabe(Teil2))	Nr. 4	x	Multiplikation wurde nicht übernommen
Nr. 3	Nr. 5	Nr. 25	kein Malpunkt Reihenfolge getauscht, „diskutieren" statt „erklären"
Nr. 2	Nr. 6	x	„kleinster Term" statt „Kleinstes" in Aufgabe und Antwort
Nr. 5 (1/3 der Aufgabe (Teil2))	Nr. 7	Nr. 35	siehe übernächste Zeile Nr. 5
Nr. 18 (1/2 der Aufgabe (Teil2))	Nr. 8	Nr. 42	leichte Umformulierung wg. ursprünglich Mehrfachaufgabe, siehe übernächste Zeile Nr. 18
Nr. 5 (1/3 der Aufgabe (Teil3))	Nr. 9	Nr. 45	als Aufgabe zum Ankreuzen
Nr. 18 (1/2 der Aufgabe (Teil1))	Nr. 10	x	
Nr. 21	Nr. 34	x	deutliche Umformulierung, aber inhaltlich gleiche Aufgabe, „mit Aufgeben"
Nr. 14	Nr. 35	Nr. 44	
Nr. 13 (3/9 der Aufgabe (Teil 1,7,9))	Nr. 47	Nr. 17	in ursprünglicher Aufgabe gibt es ein Beispiel für „vereinfachen". Umformulierung; siehe nächste Zeile Nr. 13
Nr. 13 (2/9 der Aufgabe (Teil 2,3))	Nr. 48	x	
Nr. 9 (1/2 der Aufgabe Teil 1,4)	Nr. 63	x	in ursprünglicher Aufgabe gibt es ein Beispiel mit Quadrat; siehe nächste Zeile Nr. 9
Nr. 9 (1/2 der Aufgabe Teil 2,3)	Nr. 64	Nr. 31	

Spaltenerklärung nachfolgend

Spaltenerklärung:

ICCAMS: Die ICCAMS Aufgabenzählung fasst teilweise mehrere Teilaufgaben in einer Aufgabe zusammen. Sofern nicht alle Aufgabenteile in der Aufgabensammlung aus SUmEdA enthalten sind, wird der Anteil der in SUmEdA übernommenen Aufgaben durch einen Bruchanteil deutlich gemacht. In Klammern wird ergänzt, welche der Teilaufgaben in der Aufgabensammlung aus SUmEdA vorliegen.

SUmEdA: Aufgabennummerierung nach SUmEdA Aufgabenpool

aldiff: Die aldiff Testzählung gibt an, in welcher Reihenfolge an welcher Stelle des Tests die Aufgaben in die Studie aufgenommen wurden. Gezählt wird ab der erste Matheaufgabe (für die Seitenzahl im Test addiere man 3). Ein x zeigt an, dass diese Aufgabe zwar Teil des SUmEdA Aufgabenpools ist, jedoch von der Projektleitung nicht für die empirische Untersuchung in dieser Studie aufgenommen wurde.

Notizen: In der letzten Spalte befinden sich Notizen, inwiefern die Aufgaben aus SUmEdA wörtlich den Aufgaben aus ICCAMS (deutsche Version) entsprechen.

Es gibt insgesamt zu wenige Aufgaben, die mittels Oldenburg (2013a) zu syntaktisch bzw. semantisch eindeutig zugeordnet werden konnten und die durch die Projektleitung in den Algebratest in aldiff aufgenommen wurden. Daher kann im Rahmen dieser Arbeit kein Vergleich zu den neueren Ergebnissen bei Oldenburg gezogen werden.

Zusammenfassung des Anteils der ICCAMS AUFGABEN

Analysiert man den Anteil der ICCAMS Aufgaben(23 Stück), die schließlich auf Beschluss der Projektleitung in den Algebratest aufgenommen wurden, ergibt sich folgende Aufstellung (Nummerierung nach SUmEdA)

Zusammenfassung:
Aufgeführt ist die Anzahl der Aufgaben, die in den Algebratest übernommen wurden:

2 Aufgaben wurden komplett übernommen,
1 Aufgabe zu 2/3,
2 Aufgaben zu 1/2,
1 Aufgabe zu 1/3,
1 Aufgabe zu 1/6

Anteil am Gesamt ICCAMS Test(23 Aufgaben): (4+1/6) von 23.
Etwas mehr als 1/6 der ICCAMS Aufgaben wurde somit in den Algebratest aufgenommen (Aufgabenweise gerechnet siehe Aufstellung oben).

Zählt man statt der Anzahl der Aufgaben, die Anzahl der Eingabemöglichkeiten, wie Hodgen et al. (2009) so ergibt sich, dass rechnerisch etwas mehr als 1/5 der Eingaben des ICCAMS Tests in den Algebratest in aldiff aufgenommen sind.

Aufgaben aus Oldenburg (2013b)

Über die Küchemann-Aufgaben hinaus befinden sich die folgenden Aufgaben bei Oldenburg (2013b) im Aufgabenpool von SUmEdA und werden in den Erhebungen im Rahmen der vorliegenden Arbeit verwendet:

„Was muss man in den Term $2(x^2-1)$ für x einsetzen, damit sich als Ergebnis ergibt…

-2

$2((a+1)^2-1)$

$2(b^2+2b)$“

„Aaron ist a Zentimeter groß, Berta ist b cm groß. Berta ist 10 cm kleiner als Aaron. Drücken Sie das durch eine Gleichung in den Variablen a und b aus.“

„Es sei b die Anzahl der Brötchen und h die Anzahl der Hörnchen bei einem Einkauf. Ein Brötchen kostet 30 Cent, ein Hörnchen 70 Cent.

a) Was bedeutet 30b+70h?“

TestAS (Trost und Althaus 2017)

Allgemeines zum TestAS

Der TestAS ist ein kombinierter überfachlicher Test, der zum Erwerb eines von manchen Hochschulen akzeptierten Zertifikats von ausländischen Studieninteressenten genutzt werden kann. Dieses wird dann im Rahmen des Zulassungsverfahrens zu Studiengängen akzeptiert, um die Studierfähigkeit einzuschätzen und den wahrscheinlichen Studienerfolg zu prognostizieren. (Trost und Althaus 2017, S. 2–3)

Der Test besteht aus einem Kerntest und mehreren optionalen Testteilen, je nach Studienrichtung. Der Test ist in deutscher Sprache gehalten, sodass die Aufgaben zunächst sprachlich verstanden werden müssen. Dies ist Teil des Konzeptes und unterscheidet sich damit von Konzepten anderer Testungen, wie z. B. der theoretischen Fahrprüfung, die auf Wunsch in verschiedenen anderen Sprachen durchgeführt werden kann (siehe TÜV-Statuten).

Darüber hinaus hat der Test eine starke mathematische Schwerpunktlegung, wenn man die Kompetenzformulierungen der Teiltests näher betrachtet:

Es handelt sich um einen zeitlimitierenden Test mit einer stattlichen Testlänge des Kerntestes von 110 min Hinzu kommt noch Fachmodule als Erweiterungstests. Alle Aufgaben in Kerntest und Erweiterungen sind Multiple Choice Aufgaben (Trost und Althaus 2017, S. 8). Je nach Testteil bestehen Unterschiede in der Art der Multiple Choice Antwortformate.

Der Kerntest besteht aus vier Bereichen.

Mit Abstand am meisten Zeit im Kerntest wird für den Bereich „quantitative Probleme lösen" veranschlagt (über 40 % der Testzeit).

Exkurs: unglückliche Musterlösungen TestAS

Die Musterlösung enthält an prominenter Stelle, einen elementaren gravierenden Darstellungsfehler!

Ein ausländischer Studierender, der sich auf den Test vorbereiten will, erhält im Dokument, ähnlich wie bei PISA, Anhaltspunkte in Form von Musteraufgaben in jedem der Bereiche zur Selbstkontrolle. Zunächst wird eine Beispielaufgabe mitsamt Lösung präsentiert. Für den stark gewichteten (, da viel Zeit im Test in Anspruch nehmenden,) Teil „quantitative Probleme lösen" lautet dieser im Original-Zitat:

> *„Ein Student arbeitet in den Ferien in einer Fabrik. Pro Stunde bekommt er 10 Euro Lohn. Er arbeitet 8 Stunden am Tag und 5 Tage in der Woche. Wie viel hat er nach 4 Wochen Arbeit verdient?*
>
> *(A) 800 Euro (B) 1.200 Euro (C) 1.600 Euro (D) 2.000 Euro*
>
> *Antwort: (C) 1.600 Euro*
>
> *Lösungsweg: Der Student verdient 10 Euro pro Stunde × 8 Stunden pro Tag = 80 Euro pro Tag × 5 Tage pro Woche = 400 Euro pro Woche × 4 Wochen = 1.600 Euro." (Trost und Althaus 2017, S. 12)*

Offensichtlich verfügt der Musterlösungsersteller, bei einer für den Test so elementar wichtigen Musteraufgabe nicht über genügend fachdidaktisches Feingefühl bei der Verwendung mathematischer Zeichen. Die hier vorgegebene Gleichungskette ist unecht. Einbinden von Alltagssprachlichkeit bei der Berechnung haben Vorrang vor korrekter mathematischer Darstellung.

Umgangssprachliche Gedankenkettenbildung: „Der Student verdient 10 Euro pro Stunde × 8 Stunden pro Tag = 80 Euro pro Tag × 5 Tage pro Woche = 400 Euro pro Woche × 4 Wochen = 1.600 Euro."

10 Euro pro Stunde mal 8 Stunden pro Tag entspricht zwar 80 Euro pro Tag. Jedoch werden hier sprichwörtlich ohne „Punkt und Komma" Gleichheitszeichen aneinandergereiht. So steht letztlich da: 10 Euro pro Stunde × 8 Stunden pro Tag = 1600 Euro. Der Fehler wird gleich zweimal hintereinander systematisch begangen. Es ist daher sehr zu kritisieren, wie an so prominenter Stelle eine solch schlechte Musterlösung schriftlich fixiert wird, die zum Lernen dienen soll und beispielhaft wegen ihrer „Vorbildfunktion Musterlösung" so weiterverwendet wird. Die fachliche sowie fachdidaktische Zielsetzung des Tests muss

hier stark angezweifelt werden. Wenn so wenig Bedacht auf die Ausgestaltung von Musterlösungen gelegt wird, ist offensichtlich nur die Identifikation einer richtigen Lösung (den Kategorien der Testbewertung), nicht aber der Weg dorthin, geschweige denn die fachlich korrekte Dokumentation der Lösung von Bedeutung.

Wenigstens in den Lösungen am Ende vom Dokument wird eine ausführlichere und korrekte schrittweise Darstellung gegeben, nachdem man es sich vorher in der sträflich verkürzten Form eingeprägt hatte. Ähnliche Fehler wie in der vorgestellten Musterlösung finden sich in Schülerlösungen bei Diefenbacher und Wurz (2001).

Hier wird der Nachteil des Formats eines reinen Ankreuztestes deutlich: Identifikationsaufgaben können nicht abbilden, ob und inwiefern ein Proband selbstständig zur Anwendung korrekter mathematischer Darstellungsweisen in der Lage ist.

Es folgt eine Analyse der Musteraufgaben zur inhaltlichen Einordnung des TestAS:

Die Aufgaben zu „quantitative Probleme lösen“ sind vorwiegend zu berechnen mit Dreisatz und mit der Lösung textvermittelter Zahlenrätsel. Diese werden dann erweitert um Aufgaben, in denen Terme als in Text geschilderte Realsituationen zu identifizieren sind. Diese Aufgaben sind mit dem Schwierigkeitsgrad „schwierig“ gekennzeichnet.

Die Aufgaben aus dem Bereich „Beziehungen erschließen“ stellen typische Intelligenztestaufgaben dar: Es werden Beziehungen zwischen zwei Worten in eigens gewählter Notation mit der Identifikation von Beziehungen zwischen zwei anderen verwendet. Im Kontext von TestAS für ausländische Studieninteressierte ist damit sogleich eine Überprüfung der sprachlichen Befähigung einhergehend. Auch für das Projekt aldiff könnte die Idee der Verwendung eigens eingeführter Notationen eventuell gewinnbringend genutzt werden zur Definition und dem Verständnis von Äquivalenzklassen (siehe Ausführungen zur Aufgabe AU28).

Auch der Aufgabenbereich „Muster ergänzen“ findet sich ebenso in Intelligenztests.

Im Aufgabenbereich „Zahlenreihen fortsetzen“ müssen Regeln bei der Fortführung von Zahlenreihen erkannt werden und die Reihe um ein Glied weitergeführt werden (Identifikation mit Multiple Choice, d. h. logische Single Choice). Dieses Element ist ebenfalls verbreitet in Intelligenztests anzutreffen und stellt inhaltlich eine Art Vorstufe zur algebraischen Behandlung ähnlicher Phänomene über Terme dar.

Der Bereich Ergänzungstest soll an dieser Stelle auf den „mathematisch naturwissenschaftlichen Ergänzungstest“ beschränkt werden.

Dieser Ergänzungstest beinhaltet die Teilbereiche „Naturwissenschaftliche Sachverhalte analysieren“ (Analyse naturwissenschaftlich erhobener Daten in z. B. Diagrammen) und „Formale Darstellungen“ (Lesen und Verstehen von Flussdiagrammen z. B. zur Beurteilung von Prozessen und Fallunterscheidungen). Beide Bereiche sind nicht Teil der als elementare Algebra gefassten Bereiche durch SUmEdA und werden hier daher nicht weiter ausgeführt. Die Typen „Flussdiagramme“ und „Fallunterscheidungen“ könnten jedoch für die Kategorie 2 „Regel befolgen“ für die Konzeption von Förderung von Interesse werden.

Fazit TestAS

Es lässt sich zusammenfassend festhalten: Der TestAS besitzt Komponenten von Intelligenztests; weiterhin im Kerntest wenige aber deutliche Bezugnahmen zur elementaren Algebra und keine direkt elementaren algebraischen Bezüge im MINT Erweiterungstest.

Der TestAS enthält Bearbeitungstipps zur Entwicklung von Ausweichstrategien:

> *„Bei Rechenaufgaben: Suchen Sie erst selbst nach einer Lösung. Schauen Sie dann nach, ob Ihre eigene Lösung unter den vorgegebenen Antworten ist. Wenn man sich erst die Lösungsmöglichkeiten anschaut, kann das verwirren. Wenn Sie die Aufgabe nicht lösen können, dann können Sie versuchen, die Lösungen auszuschließen, die mit großer Wahrscheinlichkeit falsch sind.*
>
> *Wenn Sie nur noch sehr wenig Zeit haben...*
>
> *Für falsche Antworten werden keine Punkte abgezogen. Markieren Sie auf dem Antwortbogen alle Aufgaben.“ (Trost und Althaus 2017, S. 9)*

Dergleichen formulierte Tipps zur Erreichung eines möglichst guten Ergebnisses unter Nutzung von Ausweichstrategien sind sicherlich gut gemeint.

Bei einem Diagnosetest, der eine möglichst akkurate Einschätzung der Leistung mit sich anschließender Förderempfehlung vornehmen will, ist von dieser Vorgehensweise abzuraten.

Von der aktiven Werbung für Ausweichstrategien zur Lösung von (Ankreuz-) Aufgaben wird daher im Projekt aldiff abgesehen.

PISA (Programme International Student Assessment)

PISA im Fokus der Öffentlichkeit

Die PISA-Testungen Mathematik haben international für Furore in den jeweiligen Bildungssystemen gesorgt.

Die Öffentlichkeit nimmt vom Ansatz PISA zumeist nur die Rankinglisten als absolute Größen wahr (quarks.de; Schleim 2019; Strobl 2019)

Die Öffentlichkeitswirksamkeit in Deutschland beschränkt sich auf nur wenige Zahlen wie z. B. den Rangplatz von Deutschland (Begriff „PISA-Schock").

Diskussionen über die Aussagekraft von PISA

Kritikpunkte von Seiten der Macher und Kritiker von PISA können ausgehend von Bender (2005) nachgelesen werden (siehe dazu auch Stichwort „PISA-Mythen" unter OECD (2019)).

Die breiten- und öffentlichkeitswirksame Diskussion der Studie lässt ihre Relevanz für die Allgemeinheit auch daran erkennen, dass eine eigens dafür eingerichtete Seite auf Wikipedia mit dem Titel „Kritik an den PISA-Studien" gelistet ist.

Theorie hinter PISA

> *„International vergleichende Schulleistungsstudien haben zwei Hauptfunktionen, und zwar Monitoring und Benchmarking (Seidel & Prenzel, 2008). Beides impliziert Vergleiche, zum einen mit bestimmten Standards (Monitoring) und zum anderen mit der Struktur, den Prozessen und Ergebnissen anderer Bildungssysteme (Benchmarking). Zentrale Erkenntnisse aus diesen Studien betreffen das Kompetenzniveau der teilnehmenden Schülerinnen und Schüler, dessen Verteilung sowie diverse Rahmenbedingungen, die Einfluss auf die Kompetenzentwicklung nehmen können. Der internationale Vergleich der Leistungsfähigkeit von Schülerinnen und Schülern zu bestimmten Zeitpunkten in der Schullaufbahn liefert Vergleichsperspektiven, die Trends im Sinne von Entwicklungen über die Zeit erfassen und abbilden können (Rutkowski & Prusinski, 2011). […].*
>
> *Für die OECD als Auftraggeberin der PISA-Studien steht eine ökonomisch orientierte Frage im Mittelpunkt: Wie gut sind Schülerinnen und Schüler kurz vor dem Ende ihrer Pflichtschulzeit auf das vorbereitet, was sie nach der Schulpflicht erwartet?" (Reiss et al. 2016, S. 16)*

Um dieser Aufgabe nachzukommen, wird die Altersstufe der 15-Jährigen gewählt, da diese auch im internationalen Vergleich in der Regel noch schulpflichtig sind. PISA untersucht die Bereiche Mathematik und Naturwissenschaften, da dort ein Vergleich international und dabei inhaltlich unabhängig möglich scheint. inhaltlicher Vergleich im internationalen Kontext sinnvoll möglich scheint.

PISA folgt dem Literacy-Konzept:

„Mit Blick auf die Grundbildung von Fünfzehnjährigen stellt PISA die Frage, inwieweit Schülerinnen und Schüler gegen Ende ihrer Pflichtschulzeit Kenntnisse und Fähigkeiten erworben haben, die für eine erfolgreiche Teilhabe an modernen Gesellschaften als unerlässlich angesehen werden (vgl. etwa OECD, 2016a).“ (Reiss et al. 2016, S. 17)

PISA legt *„die Anwendbarkeit für die jetzige und die spätere, nachschulische Teilhabe an einer Kultur sowie die Anschlussfähigkeit im Sinne kontinuierlichen Weiterlernens über die Lebensspanne zugrunde.“ (Reiss et al. 2016, S. 17)*

Dabei ist die Lesekompetenz von besonderer Bedeutung, *„denn in beinahe allen Lebensbereichen wird Wissen hauptsächlich in Form von Texten gespeichert, weitergegeben und angeeignet.“ (Reiss et al. 2016, S. 17)*

Die Erhebung wird über die Fächer Mathematik und Naturwissenschaften hinaus als eine Erhebung eingestuft, die Aussagen über die Allgemeinbildung der Schüler trifft. Von immer größerer Bedeutung wird die zusätzliche Erhebung des sozioökonomischen und soziokulturellen Status der Fünfzehnjährigen (Reiss et al. 2016, S. 285).

Die PISA Studien erfassen also insgesamt die Bereiche Lesen, Mathematik und Naturwissenschaften, von denen je einer turnusmäßig als Hauptuntersuchungsgegenstand in einer internationalen Durchführungsrunde ausgewählt wird.

Zurzeit nehmen alle OECD Staaten und viele OECD-Partner Staaten an den Untersuchungen teil. Computer-basiertes Testen in PISA wird zunehmend zum Standard. Eingebundene Computer-Simulationen werden in künftigen Erhebungsdurchläufen an Bedeutung gewinnen.

Dem Fach Mathematik kommt die längste der Definitionen der Teilbereiche zu. Nicht zuletzt ist das ein Indiz für die Notwendigkeit eine solche Definition auszusprechen: *„Die Fähigkeit einer Person, Mathematik in vielfältigen Kontexten zu formulieren, anzuwenden und zu interpretieren. Sie beinhaltet außerdem mathematisches Schlussfolgern und die Anwendung mathematischer Konzepte, Prozeduren, Fakten und Werkzeuge, um Phänomene zu beschreiben, zu erklären und vorherzusagen. Mathematische Grundbildung unterstützt Personen zu erkennen und zu verstehen, welche Rolle Mathematik in der Welt spielt, sowie fundierte Urteile und Entscheidungen zu treffen, die den Anforderungen des Lebens dieser Person als konstruktivem, engagiertem und reflektiertem Bürger entsprechen.“* (Reiss et al. 2016, S. 23)

Im Jahr 2015 waren die Inhaltsbereiche „Quantität“, „Raum und Form“, „Veränderung und Beziehungen“, „Unsicherheit und Daten“ Gegenstand der Untersuchung. An diesen Kategorienbezeichnungen lässt sich bereits erkennen, dass die formale elementare Algebra nur indirekt, nämlich nur zur Bestimmung von Quantitäten und eventuell unter dem Begriff der „Veränderung und Beziehungen“ eingeordnet wird. Alle Aufgaben haben einen dezidierten, mehr oder weniger tatsächlich praxisnahen Bezug. Nur sehr selten ist ein direkter elementar algebraischer Bezug ersichtlich, meist führt die Verwendung konkreter Zahlen zum Umgang mit Zahltermen. Antworten werden fast nie mit Angabe des Lösungswegs oder des Terms gefordert, bei den algebra-nahen Aufgaben wird meist nur erwartet, das Ergebnis in Form einer Lösungszahl anzugeben. Das Wissen und Können im Bereich der elementaren Algebra im Sinne des Projektes aldiff, das von großer Bedeutung für den Übergang Schule-Hochschule ist, ist in den dem Projekt aldiff vorliegenden PISA-Aufgaben nicht von Bedeutung. Dabei ist aufgrund des Anwendungsparadigmas von PISA nur vereinzelt überhaupt ein Ansatz der formalen Algebra erkennbar und erreicht nie die Ebene der der Algebra so prominent immanenten Möglichkeit zur Abstraktion und Denkweisen in Äquivalenzklassen und Argumentations-Schemata. Gerade diese scheinen für ein Studium, das mathematische Anteile in sich birgt, von großer Bedeutung; jedenfalls sind diese Teil von SUmEdA.

Eine große Problematik der PISA-Studien besteht darin, dass leicht der Eindruck entstehen kann, dass das abgefragte Niveau mathematischen Wissens und Könnens mit Erreichen dieser Jahrgangsstufe sozusagen als abgeschlossen gesehen werden kann und anschließend in eine sich selbstverständlich ergebende Mathematikanwendung für den alltäglichen Gebrauch übergeht.

PISA lässt dabei (auch im Hinblick auf Internationalität) das eigentliche Berufsleben, oder die eigentliche Berufsausbildung, die als vorbereitend in das Berufsleben mündet außer Acht. Die mathematische Schulbildung in Deutschland zielt letztlich immer stärker auf die Aufnahme eines Studiums ab und soll immer mehr vorbereitend auf ein Studium hinführen. Jegliche MINT und speziell Ingenieursstudiengänge benötigen, wie in der MaLeMINT Studie in Theorie a) beschrieben, diese elementaren auch abstrakt mathematischen Konzepte der elementaren Algebra, mit ihrem Arbeiten mit Variablen u. v. m.

Diesem Wissen und Können wird in PISA kein Raum zugesprochen.

Im Sinne des Projektes aldiff überzeugt daher die Rahmenbedingung, die bei PISA angegeben wird, nicht: Einbindung in den „beruflichen Kontext“.

Fazit PISA Aufgabenstellungsbewertung in Bezug auf aldiff

Die veröffentlichten und nicht-veröffentlichten PISA-Aufgaben, die dem Projekt aldiff vorliegen, decken in keiner Weise die elementare Algebra im Sinne von SUmEdA und besonders nach den Aufgaben aus SUmEdA ab. Formal algebraische Aspekte, die für den Übergang Schule-Hochschule als wichtig erkannt wurden, sind nicht Teil der (vorliegenden) PISA-Aufgabenstellungen.

PISA nennt Prozesse, die im Bereich der Mathematik abgedeckt werden:

„Situationen mathematisch formulieren“, „anwenden“, „interpretieren“. Auch bezüglich dieser Prozesse sei angemerkt, dass sie aus Sicht von aldiff nur einen Teil der elementaren Algebra ausmachen.

Neben den offiziell veröffentlichten Aufgaben aus dem Aufgabenspektrum von PISA liegen dem Projekt aldiff auch eine Anzahl unveröffentlichter Aufgaben zur wissenschaftlichen Verwendung vor. Aus den veröffentlichten wie unveröffentlichten Aufgaben werden diejenigen, die inhaltlich der elementaren Algebra im Sinne des Projektes aldiff am nächsten stehen, als zusätzliche Aufgaben Referenz mit aufgenommen.

Abschließend sei angemerkt, dass die PISA-Studien nicht das Ziel verfolgen, Individualdiagnosen zu stellen. Das ist auch gar nicht möglich, da jeder Schüler nur einen kleinen Teil zufällig ausgewählter Testabschnitte zur Bearbeitung erhält. Ein komplexes Multimatrixdesign generiert viele verschiedene Testversionen. PISA will Systeme messen, um sie zu vergleichen, nicht Individuen diagnostizieren. (Reiss et al. 2016, S. 25) Auch hierin unterscheidet sich der Ansatz von PISA grundlegend, von der Zielsetzung des Projektes aldiff.

TIMSS

Allgemeines zu der Studienreihe TIMSS

„Die Dritte Internationale Mathematik- und Naturwissenschaftsstudie untersuchte Schülerinnen und Schüler aus drei Altersgruppen, die sich in jeweils unterschiedlichen Phasen ihrer Schul- und Bildungslaufbahn befanden. Population I repräsentiert die Grundschule, Population II die Sekundarstufe I und Population III die Sekundarstufe II. An der Mittelstufenuntersuchung nahmen 45 Staaten teil.“ (BMBF 2001, S. 11)

„TIMSS/III verwendet zwei unterschiedliche Testkonzeptionen: Der voruniversitäre Mathematik- und Physiktest, der an gymnasialen Oberstufen eingesetzt wurde, orientiert sich an Lehrplänen. Die Erhebung zur mathematischen und naturwissenschaftlichen Grundbildung (Literacy) beruht auf einem Bildungskonzept, das fachsystematisches Verständnis und Anwendungsorientierung verbindet.“ (BMBF 2001, S. 12)

„Die Aufgaben der TIMSS-Grundbildungstests sollen nun – im Sinne dieses Literacy-Konzepts – prüfen, inwieweit zentrale Konzepte des mathematischen und naturwissenschaftlichen Unterrichts der Mittelstufe verstanden sind und in Alltagskontexten genutzt werden können.“ (BMBF 2001, S. 12)

Aufgabenformat TIMSS

Die Aufgaben aus TIMSS II sind vorwiegend Multiple Choice Aufgaben bei insgesamt 151 Testaufgaben sind 83 % Antworten dieser Art Bei TIMSSIII sind immerhin noch 68 % der Aufgaben zum Ankreuzen. Die Auswirkungen der unterschiedlich hohen Anteile für Gruppenvergleiche wird durch die Hinzunahme von Varianzvergleichen auf Basis von dem etwas durchmischteren TIMSSIII relativiert (Knoche und Lind 2000, S. 20).

Der hohe Anteil an Ankreuzaufgaben in TIMSSII macht es nötig, das Aufgabenformat zu beurteilen (Knoche und Lind 2000, S. 20–21). Um „gute" Ankreuzaufgaben zu generieren, werden normalerweise zunächst einer kleineren Gruppe Aufgaben offen gestellt, und aus den abgegebenen Antworten dann Distraktoren entwickelt. Dies geschah bei TIMSS nicht, einige Antwortoptionen lassen sich, da offenkundig abwegig, sofort ausschließen, sodass für die übriggebliebenen Antwortmöglichkeiten die Ratewahrscheinlichkeit steigt.

Ankreuzaufgaben TIMSS vs. Ankreuzaufgaben SUmEdA

Die Ankreuzaufgaben aus SUmEdA wurden (im Gegensatz zu den Ankreuzaufgaben aus TIMSS) im Rahmen der Erstellung vom Vorgängerprojekt empirisch untersucht oder anhand typischer Fehler z. B. bei den Küchemann-Aufgaben bestimmt.

Das algebraische Wissen und Können, welches am Übergang Schule-Hochschule von Relevanz ist, ist nach SUmEdA nicht ausschließlich über Identifikationsaufgaben prüfbar. Das selbstständige Arbeiten mit formal-algebraischer Sprache zur Lösungsfindung ist zwingend notwendig und ist in vielen Aufgaben aus SUmEdA gezielt so enthalten.

Schließlich ist die Curriculumsvalidität von TIMSS auch an eine nationale Aufgabenkultur gebunden, der mittels der Fokussierung auf Ankreuzformate nicht genügend Rechnung getragen wird.

Die Argumentation einer Unabhängigkeit der Ergebnisse losgelöst vom Aufgabenformat und der dahingehenden unvoreingenommenen Favorisierung von Ankreuzformaten kann mit dem Hintergrund der Aufgaben aus SUmEdA nicht zugestimmt werden.

Eine Detailanalyse der Aufgabestellungen aus TIMSSII ist aufgrund der nicht vergleichbaren Aufgabenformate nicht sinnvoll.

Die Relevanz von TIMSSII für das Projekt aldiff besteht folglich in einer inhaltlichen Standortbestimmung. Vernachlässigt man die verschiedenen Aufgabenformate zugunsten der Betrachtung der Aufgaben-Inhalte, ist ein Vergleich TIMSS – aldiff durchaus möglich.

TIMSSII Aufgaben mit algebraischem Inhalt

TIMSSII ist die TIMSS Studie, die sich mit der Population II, also der Sekundarstufe 1, beschäftigte. Zwanzig Aufgaben bildeten in TIMSSII das Gebiet „Algebra" (Knoche und Lind 2000, S. 14).

Nach einer faktoriellen Untersuchung und abschließender Rotation werden 3 Faktoren bei einer Hauptkomponentenanalyse identifiziert. Für 2 dieser Faktoren wird jeweils eine typische Aufgabe vorgestellt (Knoche und Lind 2000, S. 15–16).

Aus einem Vergleich der Aufgaben, die den einzelnen Faktoren aufgrund hoher Korrelationen zugeordnet werden können, wird gefolgert, welche inhaltliche Bedeutung den Faktoren zukommen könnte, z. B. „Mustererkennung" (ähnlich wie bei einem Intelligenztest) vs. „Deutung und Umgang mit Termen" oder auch „Relation" bestimmen vs. „Lösung einer Gleichung" (Knoche und Lind 2000, S. 16).

Dabei findet sich bei TIMSSII in den inhaltlich abgegrenzten Gebieten in der Regel ein Hauptfaktor, der zu (relativ) viel Varianzaufklärung beiträgt (in Algebra z. B. 65.8 %). Dieser Hauptfaktor wird ergänzt um einen oder mehrere deutlich kleinere Faktoren, die in relativ geringem Maße zur Varianzaufklärung beitragen. In Algebra haben die zwei übrigen Faktoren eine Varianzaufklärung von 9,9 % bzw. 6,3 % (Knoche und Lind 2000, S. 17).

Es folgt die inhaltliche Einordnung der Algebratestaufgaben aus TIMSSII.

Zahlen und Aufgaben wurden Baumert et al. (1998) entnommen:
In TIMSS II wurden 151 mathematische und 135 naturwissenschaftliche Aufgaben, auf 8 Testhefte verteilt, aufgenommen. Innerhalb von zweimal je 45 Minuten bearbeitete jeder Schüler ein ihm zufällig zugeteiltes Testheft mit insgesamt durchschnittlich ca. 70 Aufgaben.

L13. Diese Formen sind in einem bestimmten Muster angeordnet.

○△○○△△○○○△△△

Welcher Formensatz ist nach dem gleichen Muster angeordnet?

A. ★□★□★★□□★★□□

B. □★□□★□□□★□□□□

C. ★□★★ □□★★★□□□

D. □□★★□★□□★★□★

(Baumert et al. 1998, S. 19)

Die Aufgabe L13 erinnert an Aufgaben aus Intelligenztests. Die Mustererkennung ohne algebraischen Formalismus ist nicht Teil der Aufgaben aus SUmEdA.

R9. Welche der folgenden Gleichungen ist FALSCH, wenn $a, b,$ und c verschiedene reelle Zahlen sind?

A. $(a + b) + c = a + (b + c)$

B. $ab = ba$

C. $a + b = b + a$

D. $(ab)c = a(bc)$

E. $a - b = b - a$

(Baumert et al. 1998, S. 31)

Aufgaben wie R9 sind ähnlich den Aufgaben aus SUmEdA (z. B. Küchemann).

S1. Hier sieht man eine Folge von drei ähnlichen Dreiecken. Alle kleinen Dreiecke sind kongruent (deckungsgleich).

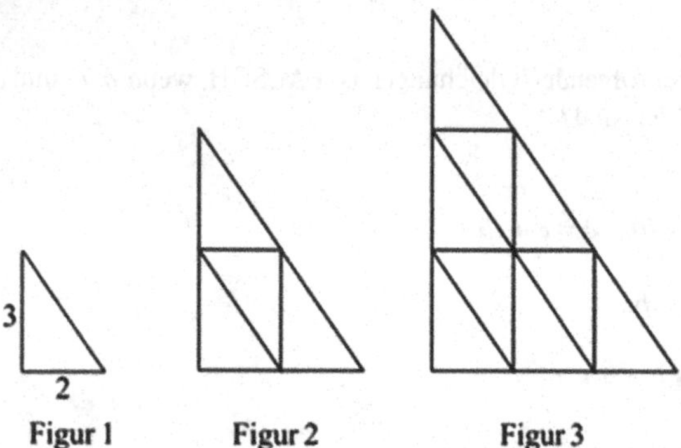

a. Vervollständige die Tabelle, indem Du herausfindest, wie viele kleine Dreiecke eine große Figur bilden.

Figur	Anzahl kleiner Dreiecke
1	1
2	
3	

b. Die Folge ähnlicher Dreiecke wird fortgesetzt bis zur 8-ten Figur. Wie viele kleine Dreiecke würde man für Figur 8 benötigen ?

(Baumert et al. 1998, S. 20)

Diese Aufgabe „S1" will Verwirrung stiften, indem auch Informationen mit dazugegeben werden, die zur Lösung der Aufgabe gar nicht benötigt werden. Es ist hier zur Mustererkennung, die nur nach der Anzahl fragt, weder notwendig ähnliche, noch kongruente Dreiecke zu erkennen. Beim Aufgabenpool SUmEdA finden sich solche Taktiken nur im Kontext von Textaufgaben.

Eine Untersuchung der Aufgaben aus TIMSSII zum Themengebiet Algebra wird hier aus Kapazitätsgründen und angesichts der sehr detaillierten Analyse der BMT Aufgaben verzichtet.

Dennoch wird versucht eine inhaltliche Einordnung in Bezug auf die aus SUmEdA übernommenen Testaufgaben zu gegeben. Neben den bereits oben erwähnten Aufgaben finden sich:

Ankreuzaufgaben zur **Lösung linearer Gleichungen**(z. B. O7), Ankreuzaufgaben zur **Zusammenfassung bzw. Auftrennung kompakter Schreibweisen z. B. zur Potenzrechnung**(z. B. P15), **Addition**(z. B. P10), Ankreuzaufgaben **Gleichungen mit Variablen** (z. B. Q7 Substitution und Variablen), Ankreuzaufgaben **Bruchrechnung**(z. B. Q2), **Substitution**(„hier einsetzen“)(z. B. N13), Ankreuzaufgaben zur **Übersetzung von Sprache in Gleichungen**(z. B. R11,Q1(sehr ähnlich zu einer der SUmEdA Aufgaben)), **Finden spezieller Lösungen von Gleichungen in den ganzen Zahlen**(z. B. I4), Das **Erkennen linearer Funktionen anhand von Wertetabellen**, bzw. die Ergänzung solcher Wertetabellen, nach der Erkenntnis, dass eine lineare Funktion gemeint ist z. B. (J18),R9,L13,S1 siehe oben, Ankreuzaufgabe zu einer **Ungleichung** (z. B. K4), (offene gestellt) **Lösung einer linearen Gleichung**(z. B. L16). (offen gestellt) **Übersetzung von Sprache in Gleichungen** (z. B. T1), **Bedeutung von Variablen/Labels an algebraischen Ausdrücken ablesen** (z. B. I1), **Übersetzung von Sprache in Rechenvorschriften** (z. B. L11).

Die Aufgabe T1 taucht zweimal mit verschiedenen Werten in der Liste auf, daher wird von einem Fehler in der Quelle ausgegangen, es fehlt also vermutlich eine Aufgabe, die in TIMSSII zum Thema Algebra gestellt wurde.

Unterschiede zu den Inhalten in SUmEdA

Von TIMSS ausgelassene Bereiche, die in SUmEdA enthalten sind:

Das Befolgen einer vorgegebenen Regel (Kategorie 2 SUmEdA) und der innermathematische Wechsel zwischen Term, Tabelle und Graph, wird vor allem für den Graph nicht abgedeckt. Der selbsttätige Umgang mit algebraischen Ausdrücken wird durch das Format Ankreuzaufgaben nicht ausreichend bedient. Die Kategorie „Speedaufgaben“, wie sie in SUmEdA existiert(siehe Forschungsstrang b)), ist aufgrund des analogen Testformats nicht möglich. Die Aufgaben zum „Zusammenfassen von algebraischen Ausdrücken“ sind bei TIMSS vielmehr Aufgaben zum Abprüfen der korrekten Kenntnis der Schreibweisen „Mal statt mehrfaches Plus“ und „Potenz statt mehrfaches Mal“. Sie sind damit inhaltlich im Schwierigkeitsgrad niedriger angesetzt, als die entsprechenden Aufgaben aus SUmEdA und näher an der Definition von Rechenzeichen der Arithmetik.

Ausblick TIMSS 2019

In die Analyse können die Ergebnisse aus TIMSS 2019 leider nicht mehr aufgenommen werden, da sie zwar zum Zeitpunkt der Fertigstellung der vorliegenden

Arbeit angekündigt und erhoben, aber bis zur Fertigstellung der Arbeit noch nicht verfügbar sind. Angekündigt ist eine Veröffentlichung zum Ende des Jahres 2020. Dennoch macht es Sinn als Ausblick das Framework von TIMSS2019 im Hinblick auf den Bereich Algebra hier mit aufzunehmen.

Analysen zu Testitems neuerer Versionen nach TIMSSII (z. B. 2015) werden hier mangels deutscher Beteiligung an den 8.Klasse-Untersuchungen nicht weiter untersucht.

Nachfolgestudien von TIMSS werden in Deutschland zurzeit nur an Grundschulen gerichtet.

Da diese Aufgaben großteils nicht veröffentlicht sind und die Veröffentlichungen von Beispielaufgaben in Publikationen anderer Länder wie z. B. (TIMSS 2015 2016)(in England), zu spärliche Angaben über die Aufgabeninhalten in der Algebra tätigen, wird von einer Aufgabenanalyse der dort genannten Aufgaben im Rahmen dieser Arbeit abgesehen.

Inhalte der Algebra im Framework zu TIMSS 2019

30 % der Aufgaben für die achte Klasse werden im Themengebiet Algebra gestellt (*TIMSS 2019 frameworks* 2017).

> *„Algebra The thirty percent of the assessment devoted to algebra is comprised of two topic areas:* ***• Expressions, operations, and equations****(20 %) • Relationships and* ***functions****(10 %)*
>
> ***Patterns and relationships are pervasive in the world around us and algebra enables us to express these mathematically.****Students should be able to solve real world problems using algebraic models and explain relationships involving algebraic concepts. They need to understand that when there is a formula involving two quantities,* ***if they know one quantity, they can find the other either algebraically or by substitution.*** *This conceptual understanding can extend to* ***linear equations for calculations about things that expand at constant rates (e.g., slope). Functions can be used to describe what will happen to a variable when a related variable changes.***
>
> *Expressions, Operations, and Equations*
>
> *1. Find the value of an expression or a formula given values of the variables. 2.* ***Simplify algebraic expressions involving sums, products, and powers; compare expressions to determine if they are equivalent****. 3.* ***Write expressions, equations, or inequalities to represent problem situations. 4. Solve linear equations,****linear inequalities, and simultaneous linear equations in two variables, including those that model real life situations.*
>
> *Relationships and Functions 1.* ***Interpret, relate and generate representations of linear functions in tables, graphs, or words****; identify properties of linear functions including slope and intercepts. 2.* ***Interpret, relate and generate representations of***

simple non-linear functions (e.g., quadratic) in tables, graphs, or words; generalize pattern relationships in a sequence using*numbers, words, or* ***algebraic expressions.*** *"*
(*TIMSS 2019 frameworks* 2017, S. 19)

Die wichtigsten Inhalte, die für die Aufgaben aus SUmEdA von Relevanz sind, sind abermals fettgedruckt dargestellt.

Diese Formulierungen entsprechen in der Fülle ihrer reinen Anzahl merklich besser den Teilbereichen von SUmEdA, als die Aufgaben aus TIMSSII. Gleichzeitig gibt es weiterhin Kategorie- und Inhaltsbereiche, die von „TIMSS 2019" nicht im Vergleich zu SUmEdA abgedeckt werden. z. B. „Befolgen einer vorgegebenen Regel".

Fazit Bewertung der Aufgabenstellungen bei TIMSS in ihrer Bedeutung für aldiff

TIMSS II wurde in Reflexion vorangegangener Studien auf einem curriculumsbasierten „Schnittmengenaufgabenpool" erstellt. TIMSSII besteht hauptsächlich aus Multiple Choice Formaten, meist Single Choice, besonders im Bereich der elementaren Algebra. Für die Erstellung der Aufgaben aus TIMSS wurde kein gesondert entwickeltes Modell verwendet. Die Aufgaben sind rein inhaltsbasiert und wurden nicht im Hinblick auf die Erstellung einer differenzierenden Diagnose ausgewählt.

TIMSS Aufgaben wurden bereits für die Beurteilung von Studieneingangsvoraussetzungen am Übergang Schule-Hochschule eingesetzt (Nagy et al. 2010).

Einige der Kernbereiche von SUmEdA sind nicht durch die Aufgaben von TIMSS abgedeckt und sind an entscheidenden Stellen der selbstständigen Arbeit mit algebraischen Ausdrücken zu leicht, besonders durch das Ankreuzen.

Wichtige Kernbereiche Algebra, die SUmEdA abdeckt, fehlen, wie bereits erwähnt bei TIMSSII; der selbsttätige Umgang mit algebraischen Ausdrücken ist, durch die vorgegebenen Lösungsvorschläge und ihre Nähe zur Definition der Rechenzeichen in ihrem Schwierigkeitsgrad zu einfach, um mit den Aufgaben aus SUmEdA verglichen werden zu können.

Die von Knoche und Lind (2000) vorgeschlagenen Faktoren „Mustererkennen" und „Gleichungen lösen", können nicht mit dem Aufgabenpool SUmEdA untersucht werden, da Mustererkennung außerhalb algebraischer Sprache nicht Teil von SUmEdA oder den SUmEdA Aufgaben ist. „Gleichungen lösen" bei TIMSS lässt sich in SUmEdA, wie bereits in der Analyse der TIMSS Aufgaben angedeutet in Richtung „Substitution" einordnen. Die „Übersetzung von Text in algebraische Sprache" haben die TIMSS Aufgaben als bedeutende Schnittmenge mit den SUmEdA Aufgaben gemeinsam.

Die Algebrainhalte aus dem Framework von TIMSS 2019 scheinen sich zu einer insgesamt höheren Deckung mit den Inhalten aus SUmEdA hin zu entwickeln.

WADI

Allgemeines zu WADI

WADI steht für WAchhalten und DIagnostizieren. Hier wird zunächst die Selbstdarstellung zitiert, die auf der Seite des Landes BW herausgegeben ist (Lehrerfortbildung BW 2009):

> *„WADI ist eine Sammlung von thematisch geordneten Aufgabenblättern für jede Klassenstufe von 5 bis 10 auf der Basis des Bildungsplanes des Landes Baden-Württemberg aus dem Jahr 2004 für allgemein bildende Gymnasien.*
>
> *WADI soll helfen, dass die Schülerinnen und Schüler ein solides Fundament an mathematischem Wissen und mathematischen Fertigkeiten erwerben, die für den kompetenzorientierten Unterricht von zentraler Bedeutung sind und ohne die eine Entwicklung von weitergehenden mathematischen Kompetenzen nicht denkbar ist.*
>
> *Setzen Lehrerinnen und Lehrer WADI in ihrem Unterricht ein, so müssen sie für sich und ihre Schülerinnen und Schüler klären, was in ihrem Unterricht ‚Basiswissen' ist. Dies hat Auswirkungen sowohl auf die Vorbereitung einzelner Stunden und kompletter Unterrichtseinheiten als auch auf die Gestaltung einer Klassenarbeit.*
>
> *WADI umreißt im Sinne der Autoren anhand von Aufgaben eine Beschreibung der mathematischen Basiskompetenzen für das achtjährige Gymnasium."*

Der Ansatz von WADI zeigt viele Parallelen zum Ansatz von aldiff. Der Name „Wachhalten und Diagnostizieren" enthält Kernelemente von Designentscheidungen des Projektes aldiff.

„Wachhalten": Wachhalten bedeutet für aldiff einen in der schulischen Vergangenheit erlernten Lerngegenstand erneut zu betrachten, um so das Wissen und Können anhand dieses Lerngegenstandes nicht in Vergessenheit geraten zu lassen, bzw. um im Bild zu bleiben, nicht „einschlafen" zu lassen, sodass er so entfernt wird, dass er nicht mehr „erweckbar"(rückholbar) ist.

Der Lerngegenstand soll im bildlichen Sinne „wach gehalten bleiben" oder aus einem bereits eingetretenen Zustand „Dösens" herausgerissen werden. Damit nimmt WADI, wenn auch meist nur auf mittelfristige Zeiträume betrachtet, eine explizit zeitlich dem Unterrichtsgegenstand nachgeordnete Position ein. Auch aldiff widmet sich durch seine Ausrichtung auf Studienanfänger und Schüler der Oberstufe an diese zeitlich nachgeordnete Reihenfolge; wenngleich bei aldiff die zeitliche Nachordnung noch etwas weiter gefasst zu sein scheint und wohl eher von „wiedererwecken“ und „neu beleben“ die Rede sein müsste.

Eine weitere Parallele zu aldiff kann über den bei WADI verwendeten Begriff des Basiswissens und der Basiskompetenzen gezogen werden: Welches Wissen und welche Fähigkeiten müssen unbedingt vorhanden sein und durch „Wachhaltebemühungen“ dauerhaft verfügbar bleiben? Im Projekt aldiff dienen die elementare Algebra nach SUmEdA und die Aufgaben aus SUmEdA als Basisorientierung für einen erfolgreichen Beginn eines MINT Hochschulstudiums. Die elementare Algebra nach SUmEdA nimmt in aldiff eine ähnliche Funktion wie das Basiswissen und die Basiskompetenzen bei WADI ein. Hierin unterscheiden sich die Konzepte WADI und aldiff folglich. WADI arbeitet curricular, die Aufgaben aus aldiff auf Basis des Modells SUmEdA.

„Diagnostizieren“:
Auch im Bereich „Diagnostizieren“ stimmt der Ansatz WADI mit dem von aldiff nahezu deckungsgleich überein. Die mit WADI durchgeführten thematischen Tests haben zum Ziel eine Diagnose reflektiv für den Schüler zu ermöglichen und ihm persönliche Erkenntnisse zu geben: „Wie gut kann ich die Grundlagen des Themas noch?“ „Was muss ich unbedingt noch lernen/wiedererlernen?“ „Zu welchem Thema sollte ich besser Hilfe erbitten? Wo brauche ich weitere Unterstützung?“. Auch auf Seiten der Lehrkraft werden Erkenntnisse geschaffen: „Welche Grundlagen sind bei den Schülern noch abrufbar vorhanden?“ „Wo kann ich Zeitfenster einräumen, um klassengesamte, gruppenzusammengeführte oder individuale Wiederholungsphasen anzubieten?“

Die Diagnose bei WADI ist nicht zielgerichtet auf Aspekten/Faktoren basiert, sondern verbleibt bei der Diagnose auf Ebene der Einzel-Aufgaben. Für die angedachte Zielsetzung Basiskompetenzen über alle Themengebiete (und Klassenstufen) hinweg zu formulieren, ist dies auch nachvollziehbar. Eines jedoch bleibt unklar: WADI unterscheidet zwei Niveaustufen (Stufe 1: reine Reproduktion und einfache Anwendung; Stufe 2: erhöhter Schwierigkeitsgrad). Das wirkt eher unangebracht, wenn WADI die Basis-Kompetenzen beschreiben will. Es wird dabei zumindest für den Lehrer nicht ersichtlich, ob ein Schüler nur dann die Basis-Kompetenzen erreicht hat, wenn er (voll?-)umfänglich(?) die Niveaustufe 2 erreicht. Auch werden die Niveaustufen nicht für alle Aufgabensets definiert.

aldiff möchte, im Gegensatz zu WADI, eine gezieltere Diagnose, mit dem Aussprechen gezielter Förderperspektiven auf Basis verschiedener Modelle entwickeln.

Analyse von ausgewählten WADI Aufgaben

Die Aufgaben der WADI Tests verfolgen das Interesse verschiedene Antwortformate zu bieten, auch dies haben die WADI Aufgaben mit den Aufgaben aus SUmEdA gemeinsam.

Im Anschluss an die Betrachtung/Erörterung von Gemeinsamkeiten und Ähnlichkeiten folgt nun eine Untersuchung der veröffentlichten Testaufgaben. Die Aufgaben sind veröffentlicht, da der Test von Lehrern in Schulen selbständig verwendet werden soll.

Zielgruppen von WADI sind die Klassenstufen 5–10 (mittlerweile wurde WADI auch für die Kursstufen konzipiert). WADI-Aufgaben sind in der Regel ohne Hilfsmittel zu bearbeiten, auch darin findet sich eine weitere Übereinstimmung mit den Aufgaben aus SUmEdA.

WADI enthält Aufgaben zum Ankreuzen, dabei wurde auf eine vielfältige und abwechslungsreiche Ausgestaltung geachtet: Von Single-Choice Aufgaben wie, „Richtig ist Antwort X“ über kombinierte Single-Choice Aufgaben mit Tabellen, bei denen man unabhängig mehrere Aussagen auf „richtig“ oder „falsch“ bewerten soll, bis hin zu Multiple Choice Aufgaben, bei denen auf die genaue Fragestellung zu achten ist, wie „Kreuze alle wahren Aussagen an“.

Neben den Aufgaben zum Ankreuzen müssen bei vielen Aufgaben als Lösung einzelne Zahlen eingetragen werden. Das Antwortgerüst, wie z. B. ein kurzer Antwortsatz, eine Einheit, eine Gleichung vom Typ „a = “ oder auch Punkte, sind bis auf vorgegebene Lückenauslassungen bereits mitabgedruckt. Dieses Konzept ermöglicht dem Lehrer eine leicht und schnell händisch auszuführende Auswertung; oder führt zu einer relativ fehlerunanfälligen Korrektur auf Basis der Musterlösung durch den Schüler selbst. Es gibt nur eine mögliche richtige Antwort (z. B. durch die Vorgabe von Einheiten in der Lösung und einzelner Zahlen oder Variablen als Lösung).

In WADI finden sich Themen der elementaren Algebra, besonders im Test für Klasse 5/6 Teil 2(Teil für die Klasse 6), Klasse 7/8 Teil 1 und Teil 2. Eine Online-Version der Tests findet sich unter lehrerfortbildung-bw.

Es lohnt sich auch die WADI-Aufgaben zu betrachten, die dem Übergang von Arithmetik nach Algebra zugeordnet werden können. Unter dem Überbegriff „Rechenausdrücke“, wird in WADI Klasse 5/6 das Themengebiet „Zahlterme“ abgeprüft (Dürr und Freudigmann WADI 5/6).

Als exemplarisches Beispiel sei hier genannt: A11 Aufgabe 3 (WADI 5/6 2 S. 11)

3	Gib alle Terme an, die denselben Wert wie A haben. A. (80 · 800):4 B. (20 · 800) C. (20 · 200) D. (80 · 400):2	Denselben Wert haben .... ☐ Kein Term hat denselben Wert	

Diese Aufgabe löst man im Sinne des Projektes aldiff (und auch von WADI wohl so angedacht) nicht durch Ausmultiplizieren (sonst wäre mit durchmischteren Ziffern operiert worden und zumindest ein Antwortteil würde die Frage nach einer Ergebniszahl stellen). Es sollen vielmehr auf Zahlenebene versteckte Strukturen erkannt und Regeln angewendet werden, um die Aufgabe geschickt und effizient zu lösen.

Als exemplarisches Beispiel für eine Aufgabe aus dem Bereich der Niveaustufe 2 wird A11* Aufgabe 3 vorgestellt.

3	Berechne vorteilhaft a) 31 · 93 + 31 · 7 b) 1002 · 17 c) 14 · 99 d) (1-2)+(2-3)+(3-4)+...+(100-101)	a)....... b)....... c)....... d).......	

(WADI 5/6 2 S. 12)

Auch hier sollen Strukturen erkannt und z. B. zur geschickten Ergänzung genutzt werden, um „vorteilhaft" zu rechnen und in angemessener Zeit zu einem Ergebnis zu kommen.

Vergleich der Inhaltsbereiche aus WADI mit denen in aldiff (aus SUmEdA)

Das Themengebiet WADI Klasse 5/6, A12 „Terme und Gleichungen" beinhaltet das Einsetzen von Zahlen in einfache lineare Terme, das Finden (genauer eigentlich nur: Identifizieren) eines linearen Terms anhand einer Wertetabelle, das Identifizieren und Lösen von Gleichungen, Aufstellen von Termen zu Figuren, Umwandlung von Wortform in Term, Erstellen einfacher Flächen-Figur-Terme, Aufstellen von Gleichungen anhand verbal beschriebener Situationen. Das sind alles Bereiche die auch SUmEdA mit ähnlichen Aufgaben bedient.

Das Themengebiet WADI Klasse 7/8, A17 und A17*(Niveaustufe 2) enthält Aufgaben folgender Themenbereiche: Zusammenfassung von Termen vor einer Einsetzung eines Zahlenwertes zur geschickten Berechnung, Termäquivalenzen, Finden von Fehlern in aufeinanderfolgenden Umformungsschritten, Umfangsterme und die Terme 2n und 2n+1 zur Beschreibung von geraden und ungeraden Zahlen.

Auch diese Inhalte sind den Aufgaben aus SUmEdA sehr nahe.

Das Themengebiet WADI Klasse 7/8, A18 und A18* enthält Aufgaben mit den Themen: Lösung linearer Gleichungen, Beurteilung der Lösungsmenge einer linearen Gleichung, Identifizierung von Fehlern bei Äquivalenzumformungen zur Lösung von linearen Gleichungen, die Verbindung von Zahlenrätseln und dazu passenden linearen Gleichungen, Identifizierung von Lösungen linearer Ungleichungen, die geometrische Interpretation der Lösung einer linearen Gleichung als Schnittpunkt zweier Geraden.

Im Vergleich mit aldiff erfordern diese Themeninhalte zum Teil höhere Anforderungen.

Das Themengebiet WADI C1 umfasst Aufgaben zu linearen Zuordnungen, insbesondere Ergänzung von Tabellen, Identifizierung des Wechsels zwischen Tabelle und Graph und Wortbeschreibung, Identifizierung des Wechsels zwischen Graph und Funktionsterm, der Begriff proportionale Zuordnung, Aufstellung von Zuordnungstermen.

Bis auf den Begriff „proportionale Zuordnung“ und „Aufstellung von Zuordnungstermen“ werden auch diese Bereiche von den Aufgaben aus SUmEdA angesprochen.

Das Themengebiet WADI A21 umfasst Aufgaben zur Vereinfachung von Termen.

Das Themengebiet WADI A22 enthält Aufgaben zum Ausklammern. WADI A22* enthält mehrere Aufforderungen zum „Vereinfachen“.

Die Themengebiete A21, A22, A22* beinhalten damit mit aldiff vergleichbare Aufgabenstellungen.

Weitere Themengebiete von WADI, die vereinzelt Elemente der elementaren Algebra im Sinne von aldiff beinhalten sind: Das Themengebiet C2 beschäftigt sich mit der Interpretation von Graphen, C2* mit dem Aufstellen und Arbeiten mit Funktionstermen für Zuordnungen. C3 enthält Aufgaben zum Wechsel zwischen Termen und Graphen von Geraden. C3* enthält geometrisch gestellte Aufgaben zum Thema Geradengleichungen aufstellen und zur Lage von Punkten auf solchen Geraden oder neben solchen Geraden (übersetzt ist das Wertepaar des Punktes eine Lösung der linearen Gleichung…) In C5 werden ausführlich die quadratischen Funktionen thematisiert.

Dominiert werden die Aufgaben von Scheitelpunkt und Scheitelform und Umwandlungen. A23, A23*, A24, A24* beschäftigen sich mit der Lösung quadratischer Gleichungen.

Anzumerken ist, dass alle „geschickt“ oder im Terminus von WADI „vorteilhaft“ zu lösenden Aufgaben nicht auf einer gewählten vorteilhaften Lösung bestehen, sondern nur auf die Angabe eines gefundenen Ergebnisses hin untersucht werden. Das richtige Ergebnis kann bei allen Aufgaben auch auf eine „stupid“ rechnende Weise ermittelt werden, ohne die „vorteilhafte“ angedachte Ausnutzung von Strukturen.

Oft wird für diese nicht vorteilhaft rechnenden Lösungswege mehr Zeit beansprucht. Da die Unterrichtssituation die Bearbeitungszeit begrenzt, führt die Wahl einer „ungeschickten“ Lösungsstrategie zu einer Nicht-Bearbeitung der letzten Aufgaben des Tests. Eine Diagnose wird dadurch schwierig.

Die Lösungsstrategie der Wahl eines vorteilhaften Lösungsweges wird im Test selbst nicht gewürdigt. Erst die Besprechung mit der Lehrperson wird im günstigen Falle darauf hinweisen. An den erzielten „Punkten“ ändert das aber am Ergebnis des Schülers nichts, bildet sich in seiner Diagnose also nicht ab.

Im Projekt aldiff werden, bei den Testaufgaben, die explizit nach geschicktem Agieren verlangen, nur die von aldiff als „geschickt“ wahrgenommenen Lösungen akzeptiert. Diese Lösungsstrategien zeichnen sich dadurch aus, dass von umständlichen Standardlösungsverfahren abgewichen werden muss, um eben „geschickt“ zur Lösung zu gelangen.

Fazit WADI

Anhand der vielen aufgezeigten inhaltlichen Überschneidungen und der ähnlichen Intention „Wachhalten“ zwischen WADI und dem Projekt aldiff, kann bereits jetzt formuliert werden, dass viele der WADI Aufgaben prinzipiell dazu geeignet wären in eine Förderung auf Basis der Ergebnisse der vorliegenden Arbeit mit einzufließen.

Im Gegensatz zur Anordnung der Aufgaben auf zwei Niveaustufen (und damit einer Strukturierung nach Schwierigkeit unabhängig vom Inhalt) wird aldiff das Ziel verfolgen, Modelle zu identifizieren, um modellbasierte Förderung vorzuschlagen. Damit wird in aldiff die Diagnose strukturiert erfolgen und sich von der Aufgabenebene lösen, wo dies möglich ist, um Förderdiagnose (siehe Theorie allgemein) umzusetzen.

BMT Bayrischer Mathematik Test und aldiff im Vergleich

Für die allgemeinen Informationen zum Bayrischen Mathematiktest wurde u. a. die Quelle (Staatsinstitut für Schulqualität und Bildungsforschung München) herangezogen.

Der Bayrische Mathematiktest wird regelmäßig in den Klassenstufen 6, 8 und 10 zu Schuljahresbeginn durchgeführt. Der Test ist u. a. mit Elementen aus TIMSS und PISA zusammengestellt und soll zur Individualdiagnose, und im landesweiten Vergleich zur Ermittlung der Individualleistung im Vergleich zur

Gesamtpopulation genutzt werden, um mit dem einzelnen Schüler individuelle Lernziele zu vereinbaren. Damit gehört der jeweils aufs Neue zusammengestellte Test zu einer ganzen Gruppe von Tests in verschiedenen Schulfächern. Ebenfalls geprüft werden Deutsch, Englisch (und Latein). Der Mathematik Test ist ohne Hilfsmittel durchzuführen.

Bis zum Jahr 2003 waren die Tests für den Beginn der Klassestufe 9 konzipiert.

Die Testaufgaben der Jahre 2001–2018 sind **online einsehbar unter dem Stichwort „Jahrgangsstufenarbeiten Bayern"**

Abbildung von Aufgabentypen aus SUmEdA über das Hilfskonstrukt der Vorstellung von Aufgabentypen aus BMT-Tests

Im Bayrischen Mathematiktest ist eine Quelle gefunden, an der durch viele Beispiele die Aufgaben aus SUmEdA charakterisiert werden können, ohne sie selbst darzustellen. Da eine direkte Beschreibung und Nennung der Testaufgaben, wie eingangs erwähnt, aus Projektsicht großteils nicht möglich ist, fallen die einordnenden und vergleichenden Ausführungen detaillierter aus.

Im Folgenden werden Aufgaben zusammengetragen, die zu den in aldiff verwendeten Testaufgaben passen. Diese Aufgaben werden sogleich vorgeschlagen zur Verwendung in der Umsetzung des in dieser Arbeit vorgestellten Konzeptes der Förderung und erfüllen damit eine zu den WADI Aufgaben analoge Funktion.

Direkter Vergleich der Aufgabentypen/Aufgabeninhalten (BMT mit SUmEdA)

Beispiel: Regelkonformes Kürzen von Brüchen mit Variablen

Kürze so weit wie möglich (es wird die maximal mögliche Definitionsmenge vorausgesetzt):

$$\frac{x-x^2}{x-x^3} = \ldots\ldots\ldots\ldots\ldots\ldots\ldots\ldots\ldots\ldots$$

BMT 2002 A Seite 4 Aufgabe 8

Ein möglicher naheliegender Fehler ist die Kürzung zu –x^2/-x^3 in einem ersten Kürzungsschritt, bei dem das erste x im Zähler und Nenner einfach leichtfertig weggestrichen wird. Auch bei den aldiff Testaufgaben (, die aus dem Vorgängerprojekt übernommen wurden,) muss bei ähnlichen Aufgaben die Definitionsmenge nicht zur Erlangung des Aufgabenpunktes berücksichtigt werden.

Beispiel: Vereinfachen von Termen, „Punkt vor Strich"

Vereinfache jeweils soweit wie möglich:

a) $5x^2 - (4x)^2 : 2 =$ ……………………………………………………

b) $5x^2 \; (-4x)^2 : 2 =$ ……………………………………………………

BMT 2003 A Seite 4 Aufgabe 8

In Aufgabenteil a) wird das Wissen um die Regel „Punkt vor Strich" benötigt. Die für fortgeschrittene Mathematiktreibende recht ungewöhnliche Schreibweise der Division durch 2 soll, dazu verleiten, erst die oberflächlich kompatiblen 5x^2 und 4x^2 miteinander zu verrechnen. Es bietet sich, auch wegen den „schönen" Zahlen, geradezu an, das Quadrat nur auf x zu beziehen und die Klammern dabei zu ignorieren.

In Aufgabenteil b) kommt die Schwierigkeit hinzu, dass anders als in a) das Minus zum Vorzeichen der 4 wird, das Rechenzeichen „Mal" steht unsichtbar da und zwar nur für den verständigen Mathematiktreibenden, denn ein „Mal"-Zeichen sucht man vergeblich. Außerdem bezieht sich nun das Quadrat auf das Minus-Vorzeichen wodurch also gänzlich andere Überlegungen mit ein und demselben Zeichen, nur durch die Verschiebung einer Klammer um eine Position nötig wird.

Aufgrund dieser Vielschichtigkeit der in der Aufgabe dargelegten Zuordnungen, die mit der vergleichenden optisch nur unscheinbaren Veränderung einhergeht, sind solche Aufgaben prädestiniert, um sie im Anschluss an die vorliegende Arbeit in einen Förderaufgabenpool einzubinden.

Beispiel: Bestimmen eines Zahltermwerts

Berechne den Wert des Terms $(-2) \cdot 6 \cdot \frac{3}{4} + (-2)^3$.

BMT8 2006 A Seite 2 Aufgabe 4 (oder BMT82007 Seite 3 Aufgabe 5)

Die Berechnung eines Zahlterms ist eine gängige Aufgabenart im BMT und ist auch in PISA-Aufgaben anzutreffen. Für die elementare Algebra nach SUmEdA sind derart Aufgaben jedoch der Arithmetik (SUmEdAr)zuzuordnen.

Beispiel: Analyse von Auswirkungen von Veränderungen in vorgegeben Funktionstermen

b) Hermine sagt: „Ersetze ich in dem Term die Zahl 0,01 durch eine größere Zahl, so wird auch der Wert des Terms in jedem Fall größer." Begründe, weshalb Hermine Recht hat.

BMT8 2004 A Seite 3 Aufgabe 8

Diese Aufgabe besteht aus zwei Teilen. (Im Aufgabenteil a) musste ein Zahlterm berechnet werden. „0,01" ist eine darin vorkommende Konstante.) Der Aufgabenteil b) zielt auf den Einfluss dieser Konstante auf den Wert des Terms. Sie macht den festen Wert gedanklich zu einem Parameter und verändert diesen.

In den Aufgaben aus SUmEdA müssen teils sehr ähnliche Variablenbedeutungen abgerufen werden, sodass sich so gestaltete Aufgabeninhalte für die Übernahme in eine Förderung auf Basis der Ergebnisse von aldiff anbieten.

Beispiel: Vereinfachen vorgegebener (einfacher) Terme.

a) Multipliziere aus und vereinfache: $(a-b)\cdot(a-2b)+1{,}5ab$

b) Vereinfache so weit wie möglich: $(-x)^2\cdot x+x^3$

BMT8 2007 A Seite 3 Aufgabe 7

Aufgaben des Typs „Vereinfache den gegebenen algebraischen Ausdruck" gehören zum Standardrepertoire der SUmEdA Aufgaben.

Beispiel: Vereinfachen von Termen, besondere Beachtung regelkonformes Kürzen

Schreiben Sie jeweils als einen (gegebenenfalls vereinfachten) Bruch.

a) $2x:\frac{4}{x}=$ ....

b) $2x+\frac{4}{x}=$ ....

BMT10 2004 A Seite 1 Aufgabe 2

In a) soll durch eine ins Auge springende Optik zu einem unerlaubten Kürzungsvorgang verleitet werden, während in b) die Ausdrücke nicht kompatibel erscheinen, um noch weiter vereinfachen zu können. Aufgaben dieser Art stellen in den aus SUmEdA übernommenen Aufgaben die Aufgaben mit dem höchsten Schwierigkeitsgrad in dieser Kategorie.

Beispiel: Lösen einer Gleichung nach Standardschema

Lösen Sie folgende Gleichung ($G=\mathbb{R}$): $x^2+3x=1$

BMT10 2004 A Seite 2 Aufgabe 3 (ähnlich dazu auch: BMT8 2006 A Seite 1 Aufgabe 1 oder auch BMT10 2006 A Seite 2 Aufgabe 3)

Mit dem Lösen von Gleichungen nach Standardschema beschäftigt sich der Pool der SUmEdA Aufgaben nur am Rande.

Beispiel: Wechsel zwischen Term und Graph

Nebenstehende Abbildung zeigt den Graph einer Funktion f (D = ℝ).

a) Kreuzen Sie an, welche der folgenden Funktionsgleichungen zur Funktion f gehören kann.

- ☐ $y = x + 4$
- ☐ $y = x^2 + 4$
- ☐ $y = x^2 + 2$
- ☐ $y = (x - 2)^2$
- ☐ $y = (x + 2)^2$

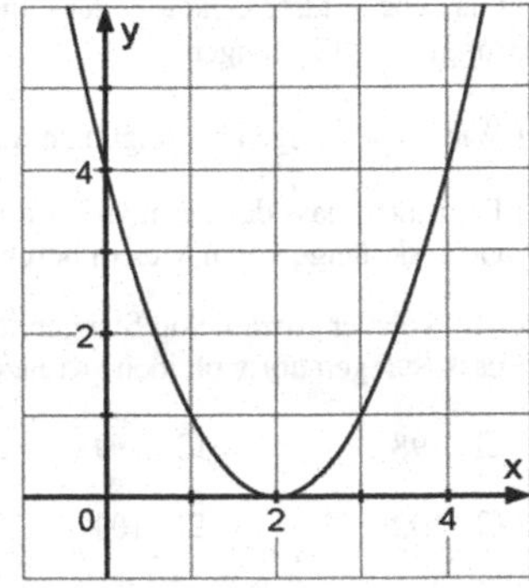

b) Lösen Sie näherungsweise mit Hilfe des Diagramms die Gleichung f(x) = 2.

BMT10 2004 A Seite 2 Aufgabe 4

Aufgaben wie a) sind in den Diagnoseaufgaben von SUmEdA mehrfach auch für Anwendungskontexte anzutreffen.

Angestrebt werden sollte für den Bereich der Förderung die Ergänzung des Aufgabenpools um eine Reihe von GeoGebra interaktiver Aufgaben (Lutz 2019).

Die graphische näherungsweise Lösung von Gleichungen, ist wie das Lösen von Gleichungen nach Standardschemata, nicht Teil der Aufgaben, die von SUmEdA vorgeschlagen wurden; algebraische Ausdrücke, die in rudimentären Folgen verwendet werden, sind ebenfalls nicht Teil der Aufgaben von SUmEdA.

Beispiel: Lösen einer Gleichung mit Bruch.

Bestimmen Sie die Lösung der folgenden Gleichung (D = ℝ \ {0}): $13 = 2 - \frac{4}{x}$

BMT10 2005 A Seite 1 Aufgabe 1

Häufig finden sich im BMT Aufgaben dieser Art. Der SUmEdA Aufgabenpool enthält solche Aufgaben nicht, da das Bestimmen von Lösungen von Gleichungen mit Brüchen von SUmEdA nicht abgedeckt wird.

Beispiel: Aufstellen eines Terms unter Weiterführung eines vorgegebenen Musters

Aus Edelstahlstangen der Länge 1 m werden Geländer nach nebenstehendem Muster angefertigt.
Für das abgebildete Geländer der Länge 5 m benötigt man 19 Stangen.

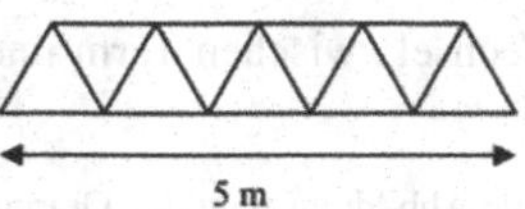

a) Wie viele Stangen benötigt man insgesamt für ein Geländer der Länge 7 m?

b) Begründe, dass der Term 4n – 1 allgemein die Anzahl der benötigten Stangen für eine Geländerlänge von n Metern beschreibt.

c) Mit welcher Anzahl von Stangen lässt sich ein Geländer nach obigem Muster bauen, ohne dass Stangen übrig bleiben? Kreuze alle Möglichkeiten an.

☐ 98	☐ 99	☐ 100	☐ 101
☐ 102	☐ 103	☐ 104	☐ 105

BMT8 2006 A Seite 4 Aufgabe 9

„Muster-in-einen-Term-verwandeln"-Aufgaben, auch bekannt unter der Bezeichnung „Streichholzaufgaben", sind Teil der SUmEdA Aufgaben. Anders als in der BMT Aufgabe muss der Bearbeitende in SUmEdA Aufgaben einen geeigneten Term selbst aufstellen. Der Term wird in den SUmEdA Aufgaben nicht vorgegeben.

Beispiel: Funktionen und Prozente

Im Jahr 2006 hat die Deutsche Bahn zwischen Nürnberg und Ingolstadt eine 89 km lange ICE – Hochgeschwindigkeitsstrecke in Betrieb genommen. Frau Dorn, die regelmäßig mit dem Zug von Nürnberg nach Ingolstadt fährt, stellt fest: „Für mich verkürzte sich die Fahrzeit von 70 Minuten auf 28 Minuten."

a) Um wie viel Prozent verkürzte sich die Fahrzeit von Frau Dorn?

b) Welcher Term beschreibt die Durchschnittsgeschwindigkeit in $\frac{km}{h}$, die der ICE auf der Hochgeschwindigkeitsstrecke besitzt?

☐ $\frac{28}{89} \cdot 60$	☐ $\frac{89}{28} \cdot 3{,}6$	☐ $\frac{89}{28} \cdot 60$	☐ $\frac{89}{0{,}28}$

BMT8 2007 A Seite 3 Aufgabe 6

Im BMT ist das Themengebiet „Funktionen" vielfach vertreten. Anders als in den SUmEdA Aufgaben wird dieser Bereich oft mit anderen Themengebieten, wie z. B. der Prozentrechnung eingebunden präsentiert.

Beispiel: Bewusster Umgang mit Regeln

Auf die Frage „Was besagt der Satz des Pythagoras?" antwortet Peter „$a^2 + b^2 = c^2$". „Naja, das ist so eine Kurzform," sagt der Lehrer, „aber was bedeutet das denn eigentlich?" Formulieren Sie eine Erklärung, die Peters Lehrer zufrieden stellen würde.

BMT10 2006 A Seite 2 Aufgabe 4

Diese Aufgabe passt inhaltlich gut zum Bereich „Bewusster Umgang mit Regeln", der Teil der SUmEdA Aufgaben ist. Der Umgang mit den Voraussetzungen einer Regel ist zentral für die richtige Verwendung bekannter Regeln.

Die Aufgaben von SUmEdA beinhalten keine Aufgaben zur ersten Kategorie von SUmEdA „Wiedergabe von Regelwissen". Daher ist diese BMT-Aufgabe für die Beurteilung des Tests auf Basis von den SUmEdA-Aufgaben von eher geringerer Bedeutung. Für die Erklärung der Kategorie 1 aus SUmEdA an einem besonders einprägsamen Beispiel lässt sich dieser Inhalt jedoch hernehmen. Die BMT Aufgabe erhält durch die Einbindung von Pythagoras eine zusätzliche geometrische Komponente, die man relativ einfach als die Voraussetzung der Gültigkeit der algebraischen Gleichung formulieren kann. Dies erleichtert bei der Erklärung erheblich die Vermittlung, dass die „Kenntnis um Voraussetzungen" wesentlicher Bestandteil des „Erlernens einer Regel" ist. Eine der BMT Aufgabenstellung nahezu deckungsgleiche Aufgabenstellung kommt bei der Untersuchung des „Vereinfachten Modells" in Abschnitt in der „Verständnisbefragung an Studierende" zur Anwendung.

Beispiel: Arbeiten mit Struktur

Ein „Rechentrick" zum Quadrieren einer zweistelligen Zahl mit der Einerziffer 5 lautet so: Nimm die Zehnerziffer der Zahl und vergrößere sie um 1, multipliziere das Ergebnis mit der Zehnerziffer selbst. Hängt man an die Zahl, die sich dabei ergibt, die Ziffernfolge 25 an, hat man schon die gesuchte Quadratzahl.

a) Berechnen Sie nachvollziehbar mit dieser Methode das Quadrat der Zahl 35.

b) Eine zweistellige Zahl mit der Zehnerziffer x und der Einerziffer 5 lässt sich schreiben als $10x + 5$.
Berechnen Sie $(10x + 5)^2$, formen Sie das Ergebnis geeignet um und begründen Sie dadurch den obigen „Rechentrick".

BMT10 2006 A Seite 4 Aufgabe 9

Aufgaben, wie diese sollten sich gut eignen, um im Bereich der „Arbeit mit Struktur" elementare Algebra nach SUmEdA zu fördern. Der „Rechentrick", der algebraisch durch Äquivalenzen bewiesen wird, passt sich hervorragend in das Bild der strategisch manipulativen Struktur von Termen ein, welcher integraler Bestandteil der Aufgaben von SUmEdA ist (vgl. „geschickt" rechnen; vgl. dazu auch WADI).

Beispiel: Ausnutzung von Gleichungsstrukturen für effiziente Lösungsstrategien

b) Durch welche Zahl muss in obiger Gleichung die Zahl 12 ersetzt werden, damit x = 0 Lösung der neuen Gleichung ist?

BMT8 2008 A Seite 2 Aufgabe 3

Im Aufgabenteil b) lässt sich durch die Reflexion der Struktur der Gleichung bestimmen. Ein eleganter Lösungsweg (vgl. „geschickt" rechnen) wäre wohl dieser: Die Gleichung soll für x = 0 gelten. Nur die Zahl 12 darf verändert werden. Wenn die Gleichung für x = 0 gelten soll, steht rechts 4*0 = 0. Die linke Seite der Gleichung muss also 0 ergeben. Die linke Seite der Gleichung besteht aus der zu ändernden Zahl und dem Term −6*3 da x = 0. Die Stelle wo im Moment 12 steht, müsste also eine 18 sein, damit 18–6*3 die linke Seite der Gleichung 0 ist.

An der Lösungsskizze sieht man leicht, dass es zur effizienten Lösung der Aufgabe b) wichtig ist, vorhandene Struktur als brauchbar zu erkennen und zu nutzen.

Beispiel: Terme für die Berechnung von Flächeninhalten erstellen.

Die Nationalfahne der Schweiz zeigt ein weißes Kreuz auf rotem Grund. Für die vier kongruenten Arme des Kreuzes ist durch Beschluss der Schweizer Bundesversammlung aus dem Jahr 1889 festgelegt:
Die Länge ℓ eines Arms ist um $\frac{1}{6}$ der Breite b größer als b (vergleiche nebenstehende Abbildung).

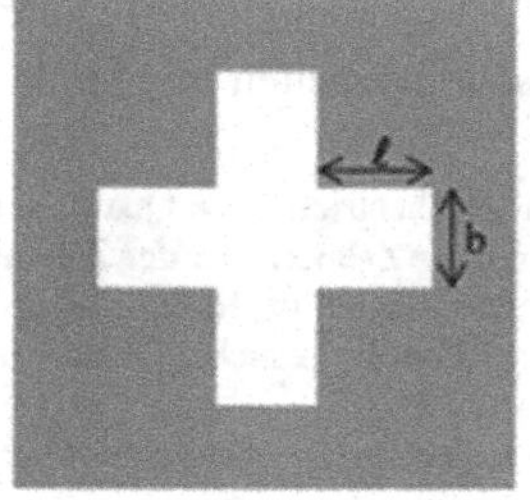

a) Wie lang ist ein Arm, wenn seine Breite 18 cm beträgt?

....

b) Stelle einen Term auf, der den Flächeninhalt des weißen Kreuzes in Abhängigkeit von der Breite b eines Arms beschreibt. Fasse den Term, in dem nur noch b als Variable vorkommen soll, so weit wie möglich zusammen.

BMT8 2008 A Seite 4 Aufgabe 9

Erstellen von Termen für geometrische Situationen spielt in den SUmEdA Aufgaben nur am Rande eine Rolle, im Kontext der Umfangsberechnung abgebildeter

Figuren. Eine Kenntnis der Berechnung von Flächeninhalten, wird inhaltlich der Geometrie(Messen) in SUmEdX zugewiesen.

Beispiel: Vereinfachen von Termen, Fokus Potenzen und Wurzeln

Vereinfachen Sie die folgenden Terme jeweils so weit wie möglich.

a) $3 \cdot x^3 \cdot x^3 =$ ....

b) $3 \cdot x^3 + x^3 =$ ....

c) $3 \cdot \sqrt{x^{-3}} \cdot \sqrt{x^{-3}} =$ ....

BMT10 2008 A Seite 2 Aufgabe 2

Während die Aufgabenteile a) und b) den Algebratestaufgaben nach SUmEdA zugerechnet werden könnten, wird auf die Verwendung von Wurzeln in Umformungsszenarien in den SUmEdA Aufgaben verzichtet.

Beispiel: Fallunterscheidungen zum Vergleich algebraischer Terme

Thomas behauptet: „*Für eine Zahl a ungleich null gilt immer –a < a.*" Hat Thomas Recht? Begründe deine Antwort.

BMT8 2009 A Seite 3 Aufgabe 5

Solche Aufgaben werden dem Variablenverständnis zugeordnet, hierzu gehört auch die Küchemann-Aufgabe, die 2n und n+2 miteinander vergleichen lässt.

Beispiel: Zusammenfassung von Brüchen mit Variablen

Vereinfache jeweils soweit wie möglich.

a $\frac{1}{2} \cdot \frac{1}{9} a + \frac{8}{9} a =$

BMT8 2010 A Seite 2 Aufgabe 4

Aufgaben, die unter Verwendung „einfacher" Brüche formuliert sind, und wie in a) zu einer fälschlichen Vereinfachung verleiten können, finden sich mehrfach im BMT. In SUmEdA finden sich solche Aufgaben im Bereich der Speedtestaufgaben.

Beispiel: Funktionale Zusammenhänge

In der Umgebung Münchens wird vermehrt Energie aus heißem Tiefenwasser gewonnen. Zur Abschätzung der Temperatur des Tiefenwassers geht man davon aus, dass die Wassertemperatur an der Erdoberfläche 10 °C beträgt; pro 100 m Tiefe nimmt die Temperatur des Wassers um 3 °C zu. Aus physikalischen Gründen kann in großer Tiefe die Wassertemperatur größer als 100 °C sein.

a Berechne die Wassertemperatur in einer Tiefe von 4200 m.

BMT8 2010 A Seite 2 Aufgabe 5

Funktionale Zusammenhänge, die sogleich Anwendung finden und in einem Ergebniswert enden, finden sich vereinzelt im Inhaltskontext „Parabeln" in den SUmEdA Aufgaben.

Beispiel: Berechnung Flächeninhalt mit Variablen

Ein Rechteck hat die Seitenlängen 4 cm und x cm (Abbildung nicht maßstabsgetreu). Verlängert man die Seiten des Rechtecks jeweils um 5 cm, so wächst der Flächeninhalt des Rechtecks auf das Sechsfache des ursprünglichen Werts an. Mit genau einer der folgenden Gleichungen kann man x bestimmen. Kreuze diese Gleichung an.

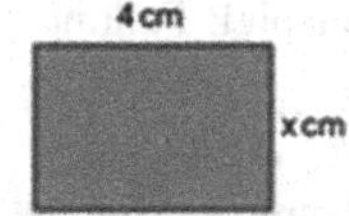

- ☐ $(4+5)\cdot x=6\cdot 4\cdot x$
- ☐ $4\cdot(x+5)=6\cdot 4\cdot x$
- ☐ $6\cdot(4+5)\cdot(x+5)=4\cdot x$
- ☐ $(4+5)\cdot(x+5)=6\cdot 4\cdot x$
- ☐ $(4+5)\cdot(x+5)=4\cdot x+6\cdot 4\cdot x$
- ☐ $(4+5)\cdot(x+5)=4\cdot x+6$

BMT8 2010 A Seite 2 Aufgabe 6

Diese Aufgabe ist eine Kombination aus Grundlagen der „Flächenberechnung" (nicht Teil von SUmEdA) und „Variablenverständnis" (Teil von SUmEdA).

Beispiel: Parabeln im Koordinatensystem

Eine Parabel ist gegeben durch die Gleichung $y = 0{,}5x^2 - 2x - 6$. Marie hat mit Hilfe der Lösungsformel für quadratische Gleichungen berechnet, dass die Parabel bei $x_1 = -2$ und $x_2 = 6$ die x-Achse schneidet.

a Bestätigen Sie Maries Ergebnisse durch ausführliches Rechnen.

b Marie beginnt nun, den x-Wert des Scheitels der Parabel durch quadratische Ergänzung zu bestimmen. Ergänzen Sie sinnvoll, was ihr älterer Bruder dazu sagen könnte.

„Das geht hier einfacher. Wegen der Symmetrie der Parabel liegt der x-Wert des Scheitels ____________________________________, also bei x = ___.

Leider lässt sich dieses Verfahren bei den Parabeln, die ____________________ ____, nicht anwenden."

BMT10 2010 A Seite 2 Aufgabe 2

Diese Aufgabe arbeitet hauptsächlich am Übergang zur Koordinatensystem-Geometrie und befindet sich damit außerhalb der Algebratestaufgaben. Im Bereich der Förderung könnte diese Aufgabe im Bereich „Variablenverständnis" zum Einsatz kommen.

Beispiel: Vereinfachen von Termen mit negativen Potenzen

Vereinfachen Sie die folgenden Terme jeweils soweit wie möglich.

a $x^2 - x(x-4) =$

b $x + 5x^2 \cdot x^{-1} =$

c $\frac{1}{3} \cdot \sqrt{9a^2 + 9} =$

BMT10 2010 A Seite 3 Aufgabe 4

Das Vereinfachen von Termen, jedoch ohne negative Potenzen, ist auch Teil der Algebratestaufgaben aus SUmEdA.

Beispiel: Lösen von Gleichungen mit Parametern

In der folgenden Gleichung stehen a und b für rationale Zahlen.

$$ax = 7x + b$$

a) Bestimme die Lösung der Gleichung für $a = 3$ und $b = 8$.

BMT8 2011 A Seite 2 Aufgabe 3

Diese Aufgaben beinhalten die Lösung einfacher Gleichungen und sind besonders ähnlich zu Aufgaben zum Variablenverständnis(Parameter) aus SUmEdA.

Beispiel: Einsetzen von Werten in Funktionen (Typ PISA)

In Kontinentaleuropa ist es üblich, Schuhgrößen nach dem „Pariser Stich" mithilfe der Formel $s = (f + 1{,}5) \cdot 1{,}5$ zu berechnen. Dabei ist f die Fußlänge in cm und s die zugehörige Schuhgröße.

a) Berechne mithilfe der Formel die Fußlänge einer Person mit Schuhgröße 39.

BMT8 2011 A Seite 4 Aufgabe 7

Der Aufgabenteil a) dieser Aufgabe ähnelt den Aufgaben, welche aldiff zum Vergleich mit PISA für die Studie übernimmt (nicht Teil von SUmEdA und nicht Teil des in dieser Arbeit entwickelten Tests).

Beispiel: Parabel in Anwendungssituation

Simon möchte seinen Gartenteich mit einer Brücke überspannen, deren Auflagepunkte 8 m voneinander entfernt sind. Dazu fertigt er eine Graphik an, die den Brückenbogen vereinfacht darstellt.

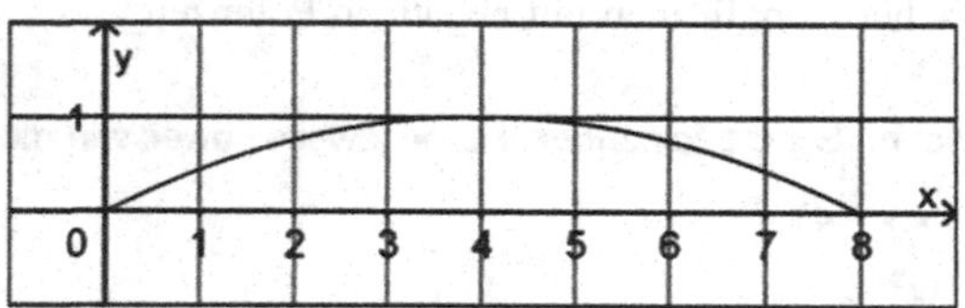

Der Brückenbogen wird durch eine Funktionsgleichung der Form I, II oder III mit $a \in \mathbb{R} \setminus \{0\}$ beschrieben.

I $y = a \cdot (x^2 - 8)$ **II** $y = a \cdot x \cdot (x - 4)$ **III** $y = a \cdot x \cdot (x - 8)$

a) Begründen Sie, dass weder eine Gleichung der Form I noch eine der Form II zur Beschreibung des Brückenbogens infrage kommt.

BMT10 2011 A Seite 2 Aufgabe 2 oder BMT10 2018 A Seite 3 Aufgabe 5

Aufgaben dieser Art entsprechen Aufgaben in SUmEdA, die den Wechsel zwischen Term, Tabelle und Graph bei quadratischen Funktionen fordern und sind in SUmEdA mit oder auch ohne Anwendungsbezug formuliert.

Beispiel: Lösen von Bruchgleichungen

Bestimmen Sie die Lösung folgender Gleichung ($x \in \mathbb{R} \setminus \{0; \frac{5}{4}\}$).

$$\frac{1}{4x-5} - \frac{1}{6x} = 0$$

BMT10 2011 A Seite 4 Aufgabe 6

Das Bestimmen der Lösung von Bruchgleichungen findet sich nicht unter den Algebratestaufgaben nach SUmEdA. Die Erfahrungen aus der Expertenbefragung werden zeigen, dass anzuraten ist, Aufgaben aus dem Inhaltsbereich „Bruchgleichungen lösen" in eine Diagnose und Förderung mit aufgenommen werden müssten, um SUmEdA an den Übergang Schule-Hochschule passgenauer anzupassen.

Beispiel: Grundvorstellungen zur Division

Gegeben ist der Term 3,5 kg : 100 g.

a) Berechne den Wert des Terms.

3,5 kg : 100 g =

b) Formuliere eine Sachaufgabe, die mithilfe des Terms gelöst werden kann.

BMT8 2012 A Seite 1 Aufgabe 1

Grundvorstellungen zur Division werden von SUmEdA nicht abgedeckt und müssen, entsprechend aus Perspektive der Aufgabenkategorisierung die aldiff in diesem Abschnitt vornimmt, in einen SUmEdAr Pool aufgenommen werden.

Beispiel: Mit Definitionen arbeiten, wie in der Formelsammlung dargestellt

Aus einem Lexikon: „Eine natürliche Zahl wird vollkommene Zahl genannt, wenn sie gleich der Summe ihrer (positiven) Teiler außer sich selbst ist."
Zeige, dass die Zahl 6 eine vollkommene Zahl ist.

BMT8 2016 A Seite 4 Aufgabe 7

Diese Aufgabe thematisiert das „Befolgen einer vorgegebenen Regel" im Sinne des Modells SUmEdA und ähnelt mit dem (wahrscheinlich dem Bearbeitenden unbekanntem) „Wahren der Regel" einer der Algebratestaufgaben. An der in dieser Aufgabe genannten Operation „Zeige" wird in der BMT Aufgabe deutlich, wie nah die Arbeit mit dem „Befolgen einer vorgegebenen Regel" dem „formal algebraischen Schließen" kommt.

Die BMT Tests 2001–2003 besitzen bis auf vereinzelte „Vereinfache"-Aufgaben nur sehr wenige Aufgaben mit inhaltlichen Berührungen zu den Aufgaben des Projektes aldiff.

Fazit BMT

Die Analyse der BMT Aufgaben hat gezeigt, dass sich unter den BMT Aufgaben zur Algebra einige Aufgaben befinden, die den Aufgaben aus SUmEdA stark ähneln. Differenzen zeigten sich beispielsweise bei den Aufgaben im BMT, die offensichtlich PISA-Aufgaben nachempfunden sind (Berechnung von Zahltermen siehe oben).

Da die Veröffentlichung der Aufgaben von aldiff, wie bereits erwähnt, nicht gestattet ist, sollte der Leser beim Nachvollziehen der Beispiele der BMT Aufgaben einen guten Eindruck über den Inhalt und Umfang der Algebratestaufgaben aus SUmEdA erhalten haben.

Aufgrund der teilweisen großen Ähnlichkeit der Aufgabeninhalte sollte wie ebenso schon bei WADI überlegt werden, Aufgaben, im Stil der beim BMT verwendeten Aufgaben, für die im Anschluss an die vorliegende Arbeit zu beforschende Förderung zu erstellen.

VERA VERgleichsArbeiten

Allgemeines zu VERA

Die VERA Vergleichsarbeiten werden in den Klassenstufen 3 und 8 jährlich durchgeführt in den Fächern: Mathematik, Deutsch, Englisch und Französisch. Der Test kann optional wie eine Klassenarbeit gewertet werden.

Die Ergebnisse werden anonymisiert regelmäßig online einsehbar berichtet, aufgetrennt nach Schulart, Geschlecht, zugeordneten Deutschkenntnissen usw…

Aus der Eigendarstellung der Vergleichsarbeiten:

> *„Die Vergleichsarbeiten VERA 8 werden als standardisierte Tests nach wissenschaftlichen Kriterien vom Institut für Qualität im Bildungswesen (IQB) konzipiert. Als Grundlage dienen die Methoden der empirischen Sozialforschung.*
>
> *Die Vergleichsarbeiten stellen ein verpflichtendes Instrument der Selbstevaluation dar und sind ein Element der Qualitäts- und Schulentwicklung. Sie sind keine individualdiagnostischen Verfahren und ersetzen keine Klassenarbeiten. VERA 8 wird nicht benotet."* (Landesinstitut für Schulentwicklung Baden-Württemberg 2019)

In Klasse 8 jährlich verpflichtend ist die Teilnahme an mindestens einem der o.g. Fächer. „Im Fach Mathematik werden alle fünf inhaltlichen Kompetenzen (Leitideen) getestet." (Institut zur Qualitätsentwicklung im Bildungswesen)

„An die Stelle der Frage, welche Inhalte in einem Fach zu unterrichten sind, soll die Frage treten, welche Kompetenzen Schülerinnen und Schüler in diesem Fach bis zu einem bestimmten Zeitpunkt in der Schullaufbahn erreicht haben sollen. Von dieser Fokussierung erhofft man sich einen Unterricht, in dem anstelle von trägem Wissen, das Schülerinnen und Schüler nur zur Beantwortung von eng begrenzten und bekannten Aufgabenstellungen abrufen können, vernetztes Wissen entwickelt wird, das zur Bewältigung vielfältiger Probleme angewendet werden kann. Dabei handelt es sich um einen sehr ambitionierten fachdidaktischen und pädagogischen Anspruch, bei dessen Einlösung Tests und Leistungsrückmeldungen nur eine unterstützende Funktion für Lehrerinnen und Lehrer haben können." (Institut zur Qualitätsentwicklung im Bildungswesen)

Eine Zusammenfassung von Unterschieden der verschiedenen nationalen Erhebungsinstrumente findet sich z. B. bei Pant (2013, S. 74).

Die Veröffentlichung der VERA-Ergebnisse in Form von Ranking-Listen unter Berücksichtigung der einzelnen Schulen (nicht anonymisiert) wird abgelehnt.

Wie auch bei PISA und TIMSS liegt für VERA eine Rechtfertigungsstrategie vor, um Kritikern zu begegnen z. B. bei Sachse (2009).

Zuordnung ausgewählten Beispielaufgaben VERA thematisch passend zu aldiff

Aus Gründen eines explizit ausgesprochenen Verbots der Veröffentlichung durch die Ersteller von VERA, können hier keine Beispielaufgaben aus VERA gezeigt werden.

Hier eine Zusammenstellung öffentlich zugänglicher Aufgaben, die thematisch den Aufgaben aus SUmEdA ähneln (Die Angaben in „" bezeichnen jeweils den Titel der Aufgabe):

„Treppenmaße": In einen Term muss eingesetzt werden.

„Suche die Zahl": Arithmetische Lösung von: gegebene Zahl * Kästchen = Ergebnis.

„Fehlende Zahlen": genau wie „Suche die Zahl" nur mit + statt *.

„Schokoladenpreis": Lineare Zuordnung.

„Schachteln packen": Verknüpfung einer Volumenberechnung mit einem Zahlenrätsel in Textform.

„Gleichungen lösen 1" und „2": Identifizieren der Lösung einer linearen Gleichung mit einer Unbekannten.

„Gewitter": evtl. im Hintergrund Term aufstellen und lösen

„Dreieckszahlen": Muster erkennen am Beispiel der Dreieckszahlen.

„Die hier zur Verfügung gestellten Aufgaben dürfen unter Angabe des Urhebers für nicht-kommerzielle Bildungszwecke genutzt werden (z. B. im Unterricht, auf Fortbildungen oder in privaten Haushalten).

Eine Vervielfältigung oder Verwendung der Aufgaben in anderen elektronischen oder gedruckten Publikationen ist ohne ausdrückliche Zustimmung der Urheber nicht gestattet." aus: https://www.iqb.hu-berlin.de/vera/aufgaben

Fazit VERA

Die von VERA zur Verfügung gestellten Beispielaufgaben eignen sich prinzipiell, aufgrund eines vergleichbaren Settings, für eine mögliche Verwendung auf Förderebene für Folgeforschung nach aldiff.

VERA Aufgaben finden sich z. B. VERA digital auf ZUM (Zentrale für Unterrichtsmedien im Internet e. V.): Auf der Plattform ZUM stehen einzelne Aufgaben/Tests aus Vera 8 und BMT 8 digital zur Verfügung.

Smart Algebra Test

Der smart Algebratest ist nur einer aus einer Reihe von „smart" Tests, die von Stacey, Steinle, Price und Gvozdenko entwickelt wurden. Andere Tests der smart-Reihe beschäftigen sich mit den Themenbereichen Arithmetik (->für SUmEdAr relevant!), Messen, Geometrie (und Raumanschauung), Statistik und Wahrscheinlichkeit. (Stacey et al. 2013)

Die Tests sind frei verfügbar unter:

http://www.smartvic.com/smart/trysmart/index.htm

Der smart Test steht, nach Anlegen eines kostenlosen Accounts, frei für Lehrer zur Verfügung. Die Tests haben den Anspruch, dem Lehrer eine differenzierte Diagnose der Leistungen seiner Schüler zu ermöglichen. Die Tests liefern zugleich fachdidaktisch aufbereitetes Hintergrundswissen und zielen auf ausgewählte Fehlkonzeptionen bei Schülern.

Dabei kann der Lehrer für jeden seiner Schüler eine Einordnung in „Stufen des Verständnisses" vornehmen.

Die smart-Tests belassen es jedoch nicht beim Stellen einer Diagnose, sondern geben konkrete Hilfestellung für den Lehrer, um mit den erhaltenen Diagnosen darüber hinaus eine Förderung anzugehen. Dies deckt sich mit der von Meyer (2015, S. 81–82) geforderten handlungsleitenden Diagnostik (, die Meyer ebenfalls lehrerzentriert umsetzt).

Mit ihrer Verbindung von Praxisnähe bei gleichzeitiger Einbindung von fachdidaktischem Hintergrund bieten sich die Materialien vom smart Algebratest für die Förderung unter Nutzung der Ergebnisse von aldiff an.

Die Aufgabenformate der smart Algebratests sind weitgehend dropdown Aufgaben, faktisch also Single bis Multiple Choice Aufgaben. Daneben gibt es auch offene Aufgaben, bei denen jeweils nur die Lösungszahl eingegeben werden muss. (Diese wird vermutlich über einen String-Vergleich überprüft siehe Abschnitt STACK Theorieteil c) „Eingabeformate"). Die Algebra des smart Algebratests ist unterteilt in *„Values for letters, Letters for numbers or objects, Writing expressions involving multiplication, addition and subtraction, Formulating expressions, Writing expressions using area rules, Expanding brackets using an area model, Linear equations – solving, Linear equations – writing, Plotting coordinates, Representing linear functions, Interpreting gradients of graphs."* (Stacey et al. 2013)

Jeder dieser Kategorien ist ein Test mit Testdauer zwischen 4–15 min zugeordnet. Die Unterteilung des Variablenverständnisses in mehrere Teilbereiche ist feiner strukturiert, als dies in SUmEdA abgebildet ist: d. h. es werden ähnlich wie bei Küchemann einzelne Variablenaspekte getestet.

Im smart Test Algebra findet sich das Schreiben von algebraischen Ausdrücken unter Nutzung von Flächenberechnungsregeln. Dies ist nicht Teil der Aufgaben von SUmEdA, stellt aber siehe WADI/BMT eine offenbar curricular/kompetenzmodellorientiert häufige Anwendungssituation für elementare Algebra dar. In den Testaufgaben aus SUmEdA ist dieser Bereich nur in Form der Berechnung des Umfangs vorgegebener Figuren eingeflossen.

Die Flächenberechnung wird dem Bereich der Geometrie in SUmEdX überlassen (repräsentiert durch Raum und Form, bzw. Messen).

Die Interpretation von Steigungen beim smart Test, sowie Graphen und der „Graph als Bild"-Fehler gehören nicht zum Fokus der differenzierenden Diagnose von aldiff nach SUmEdA.

Aus dem Kontext von SUmEdX herausgelöst, sollte eine Entscheidung getroffen werden, ob der im Rahmen der vorliegenden Arbeit entwickelte Diagnosetest folglich um den Bereich „einfache Flächenberechnungen algebraisch formulieren" erweitert werden sollte, um sich umfänglicher in andere Algebra-Testszenarien einzupassen.

Fazit smart-Algebratest

Der smart-Algebratest diagnostiziert aufgabenbasiert typisch auftretende Fehler und entwickelt im Anschluss an die Diagnose Förderempfehlungen. Die Aufgaben des smart Test Algebra zeigen in Teilbereichen große Deckungsgleichheit mit den aus SUmEdA übernommenen Testaufgaben. Besonders im Bereich „Variablenverständnis" ist hier ein Anknüpfungspunkt gefunden, um aufgabenbasierte Detaildiagnosen und Förderung in diesem Teilbereich anzustreben. Die

Flächenberechnung, welche sich schon mehrfach in den vorgestellten Aufgabensammlungen gefunden hat, kann innerhalb von SUmEdX in den Teilbereich Geometrie verortet werden.

Schon Oldenburg merkt die Nähe der Ideen der Aufgabenstellungen zu denen der Küchemann-Aufgaben an (Oldenburg 2013b).

In dieser Arbeit nicht untersuchte Tests der elementaren Algebra, die aber trotzdem von Interesse sind

Der **DAA Diagnostic Algebra Assessment** ist gezielt auf einzelne Fehlvorstellungen im Themenbereich Algebra hin entworfen worden und testet die Bereiche concept of variable, equality and graphing. Er gibt dort individuelle Rückmeldung an die Lehrkraft und stellt „lesson plans" zum planvollen Angehen der erkannten Defizite auf. Damit richtet sich das Angebot, wie der Smart Algebra Test, an Lehrkräfte, ist jedoch leider nicht frei verfügbar. Der **DAA** testet drei Fehlvorstellungsbereiche: **Gleichheitszeichen** (z. B. „$7 = 3 + 4$"), **Graphen** (z. B. slope-height confusion), **Variablen** (z. B. add 4 onto 3n, eine einfache Aufgabe, die auch im Algebratest aus aldiff vorkommt)

Hinweise auf andere professionelle aber kommerzielle Testverfahren, die im Rahmen dieser Arbeit nicht ausgeführt werden finden sich unter:

https://www.letsgolearn.com/solutions/math-assessments

Im Überblick werden zusätzlich die in der **Testothek der PH Heidelberg** (Testothek der Pädagogischen Hochschule Heidelberg) gelisteten Tests berichtet, welche sich entweder u. a. mit dem Übergang Schule-Hochschule oder mit Algebrainhalten der Sekundarstufe I beschäftigen:

Alle im Folgenden angeführten Zitate entstammen der Webseite der „Testzentrale" (Hogrefe Verlag):

Der **Rechentest8+** enthält 6 Skalen. Ganze Zahlen, von den Maßen, von gemeinen Brüchen, von Dezimalbrüchen, vom Schlussrechnen und vom Prozentrechnen. Er enthält keine Zeichnungen.

Der **MTAS Mathematiktest** für Abiturienten und Studienanfänger zum Zwecke der Studienwahl testet auf Niveau SekII. MTAS unterscheidet Geometrie, Algebra und Funktionen und ist ein Ankreuztest. Er enthält ebenso die Themengebiete Logarithmus und Differentialrechnung. MTAS findet nur moderate Korrelationen zwischen den Inhaltsbereichen.

Der **BASIS-MATH 4–8 Basisdiagnostik Mathematik für die Klassen 4–8** arbeitet auf drei Anforderungsniveaus und beschäftigt sich weniger mit Algebra als mit Arithmetik. Hier werden konkrete und weitergehende Förderplanungsangebote unterbreitet.

Der **BRT Berufsbezogener Rechentest** für Klasse 8–10 liefert 8 Skalen: Dezimalbrüche, Maße, Algebra, Geometrie, Grundrechenarten, Gewöhnliche Brüche, Prozentrechnen und Schlussrechnen. Der BRT stellt eine 7 faktorielle Struktur vor: Ohne Text, Textaufgaben, Schlussrechnen-Geometrie-Algebra, Algebra, Gewöhnliche Brüche, Schlussrechnen und Maße.

M-PA Mathematiktest für die Personalauswahl 2013: Dieser Test unterscheidet vier Teilbereiche: Geometrie, Mathematische Literalität (ähnlich PISA), Prozedurales Rechnen (textfrei, grundlegende Rechenregeln), und Komplexes Rechnen:

> *„Komplexes Rechnen: Fortgeschrittene Algebra einschließlich Funktionen. Bei den meisten Aufgaben müssen hier mehrere Variablen gleichzeitig betrachtet werden (z. B. x und y), um die Aufgaben lösen zu können." (Jasper und Wagener 2013)*

Die Aufgaben des M-PA scheinen, folgt man der Beschreibung, stark rechenbasiert zu sein. Der Bereich „komplexes Rechnen" ist inhaltlich mit der Anforderung zur Beachtung mehrerer Variablen gleichzeitig tendenziell im Schwierigkeitsgrad anspruchsvoller als vergleichbare SUmEdA Aufgaben einzuschätzen. Diese Kategorie liegt den in SUmEdA Aufgaben abgeprüften Inhalten jedoch wohl am nächsten.

Der **RT 9+ Rechentest 9+** beschäftigt sich mit den Themengebieten Bruchrechnen, Potenzrechnen, Zinsrechnen, Gleichungen, Potenzen und Wurzeln, Rechnen mit Größen. Er definiert 8 Faktoren, ist lehrplanbasiert und besteht aus offenen Aufgaben.

Der **TeMaTex Test** zum mathematischen Textverständnis:

> *„Es wird untersucht, inwieweit bei einer mathematischen Textaufgabe die relevanten von den irrelevanten Informationen getrennt werden können, um eine mathematische Aufgabenstellung lösen zu können"*

Der Test **„Ibrahimovic und Bulheller 2005 Grundkenntnisse für Lehre und Beruf"** untersucht in vier Subskalen Textaufgaben, textfreie Aufgaben, Geometrie, Tabellen- und Grafikverständnis.

> **DEMAT 9 Deutscher Mathematiktest** für neunte Klasse: *„Die drei Inhaltsbereiche (Messen/Raum und Form, Funktioneller Zusammenhang, Daten und Zufall) sind in insgesamt neun Subtests gegliedert. Der Bereich Messen/Raum und Form wird durch die drei Subtests Geometrische Flächen, Geometrische Körper sowie Satz des Pythagoras erfasst. Der Bereich Funktioneller Zusammenhang wird in den vier Subtests Prozent-*

und Zinsrechnen, Lineare Gleichungen, Zahlenrätsel sowie Dreisatz thematisiert. Der Bereich Daten und Zufall enthält zwei Subtests zu Statistik: Datengrundlage Abbildung und Datengrundlage Tabelle. Darüber hinaus kann mit einem Zusatztest zur Erfassung des Konventions- und Regelwissens (KRW) ein Teilbereich mathematischer Kompetenz überprüft werden, der nicht explizit Gegenstand des Curriculums ist, aber einen robusten Indikator der Mathematikleistungen darstellt und damit als Screeningverfahren eine schnelle Einschätzung der mathematischen Kompetenzen ermöglicht."

Der Haupttest DEMAT beschäftigt sich im Bereich „Funktionaler Zusammenhang", „lineare Gleichungen" und „Zahlenrätsel" mit Themengebieten die SUmEdA näher liegen als die anderen beschriebenen aufgezählten Tests. Besonders der Zusatztest zur Erfassung des „Konventions- und Regelwissens" (KRW) ist für SUmEdA interessant, da die vorliegenden Aufgaben den Bereich „Regelwissen" nicht explizit thematisieren. Um den im Rahmen dieser Arbeit entwickelten Test um die Kategorie Regelwissen aus SUmEdA zu erweitern, würde sich eine Analyse dieses Tests im Anschluss an aldiff anbieten.

Fazit zu bestehenden Testinstrumenten

Einige der hier vorgestellten Testverfahren wurden bereits ausführlich von Jasper (2009) auf Ihre Testgüte hin untersucht. Die vorliegende Arbeit wird die oben aufgelisteten Testinstrumente nicht genauer analysieren, da sie inhaltlich nur bedingt mit den Testaufgaben von SUmEdA vergleichbar sind. Die vorgestellten Tests weisen alle erhebliche Lücken zu den Inhalten der SUmEdA Aufgaben auf und sind oft rechenlastiger beschrieben.

Eine Übersicht über weitere onlinebasierte Selbsttests findet sich bei Winter (2011, S. 19–33).

3.3.2 Fazit Theorie b) Teil 1: Aufgabensammlungen und Tests

Um der Nicht-Veröffentlichung der Aufgaben zu begegnen wurden in diesem Abschnitt bestehende veröffentlichte Aufgabensammlungen untersucht und mit den Aufgaben aus SUmEdA zumindest indirekt verglichen. Bei den Untersuchungen lag der Fokus auf den Aufgaben frei verfügbarer Aufgabensammlungen und deren Passung zu den Aufgaben aus DiaLeCo. Der Fokus lag bewusst nicht auf der wissenschaftlichen Herkunft der Testaufgaben, welche von DiaLeCo zu begründen ist.

Eine Mischung aus Bezügen zu großen Schulleistungsstudien (TIMSS, PISA), professionell eingesetzter Testverfahren (TestAS, smart-Test), offizieller schulischer Aufgabensammlungen und Testungen (BMT, WADI, (VERA)) und schließlich der von DiaLeCo übernommenen Küchemann-Aufgaben hat einen breiten Überblick über verbreitete ähnliche Algebraaufgaben geben. Die untersuchten kommerziellen Tests sind großteils nicht mit den Inhalten des SUmEdA vereinbar.

Besonderen Wert aufgrund von Ähnlichkeit erhalten die Aufgaben aus WADI und BMT, (natürlich neben den Küchemann-Aufgaben). Inhaltlich wie aufgabentechnisch weit entfernt stellen sich die untersuchten PISA-Testaufgaben dar, die die formale Algebra, schon aus konzeptionellen Überlegungen heraus, nicht direkt überprüfen möchte.

Nachdem nun in Theorie b) Teil 1 Aufgabensammlungen und Test betrachtet wurden, erfolgt im Abschnitt Theorie b) Teil 2 ein Exkurs zur Einordnung des Projektes aldiff in den Bereich Vorkurse.

3.3.3 Theorie b) Teil 2: Exkurs: Verortung des Projektes aldiff in den Anwendungsbereich Vorkurse

Heterogenität am Übergang Schule-Hochschule

Die Anzahl hoher Studienabbrecherquoten stellen Studierende wie Hochschulen vor ernsthafte Herausforderungen und schaffen Probleme, deren Ursachen intensiv untersucht werden. Stellvertretend seien hier genannt die vielerorts zitierten Heublein et al. (2010) und Greefrath et al. (2015) oder auch Roth et al. (2015) und Hoppenbrock et al. (2016), (z. B. auch Reimpell et al. (2014): Mittelstufenmathematiktest). Die Eingangsvoraussetzungen in Mathematik nehmen zumindest an einzelnen untersuchten Standorten ab (Blömeke 2016).

Kenntnisse in der elementaren Algebra sind dabei immer häufiger mit Defiziten belastet (Wiljes et al. 2016).

(Probleme mit Mathematik an institutionellen Übergangsstellen zeigen sich allgemeiner auch international:

> *„Almost 30 percent of students in their first year of college are forced to take remedial science and math classes because they are not prepared to take college-level courses."* (*National Action Plan for addressing the critical needs of the U.S. science, technology, engineering, and mathematics education system* 2007, S. 3)

Als Ursache werden u. a. falsche Vorstellungen über Stellenwert und vor allem Umfang bestehensrelevanter Studienanteile Mathematik ausgemacht, besonders bei den Fachbereichen, die per se die Mathematik vom Erwartungshorizont der Studienanfänger nur eine untergeordnete Rolle einzunehmen scheint. Als Beispiel seien hier angeführt: Das Studium der Chemie, das besonders Kenntnisse in Integral, Matrizen, Fourier-Transformation usw. benötigt; das Studium der Psychologie, mit Anteilen von Statistik usw.

Die Abbrecherquoten sind zum Teil so hoch, dass dies mittlerweile immer wieder Gegenstand von Presseberichten ist (siehe z. B. „Physikstudium: ganz schön verrechnet“ (Agarwala 2015)).

Außerdem wächst die Heterogenität auch durch steigende Diversität der verschiedenen gestatteten Zugangswege zum Studium. Die Erfahrung zeigt beispielsweise, dass Schüler allgemeinbildender Gymnasien mit höherem Leistungsniveau an die Hochschule kommen, als vergleichbare Schüler beruflicher Gymnasien. Dies konnte schon bei Watermann und Maaz (2006, S. 230) als Effekt der breiteren Zugangszulassung nachgewiesen werden.

Der Umgang mit Heterogenität am Übergang Schule-Hochschule nimmt eine große Rolle auch international ein und ist eine Herausforderung, z. B. für den Fächerverbund STEM (*National Action Plan for addressing the critical needs of the U.S. science, technology, engineering, and mathematics education system* 2007).

Verschiedene Ansätze, um der mathematisch-fachlichen Heterogenität zu begegnen

Im Bereich Mathematik gibt es viele Ansätze, wie der schwer zu einenden Heterogenität entgegengearbeitet werden kann. Hier nur einige der prominentesten Maßnahmen: Studieneignungstest MINT, Überprüfungen allgemeiner Studierfähigkeit, Beratung und Vorkurskonzepte, sowie letztlich Anpassung des Prüfungswesens (Ebner et al. 2016).

Nicht in die Betrachtung aufgenommen werden hier Projekte und Projektzusammenschlüsse, die sich vorwiegend mit Studienwahl und Informationskampagnen, Studieneignungstest etc., wie Gensch und Kliegl (2011).

Nicht zu vernachlässigen sind andere Bereiche am Übergang Schule-Hochschule, die sich für das Studium der Mathematik als von großer Bedeutung erweisen, so z. B. Selbstwirksamkeit (Selden und Selden 2013). Dies ist jedoch nicht Gegenstand dieser Untersuchung. Für eine empirische Untersuchung über die Selbstwirksamkeit am Übergang Schule-Hochschule siehe Götz et al. (2018): (Götz, Düsi, Lutz).

In dieser Arbeit nicht bearbeitet wird der Theoriekomplex „Studierfähigkeit“, da er für die empirischen Untersuchungen zu umfassend wäre. Für eine Zusammenfassung dieses Begriffes unter dem Gesichtspunkt, welche mathematischen Kompetenzen allgemein zur Erreichung einer „Studierfähigkeit“ notwendig sind, siehe Rüede et al. (2018, S. 4–5). Ebenso gibt es Bestrebungen, die universitären nicht-Vorkurs Veranstaltungen auf die zunehmende Heterogenität anzupassen (Embacher und Reisinger 2011) und es gibt Fachgutachten, z. B. im Auftrag des Projekts nexus der Hochschulrektorenkonferenz. In diesem Fachgutachten werden beispielsweise Kriterien für eine „heterogenitätsorientierte Hochschule der Zukunft“ bestimmt, darunter z. B.:

> *„Etablierung eines dezentralen Beratungsangebots, dass auf einer zentralen, frühestmöglich einsetzenden und personenscharfen (kriterialen) Feststellung der Lernstände aufsetzt und den Mehrwert persönlicher und kontinuierlicher Beziehungsverhältnisse in Anschlag bringt.“* (Wild und Esdar 2014, S. 83)

Eine weitere Anstrengung wird unternommen zur Entwicklung von lehrplanunabhängigen Tests an Hochschulen:

> *„Die Fachinhalte, die der momentan gültige Kernlehrplan in NRW für die Mittelstufe vorsieht, deckt nur etwa die Hälfte der Aufgaben aus unserem Eingangstest-Mathematik ab. Auf die fehlenden mathematischen Themengebiete kann aber nicht verzichtet werden, wie die durchgeführte Untersuchung unserer Hochschule zeigt. Aus der Gruppe der Studienanfänger des letzten Jahres, die weniger als die Hälfte der Punkte im Eingangstest erreichten, haben nur wenige nach dem ersten Studienfachsemester alle Prüfungsleistungen erfolgreich absolviert […].“* (Henn und Polaczek 2007, S. 147)

Am Übergang Schule-Hochschule ändert sich die Aufgabe und Funktion, die der Mathematik für den nunmehr Studierenden zukommt: Je nach Studiengang wird die Mathematik zum „Werkzeug der Anwendung“ (z. B. Robustheit von Verfahren); in der reinen Mathematik kommt der Fertigkeit der „Beweisführung“ nun eine große Bedeutung zu usw.

Im Studium kommt der Mathematik je nach Studienrichtung (Rach et al. 2014) Diese neue Anforderungssituation geht einher mit einem schwindenden Interesse an Mathematik (Rach und Heinze 2013). Um dem entgegenzuwirken fordern Rach und Heinze mehr Unterstützungsangebote für Studierende zum Verständnis des veränderten Charakters der Hochschulmathematik.

Vorkursangebote

> *„Die Spannweite reicht dabei von reinen Online-Kursen wie dem Online-Mathematik-Brückenkurs (OMB) der TU Berlin (vgl. Roegner, Seiler und Timmreck 2014) oder dem Selbstlern-Vorkurs der Fakultät Technik der DHBW Mannheim (vgl. Derr et al. 2012) über kombinierte Blended-Learning-Kurse z. B. des Karlsruher Institut für Technologie*

(KIT) (Ebner und Folkers 2013), der TU Darmstadt oder der Universitäten Paderborn und Kassel (vgl. Bausch, Fischer und Oesterhaus 2014) bis hin zu reinen Präsenzkursen, wie sie zum Beispiel an der BiTS Iserlohn (vgl. Ruhnau 2013) durchgeführt werden.“ (Greefrath et al. 2015, S. 21)

Leger formulierte Übersichtszusammenstellung des ernsten Problems „Vorkursbemühungen"

Flächendeckende Probleme generieren vielfältigste Gegenmaßnahmen. Es gibt fast nichts, was nicht versucht und ausprobiert wird. Mathematische Vorkurse jeglicher Couleur werden für sehr viele Studiengänge angeboten, seien es Fachmathematik, Lehramts- oder Ingenieursstudiengänge.

Die Teilnahme ist mancherorts verpflichtend, mancherorts freiwillig. Es findet sich alles zwischen reiner Präsenzlehre und vollständiger Onlinelehre und allen Stufen dazwischen.

Das Thema Zeitmanagement am Beginn und während dem Studium wurde z. B. im Rahmen der Umstellung auf das Bachelor Mastersystem untersucht (Groß et al. 2012). Online Brückenkurse erfahren aufgrund ihrer zeitlichen und räumlichen Variabilität neue Bedeutung (Biehler et al. 2012).

Von wenigen Tagen bis hin zu mehreren Wochen, entzerrt oder kompakt. Es gibt Vorkurse, die versuchen allgemein auf das Studium vorzubereiten. Es gibt Vorkurse, die die schulische Mathematik wiederholen, seien es Inhalte aus SekI oder SekII. Wieder andere führen in den Vorkursen bereits Inhalte ein, die eigentlich Studieninhalte sind (und sogleich am Studienbeginn wieder als dann vertiefende Wiederholung auftauchen). Auch in der Wahl der Kompetenzdefinitionen gibt es oft wenige Kriterien und sehr viele Freiheiten. Die Umsetzung lokal (begrenzter) spezifischer Kompetenzen steht meist im Vordergrund. Ein jeder doktert an seiner Anstalt herum: Mit und ohne Diagnose wird praktiziert, um Linderung der Symptome zu schaffen (siehe Eingangszitat). Manche Vorkurse beschäftigen sich ausschließlich mit mathematischen Inhalten, manche verstehen sich zusätzlich als „Onboarding ins Studium“ z. B. mit Uni-Bib-Einweisungen und machen mit der neuen „Situation Hochschule“ und dem „Leben als Student“ in Form von Sightseeing bis Kneipentour Angebote. So sollen wichtige soziale Kontakte geknüpft werden im für fast alle Studenten neuen sozialen Umfeld, in der Hoffnung mit dem „all in one“ Paket nicht nur neue Bekanntschaften, sondern auch gleichzeitig neue Lernpartner-Arbeitsgemeinschaften zu finden.

Es sind eben systembedingt viele verschiedene Anforderungen auf die Studenten zu Studienbeginn treffen, seien es veränderte Wohnsituationen und ganz neue Sozialkontakte (siehe oben).

Auch hier sind wieder alle Zwischenabstufungen möglich. Weitere Beispiele finden sich bei Heimes et al. (2016).

Die sehr vielfältigen bestehenden Angebote, die sich teilweise schon innerhalb eines Standorts sehr unterscheiden können und doch fast alle mit der Bezeichnung „Vorkurs" versehen sind, geben Anlass, Klassifizierungen zu erstellen: Greefrath et al. (2015, S. 25) erarbeiten dazu ein Klassifizierungsschema. Alle Kurse mit Elearning-Anteil auf STACK Basis, die auch SekI Inhalte aufnehmen, eignen sich prinzipiell für die Verwendung des in dieser Arbeit entwickelten Algebratests aldiff. Für die Zielgruppen „Lehramt" und „Mathematik als Servicewissenschaft" kommt dem Test eine höhere Bedeutung zu als für reine Fachmathematiker. (Hierfür müsste der Themenbereich „Beweis" als zentrale Komponente gesondert hervorgehoben werden.). Die Orientierung an der „Servicemathematik" wird schließlich auch Förderempfehlungen zumindest teilweise beeinflussen (siehe Stichwort Formelsammlung).

Der Faktor Zeit spielt eine entscheidende Rolle beim Umgang mit mathematisch-fachlicher Heterogenität am Übergang Schule-Hochschule. Die zur Verfügung stehende Zeitdauer eines Vorkurses ist für beide Seiten, Studenten, wie Hochschule, beschränkt. Lässt man Finanzierungsressourcen außer Acht, bleiben dennoch jede Menge Beschränkungen, die sich durch die Teilnehmenden ergeben. In wenigen Wochen oder gar Tagen soll Wissen erinnert werden, das aus der gesamten Schulzeit, nun in Schlummermodus versetzt, auf Wiedererweckung wartet (siehe WADI). Oder schlimmer noch, es sollen möglicherweise Inhalte wiederaufgefrischt werden, die zuvor nie richtig oder nur teilweise verstanden waren. Jeglicher Vorkurs hat für letzteres nicht genug Zeit zur Verfügung. Es ist zu vermuten, dass nur wenige Studierende mit Defiziten an die Hochschule kommen, die sich ausschließlich aus „fehlendem Unterricht in diesem Gebiet" ergeben. Zeit und damit direkt verbunden Lernbereichsumfang sind daher Größen, die für eine möglichst optimale Förderung von Vorkursteilnehmern Beachtung finden muss. Schnell ist dort die Grenze erreicht, wo vollständige Selbstregulation aus zeitpraktischen Gründen auch eingeschränkt gedacht werden muss, um realistisch zu bleiben.

Erkenntnisse aus dem Vergleich verschiedener Vorkursangebote

Werden an einer Einrichtung mehrere verschiedene Vorkursangebote nebeneinander eingesetzt, eignen sich diese Standorte besonders zum direkten Vergleich wegen ihrer Standort- (und damit Studierenden-)Homogenität.

(Sofern verschiedene Vorkursangebote für dieselbe Zielpopulation zur freien Wahl angeboten werden, befördert dies möglicherweise die Generierung von Subpopulationen.)

In Berichten und Evaluationsberichten wie z. B. bei Frenger und Müller (2015) werden Vorkursszenarien geschildert. Präsenz- und Online-Angebote werden standort- und inhaltsbezogen verglichen und mit den Ergebnissen von empirischen Untersuchungen z. B. zur Attraktivität/Annahme bestimmter Formate resümiert.

Bei Frenger und Müller werden beispielsweise ein Intensivkurs (als Kooperationspartner von VEMINT) und ein Grundlagenkurs (auf Basis eines Vorkurses „Hochschule RheinMain“) gegenübergestellt. Erwähnung finden auch weitere verschiedene Präsenzvorkurse.

Neben vielen anderen Vergleichen finden sich auch lern-organisatorische:

Häufig werden z. B. zeitliche Bedenken bezüglich der Bewältigung des Pensums seitens der Studienanfänger geäußert. Der Intensiv-Vorkurs schneidet dabei insgesamt in den allgemeinen Kategorien schlechter ab als der Grundlagenkurs (z. B. bei den Bewertungskategorien: Motivation (S. 21), Weiterempfehlungseinschätzung (S. 23)).

Beispiel: „Der Umfang der Lerninhalte war insgesamt…“„…angemessen“ antworten 68 % der Grundlagenteilnehmer (Frenger und Müller 2015, S. 12). Von den Intensivkursteilnehmern antworten hingegen nur 41 % mit dieser Antwort. Die Teilnehmer des Intensivkurses empfinden die dargebotenen Inhalte im Vergleich eher als zu umfänglich.

84 % der Grundlagenkursteilnehmer schätzen die zeitliche Flexibilität des Online-Vorkurses. Dies deckt sich auch dort mit der Einschätzung der Teilnehmer, die zusätzlich an Präsenzangeboten teilgenommen haben. Dabei spielen u. a. auch studienorganisatorische Gründe (wie der Umzug an den Studienort) eine Rolle (Frenger und Müller 2015, S. 23).

Mit der Untersuchung der Unterschiede zwischen Vorkursangeboten und der Ausbildung verschiedener Varianten von bestehenden Kursangeboten, die z. B. für die Wahl bestimmter Angebote ausschlaggebend sind, beschäftigt sich auch Fischer (2014), der im Folgenden als Beispiel zum Thema „Typische Überlegungen und Untersuchungen beim Vergleich von Vorkursalternativen“ herangezogen wird.

Fischer macht Motive für die Wahl des dort durchgeführten Blended-Learning Angebots im Vergleich zu intensiven Präsenzangeboten aus: Präsenztage werden als zu aufwendig eingeschätzt, Lernzeit kann flexibel eingeteilt werden, die Effektivität selbstständigen Lernens wird höher eingeschätzt.

„Weil ich mich so besser auf die Themen konzentrieren kann, zu denen ich zu wenig weiß.“

„Weil so die Zeit besser genutzt werden kann, um meine Defizite individuell und gezielt zu beseitigen.“ (Fischer 2014, S. 239)

Diese Aussagen erfahren eine Zustimmung von über 85 % für „trifft eher zu“ (und höher).

Auch bei Fischer werden daneben auch äußere Gründe für die Wahl des Elearning Angebotes angegeben.

Motive zum Besuch eines Präsenzvorkurses Mathematik sind nach Fischer (2014, S. 243):

1. „Weil ich den typischen Vorlesungsbetrieb kennenlernen möchte.“ 2. „In der P-Variante kann man seine Kommilitonen besser kennenlernen.“ 3. „In der P-Variante kann man bei Fragen den Dozenten und die Kommilitonen persönlich ansprechen.“

Auch dies bestätigt die mehrschichtige Funktion (mathematischer) Vorkurse am Übergang (siehe oben).

Lern-Inhalts-Module werden bei Fischer (2014) nacheinander abgearbeitet. Fast die Hälfte der Probanden hält sich nicht oder nur teilweise an die ausgesprochene Empfehlung des Eingangstests.

Auch hier beherrscht die Komponente Zeitdruck den Ablauf: „Ich habe manche/ alle Vortests nicht gemacht, da ich keine Zeit mehr hatte.“ (Fischer 2014, S. 304). Ca. 50 % der Teilnehmer begründen so. Bei Nachtests steigt diese Quote auf 55 %.

„Bei den Vortests lässt sich als weiteres Motiv die von den Befragten als ausreichend betrachtete Fähigkeit zur Einschätzung der eigenen Defizite identifizieren.“ (Fischer 2014, S. 304)

Letzteres ist vielleicht auch der offenen Struktur des Materials geschuldet. Die Teilnehmer können bei Fischer alle Bereiche vorab einsehen und beginnen in einzelnen Bereichen den Vortest in selbstgewählter Reihenfolge. Hier kann vermutet werden, dass Probanden wohl eher nicht bei ihren (gefühlt oder echt) leistungsschwächsten Bereichen einsteigen. Bei Zeitmangel unterbleiben dann gerade die bis zuletzt ausgesparten Bereiche (, mit denen die Beschäftigung besonders nötig wäre).

Das Konzept in aldiff wird aus obigen Gründen darauf bestehen, zuerst einen Diagnosetest durchzuführen. Auf Basis der erstellten Diagnose sollen dann Förderempfehlungen auf Förderbereiche gezielt eingegrenzt werden. Gezielte Empfehlungen verhindern (Eigen-)Fehleinschätzungen von Studenten: z. B. Bereichsüberschrift: „Terme ? kann ich!“(für mich als erledigt abhaken).

So soll die beschränkt vorhandene Zeit mithilfe gezielter Empfehlungen optimiert genutzt werden.

3.3.4 Fazit Theorie b) Teil 2: Fokus der Zielgruppe des Projektes aldiff

Angesichts der vielfältigen Vorkursangebote wird nach dem Schema von Greefrath et al. (2015) eine Charakterisierung von Vorkursen vorgenommen, die mit dem Algebratest dieser Arbeit kompatibel sind.

Adressaten sind Studienbeginner in Lehramtsstudiengängen Mathematik und Studienbeginner in Studiengängen, die Mathematik insbesondere auf Grundlage der elementaren Algebra als Servicemathematik benötigen. Auf Lehramtsstudenten bezogen äußert Pinkernell (2015, S. 271) mit Bezug auf Krauss: *„die Fachkompetenz sollte sich in einem „tieferen Verständnis der Fachinhalte des Curriculums der Sekundarstufe" zeigen".*

Anzumerken ist, dass ein tieferes Verständnis der Fachinhalte des Curriculums zunächst sehr fundierte Kenntnisse der Fachinhalte voraussetzt. Dazu ist zunächst nötig, dass die absolut sichere Beherrschung der Schulmathematik gewährleistet ist, was leider nicht per se als selbstverständlich vorausgesetzt werden kann (Kersten 2015).

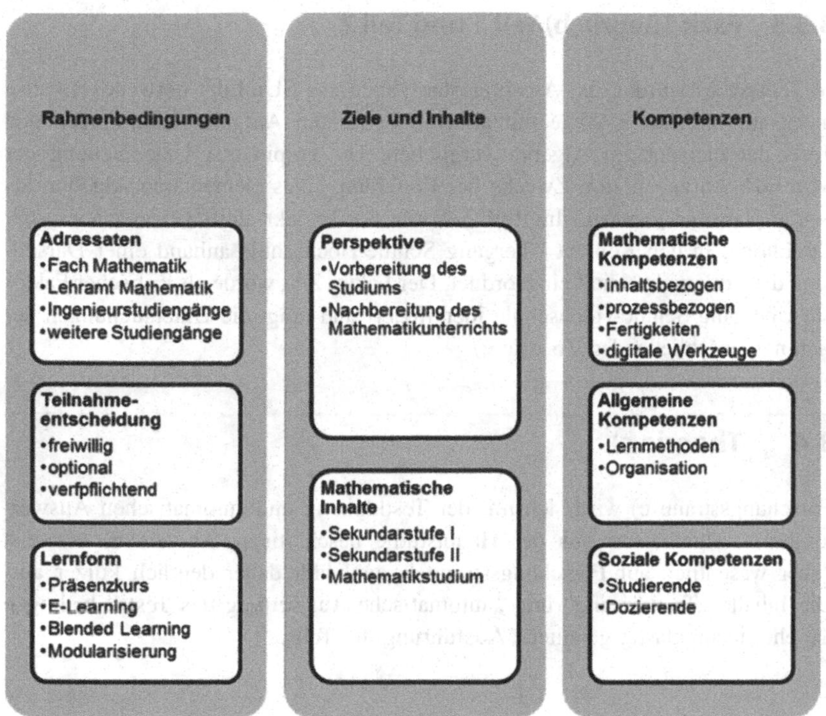

Charakterisierung des Vorkurses: Abbildung aus Greefrath et al. (2015, S. 25).

Als „Lernform“ (nach Greefrath) bieten sich sowohl E-Learning als auch Blended-Learning Angebote an. Die Inhalte des Algebratest verstehen sich eher als „Nachbereitung des Mathematikunterrichts“ und beziehen sich auf die Sekundarstufe I. Die mathematischen Kompetenzen werden auf Basis von empirischen Modellen und SUmEdA als theoretischem Hintergrund formuliert. Die Verwendung des Tests legt noch keine Klassifikation bezüglich „allgemeinen Kompetenz“-Parametern oder „Sozialkompetenz“-Parametern, sowie der freiwilligen oder verpflichtenden Teilnahme fest, empfiehlt jedoch eine verpflichtende Teilnahme am Test, sobald Förderangebote bereitgestellt sind. Freiwillige Angebote werden nicht von den Personen genutzt, die sie am dringendsten brauchen, da Mathematikfähigkeiten überschätzt werden (Roegner et al. 2016, S. 406–407).

Materialien nur „zur Verfügung zu stellen“ reicht nicht aus (Derr et al. 2016). Und klassische Foren können mit der Einbindung von Facebook-Angeboten nicht mithalten (Kempen 2016).

3.3.5 Fazit Theorie b) Teil 1 und Teil 2

In Theorie b) wurden die Algebratestaufgaben aus SUmEdA notwendigerweise meist auf indirektem Wege mit anderen bekannten Aufgabensammlungen und Tests der elementaren Algebra verglichen. Die empirische Untersuchung der SUmEdA-Aufgaben zum Zwecke der Erstellung eines elementaren Algebratests wurde plausibel gemacht. Im Teil 2 wurde das Projekt aldiff genauer als in der Einführung in den Kontext Übergang Schule-Hochschule anhand einer Darstellung der Vorkursdiversität eingeordnet. Der Faktor Zeit wurde als kritischer Faktor am Übergang Schule-Hochschule identifiziert und prägt die Untersuchungen der sich nun anschließenden Theorie c).

3.4 Theorie c)

Forschungsstrang c) wird sich mit der Testkürzung und automatischen Auswertung des Algebratests aus der Hauptstudie beschäftigen. Theorie c) verweist daher wesentlich auf Forschungsstrang b) und fällt daher deutlich kürzer aus. Die Inhalte „Testkürzung" und „automatische Auswertung des Tests" bedingen die eher techniklastig gehaltene Ausführung des Teils.

3.4.1 Theorie c) Teil 1: Testkürzung

Wie schon im „Exkurs Vorkurse" in Theorie b) ausgeführt, versteht sich das Projekt aldiff als vorkursnah verortet am Übergang Schule-Hochschule. Dabei wird aldiff (siehe Theorie d)) eine Position möglichst realitätsnahen Planens eines Förderkonzeptes im Übergang einnehmen, bei dem besonders die nur begrenzt zur Verfügung stehende Zeit des Teilnehmers miteinbezogen werden muss. Aus Gründen der „Zumutbarkeit" und „Testökonomie" im Zuge von Vorkursforschung muss die Durchführung des Tests auf ein notwendiges Mindestmaß reduziert werden, um unter realistischen Bedingungen breitenwirksam durchführbar zu sein.

Eine verkürzte Ausgabe des Tests scheint daher notwendig. Dabei darf die Testkürzung keine relevanten Bereiche verlieren; muss die Bearbeitungszeit auf ein sinnvoll reduziertes Mindestmaß verkürzt werden, der Kurztest soll aber gleichzeitig möglichst nicht an Aussagekraft verlieren. Ein Spagat mit Jonglage!

Die elementare Algebra als ein Grundlegendes aber als eines von vielen möglichen Defizitbereichen, muss diesem Umstand gerecht werden, indem bereits die Diagnose auf ein vertretbares testökonomisches Maß reduziert werden muss. Dies soll ebenfalls die „Zumutbarkeit" steigern. Vorüberlegungen und letztlich die empirische Untersuchung zeigen, dass die realistische Bearbeitungszeit des vollständigen Algebratests zu lang ist, um diesem Umstand zu entsprechen. Schon deshalb ist das Angebot einer Kürzung notwendig.

Im Hinblick auf das zur Fortführung angedachte Gesamtvorhaben SUmEdX und anderer Einsatzgebiete bewirkt eine Testkürzung eine niedrigere Hemmschwelle, sich für den Algebratest aldiff in kombiniertem Einsatz mit anderen Diagnosetests zu entscheiden, d. h. eine verkürzte Version macht den Test zum weiteren Einsatz praktikabler und damit „attraktiver".

Im Rahmen der vorliegenden Arbeit wird daher eine Testkürzung erarbeitet. In diesem Kontext sei auf die prinzipiell eingeschränkte theoretische Gültigkeit von Testkürzungen hingewiesen. Die nachträgliche Kürzung eines Tests birgt immer die Gefahr, ein psychometrisch anders zu interpretierendes Test- bzw. Diagnosetool zu schaffen. Besonders Verfahren, bei denen eine Kürzung ohne Ansicht der erhobenen Daten geschieht, sind kritisch zu betrachten. Grundsätzlich birgt jede Testkürzung, bei der nach der Auswertung Aufgaben aus dem finalen Testinstrument entfernt werden, die Gefahr sich gegenseitig zu beeinflussen, besonders sofern die Reihenfolge der Testitems auf die Testergebnisse nicht untersucht wurde.

Es gibt diverse Arten einen bestehenden Test zu kürzen. In der Psychologie sind dabei schon ganz verschiedene Ansätze verfolgt worden (Kleka und Paluchowski 2017). Kleka stellt mehrere in der Forschungspraxis bereits durchgeführte Arten der Kürzung vor. Im Fachgebiet der Psychologie am Beispiel von Intelligenztestkürzungen fasst Kleka und Paluchowski (2017) verschiedene Test-Kürzungsansätze zusammen.

Eindimensionale Faktoren von Mehrfaktoren-Modellen werden z. B. gekürzt, indem vielfach rein oberflächliche Kriterien verwendet werden, wie z. B. formale Kriterien wie, „die ersten n-Fragen eines Faktors" werden gewählt. So entsteht ein gekürzter Test, ohne einen bewussten inhaltlichen Einfluss zu nehmen. Unbewusst kann ein solcher inhaltlicher Einfluss auf Basis der Anordnung von Fragen in einem Test durchaus geschehen. Andere Testkürzungen entstehen nach Kleka und Paluchowski (2017) durch bewusst datengestützte Kürzungsversuche, bei denen sich die gekürzte Testversion nicht zu sehr von der ursprünglichen Testversion unterscheiden darf.

Von der Forderung bestimmter Korrelationen bis zur Suche nach der besten Testkürzung auf Basis von Regressionsanalysen finden sich viele Ansätze.

Kleka und Paluchowski (2017) untersuchen verschiedene datenbasierte Kürzungsansätze im Rahmen einer Studie und kommen zu dem Schluss, dass die datenbasierten Verfahren den nicht-datenbasierten Verfahren (dort) überlegen sind.

Für die empirisch in aldiff weiterverfolgte Testkürzung sollen Ideen der psychometrischen Testkürzung mit Überlegungen zum mathematischen Sachinhalt verknüpft werden. Vom psychometrischen Standpunkt lehnt sich die Entwicklung in Methodik c) an das Verfahren von Faschingbauer (1974). Dieser fordert, dass die vollständigen Faktoren und gekürzten Faktoren mindestens mit 0,85 korrelieren müssen, um nicht zu viel an Testqualität einzubüßen.

Die Erstellung der Testkürzung für künftige empirische Untersuchung soll in Analyse des Datensatzes aus b) und in Begleitung durch Modelluntersuchungen erfolgen.

Testkürzungen können verschiedene Ziele verfolgen. Im Falle der aus SUmEdA übernommenen Aufgaben wird sich jedoch in der Zuordnung der Aufgaben zu inhaltlichen Aspekten zeigen (siehe Methodik b)), dass die im Algebratest getesteten Aufgaben und Modelldefinitionen aufgrund dieser Zuordnungen zu Faktoren führen, die aus stark unterschiedlich vielen Items bestehen. Daher stellt sich die Frage, wie eine Kürzung gestaltet sein sollte, um den ungleichmäßig besetzten Faktoren im finalen Diagnosetool/Testkürzung zu begegnen. In Methodik c) wird hierzu ein Kürzungsverfahren entwickelt.

3.4.2 Theorie c) Teil 2: Automatische Auswertung

Der Auftrag, ein Diagnoseinstrument zu schaffen, geht einher mit der Forderung nach praktischer Anwendbarkeit dieses Instruments in Produktivsystemen. Neben der Sicht auf die Studienanfänger und Schüler im Übergang Schule-Hochschule müssen dazu ressourcenbedingte Entscheidungen getroffen werden bezüglich Zeit, Personalaufwand, Verfügbarkeit schneller Rückmeldeverfahren an den Probanden und vorhandener technischer Ausstattung. Der in aldiff entstehende Diagnosetest soll als Diagnoseinstrument weitgehend möglichst automatisiert ausgewertet werden können.

Die aus SUmEdA vorliegenden Aufgaben sind mehrheitlich offen gestellt (siehe Algebratestzusammenstellung in Methodik b)). In der Auswertung b) wird auf Basis des Erhebungsinstrumentes jede einzelne Abgabe händisch zweifach kontrolliert.

Die Auswertung erfolgt durch Einsortierung in, im Rahmen der Auswertung erstellter, Aufgabenantwortkategorien. Die Antworten können im einfachsten Fall als „richtig“ bzw. „falsch“ bezüglich einer von der Auswertung bestimmten Musterlösung charakterisiert werden. Für den Einsatz des Tests oder einer Testkürzung in der Praxis bedarf es daher zeitsparender Alternativen für die Auswertung. Der offen gestellte Fragencharakter soll, um den Aufgaben aus SUmEdA auf theoretischer Ebene gerecht zu werden, erhalten bleiben. Es ist eine bewusst getroffene Entscheidung keinen Ankreuztest einzusetzen.

Verschiedene Formen der automatischen Auswertung

Als automatisiert auswertende Tests werden solche Tests verstanden, bei denen keine Entscheidung einem persönlichen Ermessensspielraum der auswertenden Person überlassen bleibt, um ein Ergebnis zu erhalten.

Meist sind solche Tests aufgrund der beschränkten technischen Umsetzungsmöglichkeiten auf das Format Multiple Choice beschränkt. Aufgrund der Erwartbarkeit aller Möglichkeiten einer Antwort lassen sich präzise für jeden nur möglichen Fall Bewertungen im Vorfeld definieren.

Aufgaben mit Kurzantworten (ein bis zwei erwartbare Stichworte) werden manchmal auf Basis von „Stringvergleichen“ möglich. Dabei werden vorab, z. B. aus einer Voruntersuchung erhaltene richtige Antworten bzw. typische Falschantworten zu Listen zeichengenau oder mit Regex-ähnlichen Systemen (regulärer Ausdruck) zusammengestellt (, so z. B. der Moodle Fragetyp Kurzantwort). Dann wird nach Abgabe einer Antwort des Testkandidaten auf Richtigkeit überprüft, indem zeichengenau (evtl. mit Ergänzung und Löschung von Zeichen ohne Bedeutung in diesem Kontext wie z. B. Leerzeichen) mit der Positiv- bzw. Negativ-Liste abgeglichen wird.

Lässt sich die Eingabe nicht einer in der Positiv-Liste geführten Antwort zuordnen, wird die Aufgabenabgabe in der Regel als falsch klassifiziert.

Ein Problem ist der Umgang mit nicht erwarteten Antworten, die (noch) keinen Eingang in die Musterlösungsliste zulässiger Antworten gefunden haben. Diese werden, dem Abgleichsraster folgend, automatisch als „nicht korrekt“ zugeordnet.

Abhilfe schafft hier nur eine händisch ergänzende ständige Neuanpassung, die aber wiederum dem Vorhaben Automatisierung zuwiderläuft.

Auch hier finden sich mittlerweile Strategien dem zu begegnen:

Abweichend von „Testaufgaben“ gibt es für Szenarien mit großen Datenmengen auch die Möglichkeit mittels KI/machine learning Ansätzen zu arbeiten und nach einer Trainingsphase Antworten damit zuzuordnen. Diese Ansätze werden im Rahmen von aldiff nicht verfolgt, da einfach implementierbare und großteils besonders akkurate Alternativen wie STACK zur Verfügung stehen.

STACK: Ein System zur automatischen Auswertung von Aufgaben mit Feedbackfunktion

Im Folgenden wird eine Alternative vorgestellt, die sich als besonders praktikabel zur automatischen Auswertung des Algebratest von aldiff anbietet.

Schon lange gibt es in der Mathematikdidaktik Bestrebungen im möglichst großen Umfang den Auswertungsvorgang von mathematischen Aufgaben zu automatisieren. Dies kann mithilfe einfacher CAS Systeme geschehen, die eigens hierfür entwickelt wurden, oder ein bestehendes CAS System kommuniziert mit „CAA" Systemen („computer aided assessment (CAA) of mathematics" (Sangwin 2013)).

So entstand das System „STACK", welches in der momentan aktuellsten Fassung mit dem open-source CAS „Maxima" zusammenarbeitet (Sangwin).

Sichtet man zum Zeitpunkt der Erstellung dieser Arbeit aktuelle Bestrebungen im Arbeitskreis „Digitale Mathematik-Aufgaben in der Hochschullehre", wie z. B. den Aufbau einer gemeinsamen Datenbank für hochwertige STACK Aufgabensets, wird deutlich, dass STACK an vielen Standorten verfügbar ist. (Hochwertige STACK Aufgabensets zeichnen sich aus durch: Randomisierung, Erkennung typischer Fehler, zuverlässige automatisierte Auswertung.)

STACK kommt in vielen Vorkursen und regulären Übungen zur Anwendung. Es ist zu erwarten, dass der weitere Ausbau und die vermehrte Anwendung von STACK auch aufgrund der Kompatibilität mit den in der Hochschullehre sehr gängigen Moodle und Ilias Elearningsystemen weiter Verbreitung finden wird.

Die Dauer des Supports eines Elearningsystems spielt eine wichtige Rolle für den Wunsch nach andauernder Verfügbarkeit und Anwendungskompatibilität eines digitalen Tests auf andere Standorte. Viele andere Elearning Software Anbieter/Lösungen bei Lang (2004) existieren nicht mehr, wie dieser selbst feststellt (Lang 2017).

Selbiges gilt auch für Produkte, die im Rahmen zeitlich begrenzter Maßnahmen, wie z. B. Projekten angestoßen wurden. „Nach Abschluß von Projekten, Qualifikationsarbeiten, etc. werden die Produkte häufig nicht mehr gepflegt oder sind überhaupt nicht mehr verfügbar." (Rockmann und Bömermann 2008, S. 128)

STACK: Funktionsumfang

STACK ermöglicht es, algebraische Eingaben auf ihre algebraische Gültigkeit hin zu untersuchen. STACK erlaubt es, Musterlösungsantworten algebraisch mit der Antwort vom Probanden mittels maxima zu abzugleichen und auf deren Richtigkeit hin zu beurteilen. STACK Aufgaben sind so programmierbar, dass es möglich ist, Antworten auf ihre algebraische Struktur hin automatisch zu untersuchen, sodass zum einen zumindest teilweise die Herleitung der Lösungswege rekonstruiert werden kann und, zum anderen vorab als typische Fehler vermerkte Lösungen strukturell auch für randomisierte Aufgaben erkannt werden können. Die professionelle Randomisierung eines Aufgabentyps inklusive fehleranalysierendem und reagierendem Feedback ist zwar in der Vorbereitungsphase aufwendig, bringt jedoch qualitativ hochwertige Aufgaben hervor, die nach der Erstellung und Erprobung zuverlässig und somit arbeitsextensiv funktionieren (siehe oben Nachhaltigkeit!).

Zur Erweiterung von STACK kommen ständig weitere Features hinzu: Das Hinzufügen des nativen Supports von interaktiv graphischen Elementen (z. B. für Vektoren) mittels des Bayreuther JSXGraph oder ein vom Autor entwickeltes Hilfstool **GeoGebra_STACK-Helpertool** (Lutz 2019) erschließen auch andere mathematische Themenbereiche wie z. B. die **Geometrie** oder **Bruch/Anteilsberechnung**. Die neueren Entwicklungen im Fortschritt von „line by line reasoning" lassen eine angedachte langfristige Aufgabenvielfalt mit immer mehr erweiterten Features prognostizieren, auch für den Bereich Algebra mit STACK.

Aus den genannten Gründen werden im Rahmen des Projektes aldiff die finalen Diagnoseaufgaben auf STACK-Basis entwickelt und, wo nötig, um zusätzliche Features ergänzt, um die Anwendungsmöglichkeiten breiter aufzustellen und komfortabler zu gestalten.

Es gibt diverse, zum Teil ähnliche Alternativen zu STACK (siehe Seppälä et al. (2006)). Aufgrund des steten Wachstums der STACK Community und dem bereits etablierten Einsatz von STACK am Standort PH Heidelberg erfolgt hier kein Vergleich mit ähnlicher Software.

Mit STACK nicht auswertbare Aufgabenformate

Nicht alle Aufgaben aus dem Aufgabenpool von SUmEdA lassen sich mittels STACK in identischer Form abbilden. Es ist erwartbar, dass aus der freien Bearbeitung in der Hauptstudie b) Antworten abgegeben werden könnten, welche nicht von STACK verarbeitet werden können. Es müssen daher Lösungen entwickelt werden, um die automatisierte Auswertbarkeit mittels STACK zu gewährleisten. Gleichzeitig dürfen die Aufgabenstellungen nur möglichst geringe Änderungen erfahren, um die Vergleichbarkeit mit den im Rahmen der Hauptstudie b) gefundenen Ergebnisse nicht zu verfälschen.

Einzelne Aufgaben aus SUmEdA fordern die Formulierung einer frei zu erstellenden Argumentation. Solche gänzlich freien Formate sind für eine Übersetzung in STACK Aufgaben nicht geeignet.

Für die automatisierte Bewertung kurzer Testaufgaben werden Ideen aus den Preprocessing-Überlegungen aus Zehner et al. (2016) herangezogen (siehe Methodik c)). Sie beschäftigen sich mit der automatischen Kodierung von „Kurzantworten" (Kurze Antwort Sequenzen). Dies geschieht vor dem Hintergrund determinierte und nicht bewerterabhängige Bewertungen vorzunehmen.

3.4.3 Fazit Theorie c) Teil 1 und Teil 2

In Theorie c) wurden Bezugspunkte der Umsetzung einer Testkürzung und automatischen Auswertung angeführt, welche in der Methodik c) konkretisiert werden. Im Anschluss an die Diagnosetesterstellung in Forschungsstrang c) wird der Diagnosetest in ein zu erstellendes Förderkonzept eingebunden, welches im Folgenden vorbereitet wird.

3.5 Theorie d)

Forschungsstrang d) baut wesentlich auf die Ergebnisse in Forschungsstrang b) und c) auf. Im Folgenden werden, wie schon bei Theorie c), lediglich ergänzende Bausteine für die Vorbereitung der Formulierung der Methodik d) gegeben.

3.5.1 Einstimmung: Warum überhaupt Fördermaterialien bereitstellen/organisieren?

> *„Die traditionelle Präsenzlehre an Hochschulen befindet sich in einer Umbruchphase: Gleiche oder ähnliche Vorlesungsinhalte finden sich im Internet, die Studierenden nutzen für die Kommunikation untereinander nicht die Hochschul-Infrastruktur, sondern soziale Netze, etc. Hier ist die Aufgabe der Hochschullehrenden, den Studierenden die nötigen fachlichen Grundlagen zu vermitteln und mittels geeigneter Orientierungshilfen die Informationsflut (information overload) des Internets übersichtlicher zu gestalten."* (Lecon und Koot 2015, S. 110)

Bei der Wahl der Fördermaterialien ist die Sichtung einer Vorauswahl hilfreich, um die Einbindung von fehlerbehaftetem Material ausschließen zu können (siehe dazu Mediale Aufmerksamkeit Berichterstattungshype: „Lernvideos: Wichtig für Schüler, aber oft fehlerhaft" am 4.6.2019 auf ARD, ZDF, RTL).

3.5.2 Abgleich von aldiff mit zwei bestehenden Förderangeboten im Bereich Algebra am Übergang Schule-Hochschule

Die Beschäftigung mit der Einordnung in bestehende Förderangebote wird nur kurz gehalten, da in der vorliegenden Arbeit nicht die Entwicklung von Fördermaterial, sondern vorbereitend die Entwicklung eines Förderkonzeptes thematisiert wird.

Projekt VEMINT

Das **Virtuelle Eingangstutorium Mathematik** ist modularisiert. Das Gesamtskript umfasst über 1000 Seiten.

> *„Im ersten Kapitel „Rechengesetze" werden grundlegende algebraische Manipulationen von Termen, Gleichungen und Ungleichungen, Mengen von Zahlen, Arithmetik sowie die Themen Logik und Beweis thematisiert. Besonders hervorzuheben sind hierbei die Module zur Arithmetik, in denen durch die Verallgemeinerung der bekannten Teilbarkeitsregeln im Dezimalsystem zu Regeln im b-adischen System, sowie durch die Verbindung verschiedener Argumentationsebenen vom einfachen Beispiel über operatives Beweisen bis hin zur formalen Beweisführung nicht nur ein Beitrag zur Verständlichkeit von Beweisen geleistet wird (vgl. Krivsky 2003, S. 33 ff.): Es wird damit auch ein wesentlicher Beitrag zur Erleichterung des fachlichen Übergangs von einer schulbezogenen zu einer universitären Darstellung von Mathematik geleistet (vgl. Biehler et al. 2012a)."* (Biehler et al. 2014, S. 263)

Mit dieser Zielsetzung positioniert sich VEMINT mehr der Hochschule zugewandt als aldiff, beinhaltet dabei aber nicht so umfassende Inhalte wie SUmEdA (im Bereich der Algebra) (siehe Theorie b)) Polynomfunktionen werden in VEMINT erst deutlich später aufgenommen. (Kapitel 4)

VEMINT setzt, wo dies möglich ist, auf die Klärung typischer Fehler und auf Darstellungen von Visualisierungen. Eine Zusammenstellung von Funktionen in VEMINT, die sich auch in einer Förderung im Anschluss an aldiff anbieten könnten, bietet Biehler et al. (2014, S. 264–271). Die Förderung in VEMINT beruht auf einem Kompetenzmodell, welches sich in der Förderstruktur wiederfindet. Es unterscheidet die zwei Dimensionen „Inhalte" und „Förderstruktur". Die „Förderstruktur" wird umgesetzt über: „Rechnerisch-technische Kompetenz", „Verständnis", „Anwenden", „Fehlerdiagnose".

OMB und OMB+, MINTFIT Test

In Anlehnung an ein erfolgreiches schwedisches Vorkurskonzept, das von mehreren Hochschuleinrichtungen gemeinsam entwickelt wurde und zum jährlichen Einsatz für Studienanfänger beworben wird, strebten Krumke et al. (2012) ein ähnliches Vorkurskonzept an.

Grundgedanke von **OMB (Online Mathematik Brückenkurs)** war ursprünglich die Bereitstellung von reinen Online-Brückenkursen Mathematik, die durch einen gut ausgestatteten Support über Chat und Videogespräche, sowie mittels Onlineforen mit mathematischen Texteditoren betreut von Tutoren abgerundet wird.

Der ursprüngliche OMB Kurs bestand aus zwei Teilen. Der zweite Teil umfasst Themengebiete wie „Differentiation", „Integration", „Komplexe Zahlen" und wird hier nicht betrachtet. Der erste Teil OMB beschäftigte sich mit Rechnen mit Zahlen, Algebra, Wurzeln und Logarithmen, Trigonometrie und einem Abschnitt zu „Wie schreibe ich Mathematik".

Die Betreuung komplexer Einreichungen war durch den Einsatz von Tutoren gewährleistet. Eine externe Regulation von Bearbeitungsreihenfolgen ist dabei für Kursverantwortliche sehr detailliert möglich.

Onlinekursmaterial und Support mit dem OMB+Callcenter (360 Tage 10 Stunden täglich) werden ergänzt um lokale Zusatzangebote in Präsenz (Bausch et al. 2014).

OMB+übernimmt die zwei Teile nicht mehr getrennt in die Weboberfläche auf und legt mehrere Zusatzmodule, wie z. B. die Stochastik, an.

Der OMB+Kurs ist nach eigenen Angaben an die Empfehlungen nach cosh (siehe Theorie a) Teil 1) angepasst und besteht aus den Kapiteln IA Elementares Rechnen: Mengen und Zahlen. IB Elementares Rechnen: Potenzen und Proportionalität, II Gleichungen in einer Unbekannten, III Ungleichungen in einer Variablen, IV Lineare Gleichungssysteme, V Geometrie, VI Elementare Funktionen, VII Differenzialrechnung, VIII Integralrechnung, IX 2D Koordinatensystem, X Vektorgeometrie.

OMB+kann kostenfrei frei zugänglich online verwendet werden. Der MINTFIT Test Hamburg ist auf der Seite von OMB+als Eingangstest vorgeschaltet. Der MINTFIT Test besteht aus randomisierten Aufgaben aus einem Aufgabenpool und diagnostiziert in den Teilgebieten: Grundrechenarten, Bruchrechnung, Prozentrechnung und Proportionalitäten, Potenzen und Wurzeln, Logarithmen, Gleichungen in einer Unbekannten, Ungleichungen in einer Variablen, Funktionseigenschaften, lineare und quadratische Funktionen, Trigonometrische Funktionen, Trigonometrie und Geometrie.

Zur Beurteilung der Nähe von MINTFIT Inhalten zu denen aus den Testaufgaben aus SUmEdA wurde der Test einmal vom Autor durchgeführt. Themen, die in Analyse eines Testdurchlaufs Grundwissen I entnommen wurden sind: Ausmultiplizieren von Termen, das Rechnen mit Brüchen, einfache Zahlrätsel, das Lösen von Gleichungen auch mit rationalen Exponenten, Potenzgesetze, Wurzeln und Logarithmen, Prozentrechnung, Betragsungleichungen, lineare Funktionen, Einkaufssituationen, Polynom-Funktionen, trigonometrische Funktionen, Grundlagen der Dreiecksgeometrie, geometrischer Formen und das Bogen und Gradmaß.

Der folgende Abschnitt enthält auszugsweise Inhalte aus Lutz et al. (2020).

Der MINTFIT-Test beginnt ungewertet mit Aufgaben, die die Eingabe von mathematischen Zeichen schulen soll.

Im MINTFIT-Test (auf Basis von STACK) werden Förderempfehlungen leider oft sehr unverbindlich (und damit indifferent) ausgesprochen (siehe hierzu Eingangszitat).

Dort wird beispielsweise anhand der Lösungsrate im Inhaltsbereich eine 0 bis 3 Sterne Bewertung ausgegeben, ergänzt um Verweise, an welcher Stelle mit welchem Material man in dem besagten Bereich trainieren könnte. Die Daten können sowohl nach OMB+als auch auf die Plattform VIAMINT (VIAMINT erstellt Lernvideos zur videobasierten Förderung) übernommen werden.

MINTFIT bereitet content-basierte Förderung vor und gibt auf Testaufgabenebene „no-feedback“ (Mason und Bruning 2001).

Eine Gesamtbewertung ist nur in Form der Gesamtübersicht über alle Teilbereich-Stern-Werte einsichtig. Zwar wird indirekt empfohlen die niedrigsten Stern-Werte zuerst zu trainieren, die Rückmeldungen an den Probanden unterscheiden sich jedoch nie strukturell. Die Förderempfehlung erfolgt nicht unter Einbeziehung einer ausgewogenen Zeitplanung, sondern nimmt lediglich eine Priorisierung vor. Der Vorteil differenzierender Förderung (zur effizienten Zeitnutzung am Übergang) auf Basis der Diagnose schwindet, sobald in zu vielen Bereichen Defizite festgestellt werden. Das Fördermodell wird z. B. im Falle von OMB+, davon unabhängig beibehalten. Wenn ein Proband überall 2 Sterne erreicht hat, ist die Rückmeldung strukturell nicht verschieden von der Rückmeldung überall 1en Stern erhalten zu haben.

In beiden Fällen lautet die Anweisung faktisch „Übe alles“.

aldiff wird spezifische modellbasierte Förderung von unspezifischer Förderung im Konzept der Förderempfehlung bewusst aufspalten. Dadurch bereitet aldiff eine differenzierende Förderung vor und unterstützt die Planung eines für den Probanden individuellen aber zeitlich fixierten Treatments, nach Möglichkeit auf Modellbasis.

Diese Ebenen der Förderung unterteilen sich in jeweilige Teilbereiche/Faktoren. Auf Basis des Diagnosetests wird entschieden, ob und in welchen Bereichen eine Förderempfehlung ausgesprochen wird oder nicht. Auch die zeitliche Komponente wird dabei einbezogen. Wenn eine der Förderebenen nicht hinreichend die Förderung eines Individuums differenziert, wird diese Förderebene für dieses Individuum nicht vorgeschlagen, da der Proband offenbar keinen ausreichenden individual-differenzierenden Nutzen von der Beschreibung der Teilförderbereiche erhält. Um die beschriebene Entscheidung über den Ausspruch von Förderempfehlungen fassen zu können, muss Sprache gefunden werden, um den Ausspruch „Die Förderung eines Individuums ist nicht hinreichend differenziert" in Form einer quantitativ begründeten Entscheidung umzusetzen. Quantitativ begründet muss die Entscheidung deshalb erfolgen, weil die automatische Auswertung des Diagnosetests aus Forschungsstrang c) gewahrt bleiben soll.

3.5.3 Fazit Theorie d)

Es gibt mittlerweile, diverse zum Teil sehr aufwendig erstellte, Lernmaterialien konzipiert für den Übergang Schule-Hochschule. Diese sind nur teilweise kostenfrei erhältlich (VEMINT: 15Euro pro privatem Download) und decken die elementare Algebra nach SUmEdA, wie schon die Aufgabensammlungen, nicht vollständig ab. Die übergreifenden Kompetenzmodelle belassen die inhaltliche Dimension sehr undifferenziert im Bereich der elementaren Algebra. Am Beispiel des MINTFIT Tests in Kombination mit OMB+ergibt sich eine Problematik, die dazu führt, dass die dort ausgesprochenen Förderempfehlungen Zeitmanagement nicht ernst genug nehmen und teilweise sehr und teilweise sehr diffus bleiben. Gleichzeitig wird hier an Hattie und Timperley (2007, 94) „Less effective learners have minimal self-regulation strategies, and they depend much more on external factors (such as the teacher or the task) for feedback."

aldiff wird versuchen, auf den Probanden zugeschnitten spezifische modellbasierte Förderung von unspezifischer nicht-modellbasierter Förderung zu trennen. „Modellbasiert" bei aldiff meint: nicht auf die Art der Förderung (wie in VEMINT), sondern auf die Faktoren der in Forschungsstrang b) hin entwickelten Modelle.

Forschungsfragen 4

In diesem Abschnitt werden vor dem Hintergrund des Theorieteils, Forschungsfragen formuliert. Mit Sternchen „*" gekennzeichnete Forschungsfragen verstehen sich als Nebenschauplätze, deren Beantwortung nachrangig ist.

4.1 Forschungsfragen zu Forschungsstrang a)

a1) Wie kann ein möglichst einfaches und zugleich nicht zu undifferenziertes Modell des Wissens und Könnens der elementaren Algebra erstellt werden, das die theoretischen Ergebnisse aus SUmEdA verständlich zusammenfasst? Der Fokus liegt auf Verständlichkeit von Diagnose.

Zielgruppe sind Studenten und Dozenten,

d. h. Studenten mit mathematischen Studienanteilen (bevorzugt Lehramt (Verortung an der PH Heidelberg)) und Dozenten (service-) mathematischer Veranstaltungen am Übergang Schule-Hochschule.

Die Bearbeitung dieser Forschungsfrage wird, wie angekündigt, delphiähnlich umgesetzt werden.

a2) Wie könnte die Akzeptanz des in Vorbereitung von a1) entwickelten Vereinfachten Modells bei Lehrkräften am Übergang optimiert werden?

d. h. in welchen Bereichen ist das Vereinfachte Modell oder das zugrundeliegende Modell SUmEdA optimierbar, indem es beispielsweise um Aspekte der elementaren Algebra erweitert werden sollte, die den Dozenten (als Experten der Praxis) wichtig sind, weil Studenten/Schüler der Oberstufe dort häufig Defizite aufweisen?

T. Lutz, *Diagnose und Förderung in der elementaren Algebra*, Landauer Beiträge zur mathematikdidaktischen Forschung, https://doi.org/10.1007/978-3-658-34208-1_4

Zielgruppe sind Lehrer der Oberstufe und Dozenten service-mathematischer Veranstaltungen am Übergang Schule-Hochschule.

a1*) Wie können Beispielaufgaben optimiert werden, die als Ankerbeispiele zur Erklärung des Vereinfachten Modells an Studierende Verwendung finden können?

a1**) Wie können Indizien gesammelt werden, die die inhaltliche Validierung des Vereinfachten Modells als „Vereinfachung des Modells aus SUmEdA" identifizieren?

a*) Wird schon bei einer kleinen Gruppe von Hochschuldozenten verschiedener Standorte die Vielfalt bestehender Vorkursangebote sichtbar? (Vortrag im Rahmen einer Doktorandentagung)

4.2 Forschungsfragen zu Forschungsstrang b)

b1) Wie können mittels eines Algebra-Tests, bestehend aus vorliegenden Aufgaben aus SUmEdA, empirische Modelle der elementaren Algebra für den Übergang Schule-Hochschule für Studiengängen des Lehramts Mathematik und Studiengänge mit Mathematik als Servicewissenschaft erstellt werden? Wie können hierfür die theoretischen Grundlagen aus SUmEdA genutzt werden?

b1*) Welche dieser Modelle eignen sich zur Erstellung einer differenzierenden Diagnose (mit dem Ziel einer sich anschließenden Förderung)?

b*) Wie verhalten sich Aufgaben von Küchemann (und Oldenburg) am Übergang Schule-Hochschule? Welche „typischen Fehler" stimmen mit den von Küchemann beobachteten Fehlern überein und welche nicht?

b**) Welche Lösungsraten für die verwendeten PISA-Aufgaben können gefunden werden?

b***) Eine besonders innovative Aufgabe aus dem SUmEdA Aufgabenpool soll vor der Algebra-Testerhebung qualitativ empirisch daraufhin untersucht werden: Welche Strategien zur Lösung der Aufgabe werden verwendet?

4.3 Forschungsfragen zu Forschungsstrang c)

c1) Wie kann datengestützt eine Testkürzung erstellt werden, anhand von Daten aus b), zum Zweck differenzierender Diagnose (mit dem Ziel der anschließenden Förderung)?

c1.1) Wie kann bei c1) eine kleine Zusatzuntersuchung genutzt werden, um die Ergebnisse aus b) zumindest teilweise zu konfirmieren bzw. plausibel zu machen?

c2) Wie kann diese Testkürzung möglichst einfach und zuverlässig automatisch (computerbasiert) ausgewertet werden, ohne die vielen Algebratestaufgaben zu verändern, die in offener Form gestellt sind?

4.4 Forschungsfragen zu Forschungsstrang d)

d) Wie kann Förderung auf Basis des Diagnosetests aus c) empfohlen werden, um möglichst probandenindividuell und nach Passung auf Basis der Modelle aus b), im Sinne einer Förderdiagnose, gestaltet zu werden? Auch „Zeit“ als kritischer Faktor (schon bei c)) kann hier angeführt werden.

Mit anderen Worten: Wie kann Diagnose mittels der Testkürzung aus c) eine Förderung „hinreichend/ausreichend“ differenzieren?

Methodik und Auswertung der Forschungsstränge

5

5.1 Methodik a) Übersicht

Die Methodik zur Forschungsfragestellung a) wird dreiteilig durchgeführt, da die Untersuchung zu Forschungsfrage a1) entlang von drei ähnlich strukturierten Überarbeitungszyklen dargestellt werden soll.

5.1.1 Dreiteilige Untersuchung zur Verständlichkeit – delphiähnlich

Die Entwicklung eines Vereinfachten Modells im Sinne der Forschungsfrage a1) und a2) erfolgt in einem vierschrittigen Verfahren (Schritt 0 bis Schritt 3):

In Schritt 0 wird ein Forschungsergebnis des Vorgängerprojektes zusammengefasst: Die SUmEdA-Tabelle

So entsteht eine erste Version des Vereinfachten Modells (erstellt durch Projektleitung und Autor).

Schritt 1 und Schritt 2 umfassen zwei gleichstrukturierte Überarbeitungszyklen.

Beide Überarbeitungszyklen folgen jeweils dem Schema:

Elektronisches Zusatzmaterial Die elektronische Version dieses Kapitels enthält Zusatzmaterial, das berechtigten Benutzern zur Verfügung steht https://doi.org/10.1007/978-3-658-34208-1_5.

T. Lutz, *Diagnose und Förderung in der elementaren Algebra*, Landauer Beiträge zur mathematikdidaktischen Forschung, https://doi.org/10.1007/978-3-658-34208-1_5

A. Erstellen einer Befragung mit dem Ziel aus der Analyse der Ergebnisse überarbeitete Formulierungen herzuleiten.
B. Durchführen der Befragung.
C. Erstellung einer Überarbeitung der Formulierungen auf Basis der Ergebnisse der Befragung.

Schritt 3, der dritte Zyklus, formuliert schließlich keine Überarbeitung, sondern untersucht vornehmlich Forschungsfrage a2).

Die Zielgruppe der Befragungen ist in allen 3 Überarbeitungszyklen verschieden.

In der Art und Weise der Durchführung ähnelt die beschriebene Vorgehensweise einer Delphi-Befragung. Delphi-Befragungen verlaufen mit ähnlicher Zielsetzung ebenfalls zyklisch. Das Ziel von Delphi-Befragungen ist u. a. die Herbeiführung von konsensfähigen Ergebnissen und die Minderung von Varianz in den Expertenrückmeldungen. Dazu werden Experten beispielsweise mit den Ergebnissen des vorhergehenden Zyklus konfrontiert, um im nächsten Zyklus auf ein immer einheitlicher konsensfähiges Ergebnis hinzuarbeiten.

Bei einer klassischen Delphi-Befragung wird in der Regel in den einzelnen Zyklen dieselbe Zielgruppe befragt (siehe MaLeMINT). Hierin unterscheidet sich das vorgeschlagene Vorgehen von der Delphi-Methode. Im Rahmen der vorliegenden Untersuchungen werden nach obigem Schema 3 konsekutive Befragungen durchgeführt.

Befragte sind Studenten der Pädagogischen Hochschule Heidelberg, Experten aus der Praxis, also Hochschuldozierende mit mind. 3 Jahren Lehrtätigkeit (siehe Theorie a)) und zuletzt relativ neu an der Hochschule bzw. Hochschullehre tätige Dozenten (Doktoranden $\leq$ 3 Jahre).

Der deutliche Fokus der Untersuchungen und der Ergebnisse liegt auf dem zweiten Zyklus: „Experten aus der Praxis", weshalb diese Zielgruppe im Theorieteil a) genauer untersucht wurde. Es ist ebenso der zweite Zyklus (Experten aus der Praxis), der die umfangreichste Befragung stellt und damit die umfangreichsten empirischen Daten im Forschungsstrang a) liefert.

5.1.2 Akzeptanz des Vereinfachten Modells

Neben der Untersuchung und Optimierung der Verständlichkeit im oben beschriebenen dreischrittigen Überarbeitungsverfahren soll die Akzeptanz des Vereinfachten Modells untersucht werden.

Der folgende Abschnitt enthält Inhalte aus dem Artikel Lutz et al. (2020).

Zunächst werden typisch auftretende Defizite von Schülern/Studenten erfragt.

Der Hauptteil der Experten-Befragung untersucht die Akzeptanz und Verständlichkeit eines vereinfachten Modells vermittelt durch Defizitformulierungen auf Basis von SUmEdA. Dazu werden den Experten Beispielaufgaben zur Einordnung in das vereinfachte Modell vorgelegt. Schließlich ordnen die Experten auf Basis des vereinfachten Modells die eingangs aus der Praxiserfahrung heraus genannten eigenen Beispiele zu.

Der Fokus der Untersuchungen liegt, wie schon in der Theorie zu a) ersichtlich, auf der Expertenbefragung, die die längste Planungsphase, die längste datengenerierende Befragungsdauer pro Proband und damit die für die Forschungsfragen a1) und a2) gewichtigsten Ergebnisse generiert.

5.1.3 Nebenfragestellungen

Um den Charakter der drei "Überarbeitungszyklen zur Verständlichkeit" zu unterstützen, wird, wie bereits angekündigt, die Beantwortung der Forschungsfragen a) in der Struktur der Überarbeitungen erfolgen.

Hierdurch soll vermieden werden, die Darstellung der Befragungsbögen auseinanderzureißen.

In Vorbereitung der ersten Untersuchung im Rahmen von Forschungsfrage a) wird „Schritt 0" dargestellt: Die Erstellung der zugrundeliegenden ersten Version des Vereinfachten Modells.

5.2 Schritt 0: Erstellung der ersten Version des Vereinfachten Modells (Version 1)

Die Herleitung der ersten Version des Vereinfachten Modells besteht in der Zusammenfassung der Struktur der SUmEdA Tabelleneinträge. Eine Reformulierung als Defizitformulierung wird angestrebt. Knapp formulierte Beispielaufgaben werden entwickelt (a1*)).

5.2.1 Beschreibung der Struktur der SUmEdA-Tabelle

<table>
<tr><td rowspan="3">(Sum) Sinnstiftender Umgang mit...
...Elementen der Algebra (EdA)</td><td rowspan="3">Wissen</td><td colspan="4">Können</td></tr>
<tr><td colspan="4">Strukturieren</td></tr>
<tr><td colspan="2">Transformieren</td><td colspan="2">Interpretieren</td></tr>
<tr><td>Variable inkl. Parameter</td><td colspan="2">keine sinnvollen Wissens- oder Könnensaspekte formulierbar</td><td>(3) Umformungs-möglichkeiten erkennen
(4) Operationale Hierarchien erkennen</td><td colspan="2">(7) Variablen und Parameter deuten</td></tr>
<tr><td rowspan="2">Terme und Gleichungen</td><td>(1) Bezeichnungen und Umformungsregeln angeben</td><td>(2) mithilfe gegebener Regeln umformen</td><td>(5) berechnen oder vergleichen</td><td>(8) zwischen algebraischen Ausdrücken und innermathematischen Situationen wechseln</td><td rowspan="2">(10) zwischen algebraischen Ausdrücken und außermathematischen Situationen wechseln</td></tr>
<tr><td colspan="3">(6) (effizient) umformen</td><td>(9) zwischen algebraischen Ausdrücken und Tabellen bzw. Graphen wechseln</td></tr>
</table>

Eine ausführliche Darstellung des Konzeptes SUmEdA kann hier nicht gegeben werden, für die Entwicklung theoretische Einordnung sowie Formulierungswahl und Anordnung sei auf das Vorgängerprojekt DiaLeCo verwiesen. Hier kann nur eine kurze Übersicht über die Struktur des Modells beschreibend gegeben werden.

Die Erstellung des SUmEdA Modells erfolgte summativ (im Unterschied zu formativ). SUmEdA beansprucht für sich eine umfassende Darstellung der Aspekte des Wissens und Könnens der elementaren Algebra zu umfassen.

SUmEdA ordnet diese aus der Literatur zusammengetragenen Aspekte tabellarisch an.

Die blauen Zeilen entsprechen den von SUmEdA identifizierten Elementen der Algebra.

Die grünen Spalten entsprechen dem sinnstiftenden Umgang mit diesen Elementen. Auch die Spaltenbezeichnungen werden literaturbezogen gewählt.

“Ein algebraischer Ausdruck wird strukturverändernd umgeformt (transformational equivalence: Musgrave et al., 2005; treatment: Duval, 2006)”

“Ein algebraischer Ausdruck wird strukturerhaltend gedeutet oder verändert (substitutional equivalence: Musgrave et al., 2005; Rüede, 2015)”

“Eine nichtalgebraische Situation wird durch einen algebraischen Ausdruck beschrieben und umgekehrt (conversion: Duval, 2006)” (Projekt DiaLeCo)

In der Tabelle gibt es implizit tendenziell verlaufende Richtungen der Komplexität und Abhängigkeit, die auch Teil der Überlegungen zur Erstellung einer Vereinfachung sein sollten.

Die folgenden Ausführungen beziehen sich auf die obige Abbildung.

Aufsteigende Richtungen lassen sich ausmachen bei:

- (3,4,5) nach (6), bezüglich der Schwierigkeit, der benötigten Meta-Reflexion des Handelns beim Lösen von Aufgaben.
- (1) nach (2) nach (3–5) in einer logischen Lernabfolge z. B. von Teilregelsätzen
- (7–9) nach (10) in der Abnahme von innermathematischer Routiniertheit, die für die Lösung notwendig ist (Abnahme der innermathematischen Nähe zum algebraischen Ausdruck). Umgekehrt formuliert: Es findet sich eine tendenzielle Zunahme der Distanz zwischen algebraischem Ausdruck und Situation der Aufgabenstellung.

5.2.2 Zusammenfassung der Struktur von SUmEdA zu 6 vereinfachten Kategorien

Vereinfachtes Modell (Version 1)

Zur Vereinfachung des Modells wurden zunächst Vereinfachungen unter Zuhilfenahme der Tabellenwabenstruktur des Modells getätigt:

Um Übersichtlichkeit in der Darstellung zu erhalten, werden die Kategorien des zusammenfassenden Vereinfachten Modells mit [] eckigen Klammern, die ursprünglichen Kategorien der SUmEdA Tabelle mit () runden Klammern bezeichnet.

[1] ≙ (1) "Bezeichnungen und Umformungsregeln angeben" bleibt erhalten.

[2] ≙ (2) "mithilfe gegebener Regeln umformen" bleibt erhalten.

[3] ≙ (3)–(5) wird zusammengefasst zu: "kann Terme umformen/Umformungen nachvollziehen".

In der Formulierung dieser Sammelkategorie sind inhaltlich jedoch alle SUmEdA Aspekte weiterhin enthalten. Auch wenn in der Formulierung dieser Kategorie beispielsweise "das Gleichheitszeichen als berechnen oder vergleichen deuten" nur noch indirekt vorkommt. Die Grundidee der Zusammenfassung dieser Kategorie in Abgrenzung zu (6) ist der regelkonforme sinnhafte auch zielgerichtete Umgang mit algebraischen Ausdrücken (nach Standardverfahren).

Diese Kategorie grenzt sich auch in der Tabellenwabenstruktur von SUmEdA von Kategorie (6), dem (effizienten) Umformen, ab.

[4] ≙ ehemals (6) bleibt erhalten; die Klammern werden zur Verdeutlichung des Fokus entfernt: „effizient umformen".

[5] und [6]: In Zusammenfassung der Aspekte (7)–(10) können zwei Bereiche identifiziert werden, die sich grob auch in der Spaltenanordnung innerhalb von (7)–(10) wiederfinden.

[5] ≙ Der innermathematische Wechsel zwischen algebraischen Ausdrücken und anderen Darstellungsformen. Dieser Wechsel ist geübt, routiniert oder auch intuitiv. Einfach an Aufgabestellungen erkennbarer Inhalt dieser Kategorie ist (9): Der Wechsel zwischen Graph, Tabelle und Term.

[6] ≙ ehemals (10) bleibt erhalten: „zwischen algebraischen Ausdrücken und außermathematischen Situationen wechseln". In [6] werden im Gegensatz zu [5] Übertragungsleistungen erbracht, die nicht innerhalb routinierter Darstellungsformen (z. B. Term, Tabelle und Graph) bleiben, sondern auch außermathematische Bezüge haben. Ein Aufgabenbeispiel hierfür ist die Bearbeitung von Textaufgaben: Welche Informationen aus einem Aufgabentext können wie in ein sinnvolles mathematisches Modell übertragen werden und wie kann die in der Mathematik (hier in der elementaren Algebra) erarbeitete Lösung in eine Antwort auf die gestellte Textaufgabe überführt werden. Die innermathematische Erarbeitung, könnte den Bereichen (3)–(6) zugeordnet werden, die über (7) miteinander verbunden werden, aber erst in (10) zur Lösung führen.

Vereinfachtes Modell (Version 2)

Um möglichst praxisnahe Anwendbarkeit zu erreichen und dem defizitorientierten Charakter der Designentscheidungen in aldiff Rechnung zu tragen, wird diese erste Version des Vereinfachten Modells mit Defizitformulierungen und Beispielen zur Erklärung (siehe a1*)) umgesetzt. Somit ergibt sich die zweite Version des Vereinfachten Modells, welche für einen Kurz-Vortrag (mit Tafelbildentwicklung) vor Studenten konzipiert ist:

Begleitet wird der Inputvortrag von einer Folienserie, bei der Schritt für Schritt eine weitere Kategorie mitabgebildet wird.

Dazu wird nach begrüßenden Worten gesprochen:

„Ich spreche über Probleme beim Verständnis von Algebra. Da kann auf verschiedenen Gebieten einiges schiefgehen. Das schauen wir uns jetzt mal an: Der Algebra-Rechnende."

Kommentar: Im Sinne der operationalisierten aufgabengeleiteten Form des Vereinfachten Modells und der Ausrichtung auf den Itempool des Vorgängerprojektes wird der Begriff des „Algebra-Rechnenden" als Kurzform für eine Person verwendet, die gerade dabei ist, eine Übungs-/oder Testaufgabe aus dem Bereich Algebra zu bearbeiten;

„Jetzt schauen wir, wo der Algebra-Rechnende Probleme haben kann."

„Beispiel: Satz des Pythagoras. Wie lautet der?" Publikum nennt: $a^2+b^2 = c^2$. „Das ist richtig: aber noch nicht vollständig, in welchem Falle gilt dieser Satz?" Publikum: im rechtwinkligen Dreieck.

„Zu der Aussage gehört eine geometrische Situation: Die Gleichung gilt für rechtwinklige Dreiecke, in denen die Kathetenlängen a und b und die Hypotenusenlänge c heißt" (vgl. Diefenbacher und Wurz (2001)).

Tafelanschrieb: rechtwinklige Dreieck-Skizze, tauschbare Schilder a, b, c.

„Zur Kenntnis der vollständigen Regel gehört die Kenntnis der Situation, in der die Regel gilt."

„1. Wenn ein Schüler die Formel nicht kennt oder keine Verbindung zwischen der Formel und dem Gültigkeitsbereich herstellen kann, also die Regel nicht vollständig kennt, dann sprechen wird davon: „Der Algebra-Rechnende kennt die Regel nicht.""

„2. Angenommen wir geben dem Algebra-Rechnenden eine Regelbuchseite zum Satz des Pythagoras.

Der Algebra-Rechnende soll die Regel in einer ihm vorgegebenen Situation anwenden.

Er macht sich folgende Skizze und schreibt dazu $a^2 + b^2 = c^2$

(Tafelbild: rechtwinkliges Dreieck, bei der die Hypotenuse nicht mit c bezeichnet wird, sondern mit b.)

Wenn der Algebra-Rechnende so etwas macht, sprechen wir davon: „Der Algebra-Rechnende wendet hier die Regel falsch an.""

„3.(Tafelbild):

$$2 + 3 = 5$$
$$2\text{a} + 3\text{a} = 5\text{a}$$
$$2\text{a} + 3\text{b} =$$

Was könnte hier ein Schüler fälschlicherweise hinschreiben?"

Publikum: z. B. 5ab

„Wenn so etwas passiert, sprechen wir davon: „Der Algebra-Rechnende erkennt nicht/vollzieht falsch nach/formt falsch um.""

„4. (Tafelbild):

$$\frac{2}{5}+\frac{3}{10}=\frac{20}{50}+\frac{15}{50}=\frac{35}{50}=\frac{7}{10}$$

Wenn ein Schüler also beispielsweise so Struktur-nicht-erkennend, unnötig viel Zeit und Aufwand betreibt oder zwar nichts Falsches tut, aber weil er Struktur nicht erkennt, nicht zum Ziel gelangt, dann sprechen wir davon: „Der Algebra-Rechnende wählt einen ungeschickten Rechenweg aus.""

„5. (Tafelbild):

x	0	1
y	0	2

Welcher Funktionsterm einer linearen Funktion passt zur Tabelle?

Wenn der Algebra-Rechnende Aufgaben dieser Art nicht lösen kann, sprechen wir davon:

„Der Algebra-Rechnende kann nicht intuitiv zwischen verschiedenen Darstellungsformen wechseln""

„6. (Tafelbild): Temperaturverlaufskurve

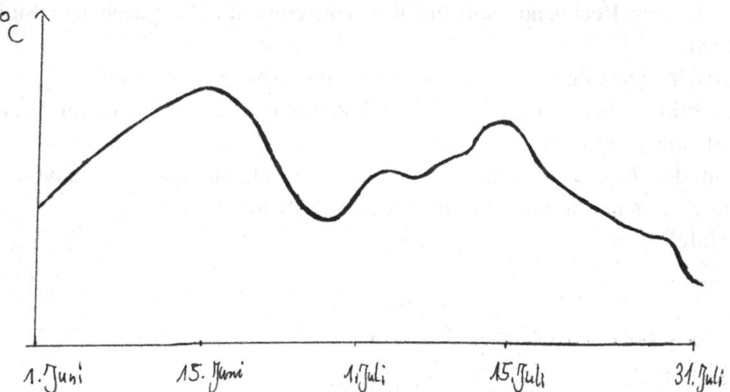

Wann war es im Juli am heißesten? Antwort eines Schülers: Es ist im Juni am heißesten. Wenn sprachliche Ausdrücke falsch verknüpft werden z. B. mit der Lesart einer Grafik oder eines Terms, sodass die außermathematische Situation nicht korrekt mit der mathematischen verbunden wird, dann sprechen wir davon:

„Der Algebra-Rechnende kann nicht mathematische mit nicht-mathematischer Verständniswelt verbinden. In der Praxis geschehen solche Fehler häufig bei Textaufgaben.“‘‘

5.3 Methodik a) Schritt 1: Verständnisbefragung an Studierende (a1), a1*), a1**))

In Vorbereitung und Ergänzung der Expertenbefragung an Hochschuldozenten im Rahmen dieser Arbeit wurde eine ähnliche Fragestellung mithilfe einer Befragung an Studenten der Pädagogischen Hochschule Heidelberg Fachbereich Mathematik unternommen. Im Gegensatz zur Expertenbefragung, geht es bei dieser für eine geringe Teilnehmerzahl angelegte Befragung von Studenten, hauptsächlich um die Frage, ob das „Vereinfachte Modell“ den Studenten durch knappe Formulierungen und Beispiele verständlich gemacht werden kann (a1)). Aufgrund dieser Zielsetzung wird die Befragung im Folgenden „Verständnisbefragung an Studenten“ genannt, um Sie sprachlich einfach von den anderen Erhebungen mit Studenten im Rahmen dieser Arbeit abzugrenzen.

Daneben werden in dieser Befragung unter Einbeziehung zweier Doktoranden, die mit dem SUmEdA Modell sehr vertraut sind, Indizien für eine inhaltliche Validierung des Vereinfachten Modells gesammelt. Namentlich genannt sei Christian Düsi, der als Doktorand des Vorgängerprojektes, maßgeblich an der Entwicklung von SUmEdA Anteil hatte und dem vor der Befragung das Vereinfachte Modell nicht bekannt war (a1**)).

5.3.1 Erstellung der Verständnisbefragung an Studierende

Die Befragung besteht aus zwei Teilen; einem Intro-Vortrag durch den Autor und der anschließenden Bearbeitung einer Aufgabenstellung durch die Befragten in Einzelarbeit.

In einem Inputvortrag wird innerhalb von 10 min ein Überblick über das Vereinfachte Modell (Version 2) gegeben. Dazu wird strukturgleich für jede der 6 Kategorien eine Beispielaufgabe gezeigt und dazu erklärt, dass mit und über dieses Beispiel die jeweilige Kategorie mitdefiniert wird. Dies geschieht in der Hoffnung, dass eine Erklärung mittels kurzer Aussagen über ein Beispiel intuitiv verständlicher ist, als längere Erklärtexte. Der Inputvortrag entspricht der Beschreibung des Vereinfachten Modells (Version 2).

Im Anschluss an den Inputvortrag startet die Befragung.

3 Aufgabensets werden nacheinander gezeigt; mit jeweils 6 Beispielen. Für jedes Aufgabenset wird Zeit zur Verfügung gestellt wird, um eine Zuordnung der Beispiele zu den Kategorien des Vereinfachten Modells (Version 2) vorzunehmen. Nach dieser Zeit wird das Aufgabenset ausgeblendet und das nächste eingeblendet. Die Zeitdauer orientiert sich am jeweils langsamsten Probanden und wurde nicht gemessen. Die Beispiele sind so konstruiert, dass für jede der 6 Kategorien ein Beispiel in jedem der 3 Aufgabensets vorkommt. Die Beispiele sind zum Teil in Anlehnung an Aufgaben des Algebratests erstellt. Wo keine einfachen d. h. möglichst kurzen Beispiele in den Aufgaben aus SUmEdA vorkommen, wurden möglichst prägnante Beispiele erstellt. Die Formulierung der Testaufgaben geschieht in Zusammenarbeit mit der Projektleitung. Eine detaillierte Übersicht über die gewählten Items der Befragung ist erhältlich unter: tim.lutz@alumni.uni-heidelberg.de. Die Beispiele bestehen aus einer Aufgabenstellung und einer dazugehörigen falschen fiktiven Schülerlösung. Die Beispiele sollen aufgrund der dort gezeigten Schülerfehler jeweils einer Kategorie des Vereinfachten Modells zugeordnet werden. Die Aufgaben sind bewusst prototypisch gehalten, damit schnell entschieden werden kann, welche Kategorie „wohl gemeint sein könnte". Es wird den Bearbeitern nicht mitgeteilt, dass in jedem Aufgabenset für jede der 6 Kategorien je ein Beispiel vorkommt.

5.4 Auswertung a) Schritt 1: Verständnisbefragung an Studierende (a1), a1*), a1**))

5.4.1 Beschreibung der Stichprobe der Verständnisbefragung an Studierende

Die Befragung wird in mehreren kleineren Veranstaltungen des Instituts für Mathematik der Pädagogischen Hochschule Heidelberg im Bereich der Sekundarstufe durchgeführt. Der Fokus bei der Suche nach Probanden liegt auf dem 1.–3. Semester.

Die Befragung wurde am 10.7.2017 durchgeführt, wobei darauf geachtet wurde, ungewünschte Doppelteilnahmen zu verhindern. Insgesamt nahmen 31 Personen an der Umfrage teil.

Bis auf 3 Personen, von den 31, haben alle Befragten alle Kategorien und alle Beispiele vollständig zugeordnet. 77,4 % der Personen befinden sich in Semester 1–3. 71 % der Personen studieren ein Sekundarstufenlehramt.

5.4.2 Beschreibung allgemeiner Auffälligkeiten bei der Bearbeitung

Ohne explizit dazu aufzufordern werden von den meisten Personen in jedem Aufgabenset alle 6 Kategorien verwendet. Nur 4 der 31 Personen, sofern sie vollständig antworten, doppeln Kategorien innerhalb eines Aufgabensets, verwenden also beispielsweise zweimal die Zuordnung zur Kategorie 3. Intuitiv erkennt der Rest, dass die 6 Kategorien offenbar jeweils einmal in einem Aufgabenset vorkommen sollen. Dieses Vorgehen ermöglicht den Befragten eine vergleichende Entscheidung bei der Zuordnung. Ohne dazu aufzufordern, legen sich offenbar viele der Studenten systematisch selbst die Regel auf, jede Kategorie je Aufgabenset einmal zu verwenden. Darüber hinaus wird den Studenten hierdurch eine Zuordnung durch Ausschluss möglich.

5.4.3 Häufigkeitsanalysen der Bearbeitungen der Verständnisbefragung an Studierende

Als Referenz für die Auswertung dienen die „Musterlösungen", d. h. die gemeinsame Zuordnung zum Vereinfachten Modell (Version 1) von Projektleitung und Autor. Die Beispiele wurden wie in der Methodik beschrieben so erstellt, dass in jedem der 3 Aufgabensets aus Sicht des Projektes ein Beispiel für jede Kategorie vorkommt. Diese theoretisch von Projektseite vorgenommenen Zuordnungen werden im Folgenden „Musterlösungen" genannt. Dabei wird auch von „richtigen" Zuordnungen gesprochen.

Diese Formulierungen stellen jedoch explizit betont keine Wertungen im Sinne, „der Student hat etwas richtig erkannt", dar. Die Formulierungen sollen in sprachlich kurzer Form kompakt darauf hinweisen, ob eine Zuordnung durch einen Probanden im Sinne der Musterlösung ist, also mit der theoretisch vorgenommenen Zuordnung von Projektseite übereinstimmt.

Die größte Bedeutung kommt dabei den Kategorien zu. Welche Kategorien werden auf Basis der Beispiele „richtig" zugeordnet, welche nicht? Wo sind also Veränderungen an Formulierungen und Ankerbeispielen nötig? Daran anschließen kann sich eine Betrachtung mit dem Fokus auf das Einzelbeispiel: Welche Beispiele führen zu einer „richtigen" Zuordnung, welche Beispiele sollten durch andere ersetzt werden, weil in anderen vorgelegten Aufgabensets deutlich zuverlässigere Erkennungsraten im Sinne der Musterlösung vorliegen (a1*)).

5.4.4 Antwort auf Forschungsfrage a1**): Ein Indiz für die inhaltliche Validierung des Vereinfachten Modells

Wie oben beschrieben, nahmen auch zwei Doktoranden an der Verständnisbefragung an Studenten teil. Diese promovieren, wie beschrieben, in SUmEdA bzw. SUmEdX. Die zwei Doktoranden ordneten alle Aufgabensets vollständig richtig zu. Dies wird als Indiz der Bestätigung gesehen, dass Personen, die das Gesamtmodell SUmEdA kennen bzw. mit entwickelt haben, Aufgaben, die als Beispielaufgaben für die Befragung entworfen wurden, fehlerfrei den neuen Kategorien des Vereinfachten Modells zuordnen können. Darin sieht aldiff Indizien, die für eine inhaltliche Validität des Vereinfachten Modells als „Vereinfachung des Modells SUmEdA" sprechen.

5.4.5 Analyse der Häufigkeiten und Abwanderungsbewegungen

Die in der Verständnisbefragung an Studierende verwendeten Aufgaben werden im Folgenden als var11–var36 bezeichnet. Die erste Nummer gibt an, ob die Aufgabe aus Aufgabenset 1, 2 oder 3 stammt. Die zweite Nummer gibt an, welche Position die Aufgabe im jeweiligen Aufgabenset annimmt. var24 bedeutet also, Aufgabenset 2 (von 3) Aufgabe 4 (von 6).

(Eine tabellarische Übersicht befindet sich auf der nächsten Seite.)

Aufgabe	Musterlösung	Gewählte Kategorien nach Häufigkeiten >15 %	Anmerkungen zu Auffälligkeiten und Ankündigung von Änderungen am Modell
var11	3	2 (45 %) 1 (32,3 %)	siehe Umformulierung Teil 1
var12	5	5 (58,1 %) 6 (19,4 %)	Kategorie 5 ist häufigste Antwort, Abwanderung nach Kategorie 6
var13	1	1 (54,8 %)	wird mehrheitlich korrekt erkannt
var14	2	2 (32,3 %) 5 (25,8 %) 3 (19,4 %)	wird erkannt, aber sehr undeutlich, siehe Umformulierung Kategorie 2
var15	6	3 (51,6 %) 6 (41,9 %)	deutliche Entscheidung für Kategorie 3 oder 6 leider zugunsten von 6, siehe Umformulierung

Aufgabe	Musterlösung	Gewählte Kategorien nach Häufigkeiten >15 %	Anmerkungen zu Auffälligkeiten und Ankündigung von Änderungen am Modell
var16	4	4 (51,6 %) 6 (22,6 %)	Kategorie 4 ist häufigste Antwort, Abwanderung nach 6
var21	6	6 (45,2 %) 3 (38,7 %)	deutliche Entscheidung für Kategorie 3 oder 6, es wird jedoch auch häufig 3 gewählt, vgl. var14
var22	2	2 (80,6 %)	sehr gute Erkennungsrate
var23	4	4 (51,6 %)	Kategorie 4 ist häufigste Antwort
var24	3	4 (35,5 %) 3 (22,6 %)	Kategorie 4 wird stärker als 3 gewählt
var25	5	5 (54,8 %) 6 (32,3 %)	Kategorie 5 ist häufigste Antwort, Abwanderung nach 6, vgl. var12
var26	1	1 (80,6 %)	sehr gute Erkennungsrate
var31	4	4 (51,6 %) 3 (19,4 %) 2 (16,1 %)	Kategorie 4 wird deutlich stärker als 3 und 2 gewählt
var32	1	1 (71,0 %)	sehr gute Erkennungsrate
var33	3	2 (32,3 %) 4 (32,3 %) 1 (19,4 %)	Achtung: Kategorie 3 wird nicht gewählt!
var34	5	5 (74,2 %) 6 (22,6 %)	sehr gute Erkennungsrate, dennoch Abwanderung nach Kategorie 6 vgl. var12, var25
var35	6	6 (48,4 %) 3 (48,4 %)	deutliche Entscheidung für Kategorie 3 oder 6, Abwanderung nach 3 vgl. var14, var21
var36	2	2 (54,8 %) 3 (22,6 %)	Abwanderung nach Kategorie 3

5.4.6 Betrachtung der Ergebnisse der Verständnisbefragung an Studierende nach Kategorien

Wie bei den Bezeichnungen „Fehler 1. Art“ und „Fehler 2. Art“ wird hier eine Unterscheidung getroffen:

Von besonderer Bedeutung sind neben der richtigen Zuordnung einer Kategorie zu einer Aufgabe des Aufgabensets, diejenigen Aufgaben, bei denen mehrheitlich falsche Zuordnungen geschehen. Dies ist einerseits ein Indiz für die Nicht-Verständlichkeit der fälschlicherweise nicht gewählten Kategorie, andererseits kann es auch Indiz für die Nicht-Verständlichkeit der stattdessen gewählten Kategorie sein.

Betrachtungen nach Beispielen guter und schlechter Erkennungsraten innerhalb einzelner Kategorien im Sinne der Musterlösung

Kategorie 5:
Die Beispiele für Kategorie 5 werden alle mehrheitlich als solche erkannt. 61,3 % der Befragten ordnen mindestens zwei der drei Beispiele richtig zu.

Kategorie 6: Anstelle von Kategorie 6 wird häufig systematisch über alle drei Aufgabensets hinweg auch Kategorie 3, manchmal sogar häufiger gewählt. Daher ist nicht verwunderlich, dass nur 46,2 % der Befragten mehr als eine der drei Beispielaufgaben richtig zuordnet.

Kategorie 1:
Kategorie 1 wird durchgängig sicher mit Erkennungsraten von 70 % und höher richtig zugeordnet. 74,2 % aller Teilnehmer ordnen 2 oder sogar alle 3 Aufgaben der Kategorie 1 richtig zu.

Kategorie 2:
Kategorie 2 wird jeweils einfach mehrheitlich richtig erkannt. 58,1 % der Personen erkennen mindestens 2 von 3 Beispielen richtig.

Kategorie 4:
Kategorie 4 wird ebenfalls einfach mehrheitlich richtig erkannt. 54,8 % der Probanden erreichen eine richtige Zuordnung bei Kategorie 4 von zwei oder drei von drei Beispielen.

Kategorie 3:
Kategorie 3 wird bei keinem der Aufgabensets einfach mehrheitlich richtig erkannt. Stattdessen werden die Aufgaben, deren Musterlösung Kategorie 3 ist, z. B. Kategorie 2 gefolgt von 1 zugeordnet. Nur 25,9 % der Befragten erkennen mindestens eine der drei Aufgaben richtig als zugehörig zu Kategorie 3.

5.4.7 Zusammenfassung der Analyse nach Kategorien

Es gibt sowohl Kategorien, die gut erkannt werden, als auch Kategorien, die einer weiteren Überarbeitung bedürfen. Zur Beurteilung werden Erkennungsraten über die drei Aufgabensets hinweg und Abwanderungsbewegungen untersucht. Als Kategorien einer "Abwanderung" werden die Kategorien bezeichnet, welche anstelle der Musterlösung gewählt werden. Dies entspricht im Jargon von Mathematikaufgaben dem "typischen Fehler". Die Verwendung des Begriffes "Abwanderung" soll die oben ausgeführte Bestrebung nach Neutralität der Deutung unterstreichen.

Kategorie 1, 5, 2 und 4 weisen (in dieser Reihenfolge) eine akzeptable Erkennungsrate über die 3 Beispiele hinweg auf und sollten daher nur leicht modifiziert werden. Die gegebenen Beispiele werden also gut miteinander bzw. mit dem Inputvortrag aus dem Gedächtnis in Verbindung gebracht.

Kategorie 3 und 6 haben dagegen auffällig niedrige Erkennungsraten.

Kategorie 3 weist eine Abwanderung nach 1 und 2 auf. Dies lässt sich wohl dadurch erklären, dass die Beispiele so elementar einfach gewählt wurden (siehe Methodik a) oben), dass die Versuchung nahe liegt bei auftretenden Fehlern sofort fehlendes Regelwissen zu unterstellen. Hier verschmilzt in „zu elementaren" Fällen das „Wissen um eine Regel und der Kenntnis deren Anwendungssituation", mit dem „Fehler in der Anwendungssituation". Die „eigenständige unangeleitete Anwendung von bekannten Regeln, die zu Fehlern führt", kann wohl an „zu elementaren" Beispielen nicht vom Charakter des reproduzierenden Regelwissens getrennt werden.

Kategorie 6 weist eine Abwanderungsbewegung nach 3 auf. Dies lässt sich vermutlich mit der Abwanderung von 3 auf 1 und 2 erklären. Kategorie 3 muss (das Muster erkennend, dass wohl alle Kategorien in jedem Aufgabenset vorhanden sind) vergeben werden. Dazu werden gehäuft die Beispiele gewählt, die nach Musterlösung für Kategorie 6 entwickelt sind. Dies lässt sich vielleicht damit begründen, dass das Verständnis des Gleichheitszeichens und ein adäquates Variablenverständnis bei diesen Aufgaben ebenfalls eine Rolle spielen.

Vermutlich führt die Kürze der Aufgaben gepaart mit dem Fokus auf den Wechsel aus einer nicht-mathematischen Situation in eine mathematisch-algebraische Situation dazu, dass inhaltlich die algebraische Komponente und damit die innermathematische Bedeutung nicht selten ausschlaggebend für eine Zuweisung zur Kategorie 3 wird. Der Aufgabenpool, welcher aus SUmEdA vorliegt, enthält keine Aufgaben, bei denen als Resultat der Wechsel aus der Mathematik heraus von Bedeutung für die abgegebene Lösung wird. Das heißt nicht, dass bei der Lösungsfindung nicht mehrmals zwischen der mathematischen und der nicht-mathematischen Welt Verknüpfungen hergestellt werden müssen, nur eben, dass in der Lösungsabgabe diese nicht mehr erkenntlich sind. Eine der Beispielaufgaben für Kategorie 6 versucht genau diesem Umstand der Thematisierung des Wechsels aus der Mathematik hinaus Sorge zu tragen.

> **Es sei b die Anzahl der Brötchen bei einem Einkauf.**
> **Ein Brötchen kostet 30 Cent.**
> **Als Angabe in der sich anschließenden Rechnung wird ...**
> **30b ... genannt.**
> **Frage:**
> **Weiß man, wie viele Brötchen gekauft wurden, und was kosten Sie?**
> **Antwort 30 Brötchen. Sie kosten je 30 Cent. Gesamtpreis Brötchen: 30*30Cent= 9Euro**

Das Brötchenbeispiel in der Verständnisbefragung an Studierende (vgl. Oldenburg (2013b)) definiert im Aufgabentext Variablen. Wenn man die Aufgabe richtig versteht und richtig löst soll in dieser Aufgabe nichts berechnet werden. Die richtige Lösung wäre eine Feststellung, die beispielsweise so klingen könnte: „Nein wir wissen nicht wie viele Brötchen gekauft wurden, denn wir kennen immer noch nicht den Wert von b, der die Anzahl der Brötchen darstellt. (30b heißt nicht 30 Brötchen, sondern ist wohl der Preis in Cent pro Brötchen mal die Anzahl der Brötchen, also der Preis für alle Brötchen) Jedenfalls können wir nur sehen, dass nach unseren Informationen „b-viele" Brötchen zu je 30 Cent eingekauft werden." Diese Aufgabe ist inspiriert von Oldenburg (2013b) (Item4).

Die unspezifische Formulierung „und was kosten Sie" ist bewusst so gewählt, dass man die Frage wohl interpretiert mit „je 30 Cent" beantworten muss, da keine weiteren Informationen zur Verfügung stehen. (Es wurde bewusst nicht geschrieben: Was kosten sie zusammen?)

Die falsche Antwort entsteht dann durch die fehlende Hin- und Her-Verknüpfung der mathematischen und nicht-mathematischen Situation.

Auch der zusätzliche Hinweis zu Beginn: „Textaufgaben, sind oft Kandidaten für Kategorie 6" wird nicht von den befragten Studierenden erinnert.

Leider wirken sich die beschriebenen Nuancen nicht auf das Wahlverhalten aus. Die Abwanderung zur Kategorie 3 konnte auch bei diesem Beispiel nicht vermieden werden. Die algebraische Komponente der Aufgaben scheint also aufgrund der Kürze der Aufgaben zu überwiegen, sodass die Zuordnung zu Kategorie 3 plausibel gemacht werden kann.

Untersucht man das Antwortverhalten aller Personen, über alle Aufgabensets hinweg mithilfe einer Two-Step-Clusteranalyse bilden sich zwei Cluster.

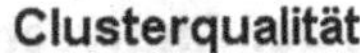

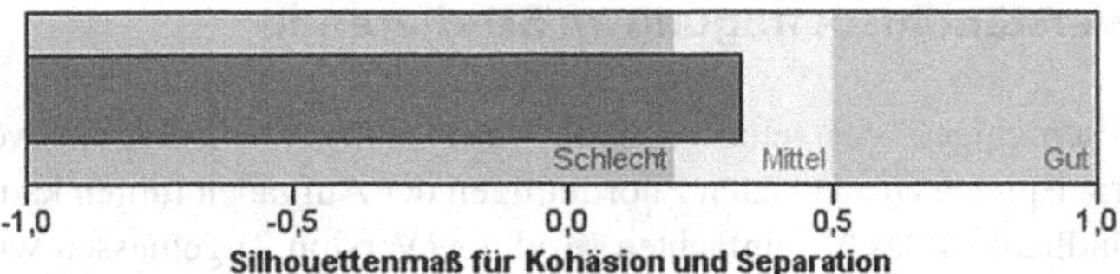

Clustersteckbrief aus SPSS mit Prädikatoreinfluss >0,5:

Cluster	2	1
Größe	51,9 %	48,1 %
Eingaben	var21 3 (78,6 %)	var21 6 (92,3 %)
	var25 6 (64,3 %)	var25 5 (92,3 %)
	var35 3 (71,4 %)	var35 6 (92,3 %)

Der Prädikatoreinfluss (>0.5) in den Clustern macht nochmals deutlich, dass die Cluster vor allem dadurch definiert sind, dass Personen bei den Aufgaben zur Kategorie 6, 6 oder 3 wählen. Diese Abwanderung auf Kategorie 3 lässt die Kategorie 6 unbesetzt, sodass ein Teil der Personen, die diese Abwanderungen nachvollziehen, die Beispiele, die für die Kategorie 5 entwickelt wurden, als 6 einstufen. Dies ist der zweitgrößte Prädikatoreinfluss bei der Clusterbildung. Auch diese weitere teilweise Abwanderung ist plausibel: Wenn man die textlastigen Aufgaben der Kategorie 6 als fälschlicherweise als Kategorie 3 einstuft, sprechen folgende zwei Argumente für die zweite Abwanderungsbewegung:

Abwanderung von Kategorie 5 (Musterlösung) nach 6:

- Meist sind dies die Aufgaben, die dann noch am wenigsten oberflächlich algebraisch wirken, da z. B. Graphen vorkommen.
- Ein Wechsel findet offensichtlich statt, (auch wenn dieser im Rahmen des Vereinfachten Modells, als „Wechsel verschiedener Darstellungsformen (Term, Tabelle Graph)" und damit als Kategorie 5 kategorisiert werden müsste)

5.4.8 Zusammenfassung der Analysen der Verständnisbefragung an Studierende

Die Analysen zeigen, dass eine gepaarte Vermittlung von Erklärung verbunden mit Ankerbeispielen zu adäquaten Zuordnungen der Aufgaben führen kann, womit die Verständlichkeit des Vereinfachten Modells (Version 2) gemessen wird.

Die zwei Doktoranden ordnen fehlerfrei alle 18 Aufgaben der richtigen Kategorie zu. Damit zeigt sich das Vereinfachte Modell als verständlich für Personen, die als theoretischen Hintergrund das komplexere Modell SUmEdA bereits kennen, bzw. entworfen haben. Dies ist ein empirisches Indiz für die Akzeptanz der Gültigkeit / Validierung der theoretischen Herleitung des Vereinfachten Modells und damit ein Indiz für die Kompatibilität beider Modelle. Sie beantwortet Forschungsfrage a1**)

Für Personen, denen keine der beiden Modelle zuvor bekannt gewesen sein können, stellt sich das Konzept der verständlichen Vermittlung des Modells über einen kurzen Input mit Ankerbeispielen als insgesamt gelungen heraus; insbesondere bei den Kategorien 1, 5, 2 und 4. Dort sollte es ausreichen, die bestehenden vorgestellten Konzepte zur verständlichen Vermittlung des Vereinfachten Modells gegebenenfalls nur leicht zu modifizieren, um weiteren Randeffekten des Missverständnisses, durch abgewandelte Formulierungen vorzubeugen.

Die Kategorie 6 und die Kategorie 3 benötigen eine Überarbeitung, um die dargestellten mehrfach auswertungstechnisch festgestellten Abwanderungsbewegungen

$$5 \rightarrow 6 \rightarrow 3 \rightarrow 2/1$$

zu verhindern.

Die stellenweise Betonung der Unterschiede und Besonderheiten (siehe Input Vortragsbeschreibung) von der Kategorie 2 und Kategorie 1 im Vergleich zu Kategorie 3 und die Nennung des Sonderstatus von Kategorie 6 reichen offensichtlich noch nicht alleine dazu aus, diese im Voraus bereits vermutete Abwanderungsbewegung zu unterbinden.

Als Reaktion auf die Untersuchung der Verständlichkeit der Formulierungen des Vereinfachten Modells (Version 2) wurde das Modell nun zweifach überarbeitet, bevor die zweite Erhebung (Expertenbefragung) geplant wird. Es folgt eine Darstellung der Überarbeitung:

5.4.9 Vereinfachtes Modell (Version 3), erstellt aufgrund der Ergebnisse der Verständnisbefragung an Studierende

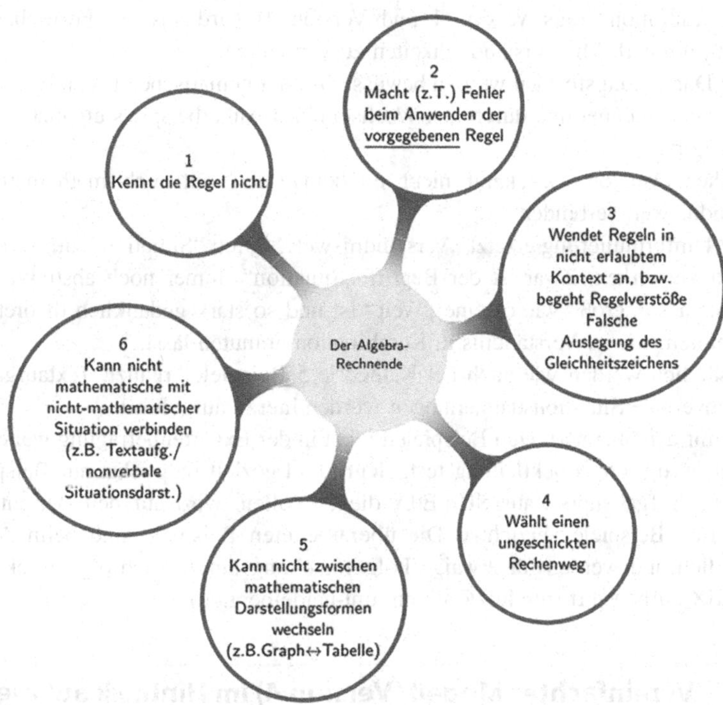

Kategorie 1 wird belassen.

Kategorie 2 wird umformuliert in: „macht (z. T.) Fehler beim Anwenden der vorgegebenen Regel". Dies betont mehr die Anwendungssituation, „hier" ist missverständlich und wird deshalb ersetzt.

Kategorie 3 wird zunächst durch mehr Worte und eine Auflistung konkreter Situationsbeschreibungen verfeinert, um eine genauere Definition vorzugeben, denn die ursprünglichen Formulierungen (aus Version 2) „erkennt nicht/vollzieht falsch nach" verleiten ebenfalls dazu diese Kategorie mit Kategorie 6 anhand der in der Befragung vorgegebenen Beispiele zu verwechseln. Die neue Formulierung von Kategorie 3 wird jedoch von der Projektleitung sofort wieder grundsätzlich verworfen und daher hier nicht weiter erläutert (siehe nächster Abschnitt).

Kategorie 4 bleibt erhalten.

Kategorie 5 wird umformuliert in: „kann nicht zwischen mathematischen Darstellungsformen wechseln (z. B. Graph<->Tabelle)"

Vorher (Version 2): „Kann nicht intuitiv zwischen verschiedenen Darstellungsformen wechseln."

Die „Intuition" (aus Version 1 und Version 2) wird aus der Formulierung entfernt, um evtl. Missverständlichkeiten zu vermeiden.

Die Darstellungsformen werden bewusst als „mathematische" Darstellungsformen gekennzeichnet und durch den Wechsel eines Ankerbeispiels ergänzt.

Kategorie 6

Vorher (Version 2): „kann nicht mathematische mit nicht-mathematische Verständniswelt verbinden."

Die Umformulierung ersetzt „Verständniswelt" durch "Situation", um weniger abstrakt zu wirken. Zwar ist der Begriff „Situation" immer noch abstrakt, aber nicht mehr so „groß" wie es eine „Welt" ist und so stark gedanklich theoretisch festgehalten, wie es Verständnis in Kombination anmuten lässt.

Zusätzlich werden wie auch bei Kategorie 5 Beispiele ergänzt: Textaufgaben und nonverbale Situationsdarstellungen werden hierzu aufgeführt.

Da mit den überarbeiteten Beispielen nicht in der Expertenbefragung weitergearbeitet wird (von Projektleitung festgelegt), und gezielt möglichst nur Beispiele aus dem Aufgabenpool aus SUmEdA dienen sollen, wird auf den Bericht der geänderten Beispiele verzichtet. Die überarbeiteten Beispiele sind beim Autor zugänglich und werden für etwaige Folgeforschung durch Nachfolgeprojekte in SUmEdX aufbewahrt (tim.lutz@alumni.uni-heidelberg.de).

5.5 Vereinfachtes Modell (Version 4) im Hinblick auf die Vorbereitung der Expertenbefragung

Auf Basis der Überarbeitung (Version 3) (ohne Beachtung der Beispielaufgaben) nach Abschluss der Verständnisbefragung an Studierende wurden weitere Modifikationen in einer zweiten Überarbeitung in Vorbereitung auf die Expertenbefragung vorgenommen:

Vereinfachtes Modell (Version 4)

„Was wir uns im Projekt aldiff unter Wissen und Können im Bereich schulischer Algebra vorstellen,

haben wir der Nachvollziehbarkeit halber in Form der folgenden sechs Defizitformulierungen zusammengefasst:

1. Der Lernende kann eine Regel nicht wiedergeben.
2. Der Lernende macht Fehler beim Befolgen einer vorgegebenen Regel.
3. Der Lernende formt Terme falsch um.
4. Der Lernende wählt einen ungeschickten Rechenweg.
5. Der Lernende kann nicht zwischen Graph, Tabelle und Term wechseln.
6. Der Lernende kann nicht eine mathematische mit einer nicht-mathematischen Situation verbinden.“

Erläuterungen zu Veränderungen im Vereinfachten Modell (Version 4)
Auf Anraten der Projektleitung wird der “Algebra-Rechnende” durch den unspezifischen aber deutlich gebräuchlicheren Begriff des “Lernenden” ersetzt. Die Grafik aus (Version 3) wird aktualisiert und erweitert um eine reine Textversion, die zentrale Informationen, die im Rahmen des Inputvortrages genannt wurden, schriftlich festhält (Situation und Bereich des Modells).

Kategorieweise Änderungen
Kategorie 1: Um Kategorie 1 stärker von Kategorie 3 abzugrenzen (, dort kam es zur Abwanderung,) wurde die Kategorie 1 näher beschrieben, statt dem unspezifischeren „nicht kennen“ wurde die spezifischer Formulierung „nicht wiedergeben können“ gewählt.

Kategorie 2: „Anwenden“ wird durch „Befolgen“ ersetzt. Dadurch soll der Charakter des „Mitgeliefertseins“ bestärkt werden. „befolgen“ besitzt eine stärkere pfadgestaltende algorithmisch anmutende Nuance als „anwenden“.

Kategorie 3: Der ursprüngliche Gedanke, Kategorie 3 umfassender zu beschreiben, da sie die inhaltlich vielseitigste der Kategorien ist (Version 3), wird wieder verworfen. Die Auslegung des Gleichheitszeichens wird aus der Formulierung entfernt.

Die Formulierung „wendet Regeln in nicht erlaubtem Kontext an, bzw. begeht Regelverstöße“ (Version 3) wird durch die Projektleitung ersetzt durch: „formt Terme falsch um“ (Version 4).

Diese allgemeinere und vereinfachte Formulierung bringt Vor- und Nachteile mit sich, sodass dies letztlich eine Designentscheidung im Vorfeld der Vorbereitung der Expertenbefragung darstellt.

Die Nachteile ergeben sich wie folgt: Durch die knappere Formulierung, in der das Wort „Regeln“ nicht mehr vorkommt, wird die Abgrenzung von Kategorie 1 und Kategorie 2 schwieriger. Da jedoch 1 und 2 gerade diesbezüglich (Abgrenzung zu 3) einer Optimierung unterzogen wurden, bleibt zum Zeitpunkt der Erstellung offen, ob dieser Nachteil Gewicht hat. Im Vorgriff auf Ergebnisse der Expertenbefragung kann hier angemerkt werden: Es wird sich in der Expertenbefragung schließlich zeigen, dass dieses Problem tatsächlich weiter bestehen bleibt. Eine Optimierung wird schließlich auf andere Weise erfolgen, indem eine Verfeinerung der Formulierung von Kategorie 2 vorgenommen werden wird.

Ein weiterer Nachteil ist, dass die Formulierung nur dann zutreffend ist, wenn in einer Aufgabe Terme inhaltlich erwähnt werden. Dies engt abermals sprachlich etwas mehr ein, als es im immer noch im Hintergrund gedachten Vereinfachten Modell (Version 1) der Fall ist. Anderseits öffnet die unspezifische Formulierung „formt falsch um" die Kategorie 3 hin zu einer viel umfänglicheren Abdeckung innerhalb des Modells. Es ist damit plötzlich deutlich öfter möglich die Formulierung als in einer Situation zutreffend festzustellen, nämlich immer dann, wenn a u c h Terme vorkommen. Auch dieser bereits hier vermutete Nachteil wird sich schließlich in der Expertenbefragung bestätigen.

Der gewichtige Vorteil jedoch, der ausschlaggebend für die Entstehung der Kurzformulierung war, ist die Einfache Zuordenbarkeit von Situationen zu dieser Kategorie 3. Unter „falschem Umformen" kann man mit einem einzelnen Begriffspaar die maßgeblich relevante Tätigkeit des Fehlens von lesend verstehendem Rechnen zusammenfassen. Schließlich wird das lesend verstehende Rechnen auch Eingang in die Modelldefinitionen in Forschungsstrang b) finden (siehe Auswertung b)). Vom Ende aller Modellanalysen her betrachtet ist diese Umformulierung in "formt Terme falsch um" anschlussfähig.

Kategorie 4 bleibt unverändert, da alle alternativen Formulierungen verworfen wurden. „Ungeschickt" wird beibehalten als Formulierung, die eine ungünstige oder nicht einfach zum Ziel führende Herangehensweise an eine Aufgabe ausdrücken soll (vgl. WADI).

Kategorie 5
Die allgemeiner formulierten „mathematischen Darstellungssituationen" werden ersetzt durch die einfacher verständliche Aufzählung der häufigsten Beispiele „Graph, Tabelle und Term."

Damit wird gleichsam wie in Kategorie 1 eine weitere sprachliche Einschränkung der Darstellung des Kategorieumfangs vorgenommen.

Kategorie 6
Das in der Beschreibung hinzugefügte Beispiel wird wieder entfernt, um eine einheitlichere Struktur zu schaffen. Nur in Kategorie 5 wurden zuvor ebenfalls Beispiele genannt. Dort haben die Beispiele jedoch die Aufgabe, die übrige Definition zu ersetzen (siehe oben).

Zur besseren Verständlichkeit werden die unbestimmten Artikel „eine" und „einer" hinzugefügt, um eine einfachere Lesbarkeit zu erreichen. Der Artikel soll dem Leser helfen „mathematisch“ und „nicht-mathematisch“ auf zwei verschiedene Situationen zu beziehen.

5.6 Zusammenfassung der Ergebnisse in Forschungsstrang a) vor Beginn der Expertenbefragung

Im letzten Abschnitt wurde gezeigt, wie eine Befragung mit Studierenden zur Verständlichkeit des Vereinfachten Modells durchgeführt wurde. Ausgehend von Version 2 des Vereinfachten Modells wurden zwei weitere Überarbeitungen des Vereinfachten Modells vorgenommen (Version 3 und Version 4). Resultat war das Vereinfachte Modell (Version 4). Dieses Modell wird weiterverwendet als Grundlage der Expertenbefragung.

Gleichzeitig enden mit diesem Abschnitt die Überlegungen zu den Fragestellungen a1*) und a1**), die als Nebenfragestellungen als hinreichend beantwortet gesehen werden.

Nun beginnt der zweite Überarbeitungszyklus.

5.7 Methodik a) Schritt 2: Expertenbefragung (a1), a2))

Die Expertenbefragung setzt mit einem Gruß-Text ein:

„Willkommen bei aldiff!

aldiff – Algebra differenziert fördern – ist ein Projekt der Pädagogischen Hochschule Heidelberg. Ziel des Projekts ist es, Grundlagen für eine differenzierte Diagnose und Förderung im Bereich der schulischen Algebra zu entwickeln. Zielgruppe sind MINT-Studienanfänger.

Wir freuen uns darüber, dass Sie Interesse an unserer Umfrage haben!

Sie sind Lehrer bzw. Lehrerin an einer Schule oder an einer Hochschule und haben Ihre Erfahrungen mit der Algebra als Unterrichtsgegenstand gemacht.

Ziel dieser Umfrage ist es festzustellen, ob Ihre Erfahrungen das bestätigen, was wir als grundlegendes Wissen und Können im Bereich der schulischen Algebra identifiziert haben. Insbesondere, ob die von uns identifizierten wesentlichen Defizite mit Ihren Erfahrungen übereinstimmen.

Die Umfrage wird etwa 30 min in Anspruch nehmen.“

„Die Befragung besteht aus drei Teilen:

- Was sind Ihre Erfahrungen mit Schülern oder Studierenden?
- Was wir uns unter Wissen und Können im Bereich elementarer Algebra vorstellen: Ein einfaches, aber aussagekräftiges Orientierungsmodell
- Passt das Modell zu Ihren Erfahrungen?“

Der folgende Abschnitt enthält Inhalte aus Lutz et al. (2020).

5.7.1 Methodik zum ersten Teil der Expertenbefragung

Die Expertenbefragung in aldiff widmet sich in ihrem ersten Teil dem WAS der Erfahrungen des defizitären Wissens und Könnens im Bereich der elementaren Algebra bei Schülern und Studierenden am Übergang Schule-Hochschule. (siehe Fazit Theorie a) Teil 1 und Teil 2)

In die Befragung stimmt eine allgemeine Einschätzung der Relevanz der Fähigkeiten von Studienanfängern am Übergang Schule-Hochschule ein.

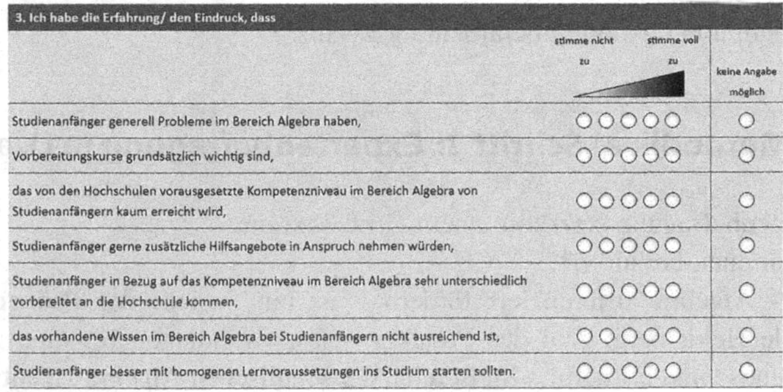

3. Ich habe die Erfahrung/ den Eindruck, dass	stimme nicht zu … stimme voll zu	keine Angabe möglich
Studienanfänger generell Probleme im Bereich Algebra haben,	○○○○○	○
Vorbereitungskurse grundsätzlich wichtig sind,	○○○○○	○
das von den Hochschulen vorausgesetzte Kompetenzniveau im Bereich Algebra von Studienanfängern kaum erreicht wird,	○○○○○	○
Studienanfänger gerne zusätzliche Hilfsangebote in Anspruch nehmen würden,	○○○○○	○
Studienanfänger in Bezug auf das Kompetenzniveau im Bereich Algebra sehr unterschiedlich vorbereitet an die Hochschule kommen,	○○○○○	○
das vorhandene Wissen im Bereich Algebra bei Studienanfängern nicht ausreichend ist,	○○○○○	○
Studienanfänger besser mit homogenen Lernvoraussetzungen ins Studium starten sollten.	○○○○○	○

Ein „fast weißes“ Blatt (vgl. MaLeMINT) wird den Experten in Bearbeitung der zweiten Aufgabe zur Einstimmung vorgelegt:

4. Innerhalb der Algebra sehe ich insbesondere bei den folgenden Bereichen generell große Defizite:	stimme nicht zu … stimme voll zu	keine Angabe möglich
Regelwissen	○○○○○	○
Anwendung von Regelwissen	○○○○○	○
Berechnen im Kopf	○○○○○	○
Terme und Gleichungen aufstellen	○○○○○	○
Anderes: ⇉ EX92_01 ⇇	○○○○○	◉

(EX92_01 ist ein integriertes leeres Textfeld)

Die Zustimmung erfolgt über eine 5 stufige Zustimmungsabfrage, sodass die Mitte wählbar ist. Es gibt eine Ausweichoption „keine Angabe möglich".

Nach der Einstimmung werden zunächst typisch auftretende Defizite im Bereich der elementaren Algebra bei Schülern/Studenten erfragt.

Zitat aus Befragung:

„Welche Schwierigkeiten oder Fehler im Bereich Algebra kommen häufig vor? Welche sind Ihnen besonders im Gedächtnis geblieben?

Sicherlich fallen Ihnen besondere Fehlleistungen im Bereich Algebra ein.

Bitte geben Sie uns hier 2 bis 3 solche Beispielrechnungen an."

Einige getrennte Eingabezeilen werden angezeigt, die zum Eintragen mehrerer Beispiele ermuntern sollen.

5.7.2 Methodik zum zweiten Teil der Expertenbefragung

Erst nachdem der oben beschriebene „fast weißes Blatt"-Befragungsteil abgeschlossen ist, wird nun am Beginn des Hauptteils der Befragung das Vereinfachte Modell (Version 4) angezeigt. Für die gesamte Befragung gilt: Es gibt keine Zeitbeschränkung zur Beantwortung der Fragen. Ein „zurück"-Klicken ist nicht möglich.

Der Hauptteil der Befragung konfrontiert die Experten mit dem Vereinfachten Modell (Version 4) und untersucht die Akzeptanz und Verständlichkeit des Modells. Dazu werden den Experten Beispielaufgaben zur Einordnung in das Vereinfachte Modell vorgelegt. Die Aufgaben finden sich im Anhang dieser Arbeit (siehe: Elektronisches Zusatzmaterial Stichwort: Aufgabenzuordnungen).

Die 12 Aufgaben sind alle gleich strukturiert. Es sind 2 Sets von 6 Aufgaben. Wieder gilt, ohne dies den Befragten mitzuteilen: In jedem Aufgabenset gibt es ein Beispiel für jede der 6 Kategorien.

Die Aufgaben werden eingeleitet mit dem Auftrag:

„Was wir uns im Projekt aldiff unter Wissen und Können im Bereich schulischer Algebra vorstellen,

haben wir der Nachvollziehbarkeit halber in Form der folgenden sechs Defizitformulierungen zusammengefasst:

1. Der Lernende kann eine Regel nicht wiedergeben.
2. Der Lernende macht Fehler beim Befolgen einer vorgegebenen Regel.
3. Der Lernende formt Terme falsch um.
4. Der Lernende wählt einen ungeschickten Rechenweg.
5. Der Lernende kann nicht zwischen Graph, Tabelle und Term wechseln.
6. Der Lernende kann nicht eine mathematische mit einer nicht-mathematischen Situation verbinden.

Ist diese Auflistung nachvollziehbar? Ist sie vollständig? Um diese Fragen zu klären, erhalten Sie nachfolgend 12 fehlerhafte Aufgabenbearbeitungen, die im Bereich Algebra auftreten können.

Entscheiden Sie jeweils, inwieweit jede der Defizitformulierungen zutrifft.“

Es sei b die Anzahl der Brötchen bei einem Einkauf.
Ein Brötchen kostet 30 Cent.
Was bedeutet in diesem Zusammenhang der Ausdruck 30b?

Bearbeitung

30 Brötchen

Aus dieser Bearbeitung wird deutlich: Der Schüler bzw. der Studierende

Kategorie trifft hier nicht zu — trifft hier voll zu

...kann eine Regel nicht wiedergeben

...macht Fehler beim Befolgen einer vorgegebenen Regel

...formt Terme falsch um

...wählt einen ungeschickten Rechenweg

...kann nicht zwischen Graph, Tabelle und Term wechseln

...kann nicht eine mathematische mit einer nicht-mathematischen Situation verbinden

Für alle Aufgaben gilt: Mit „Aufgabe" überschrieben wird in einem schwarzen Kasten eine Aufgabenstellung gezeigt. Darunter wird mit der Überschrift „Bearbeitung" eine fiktive fehlerhafte handschriftliche Schülerantwort präsentiert. (Im Bild gezeigt: Die Brötchen Aufgabe in der Formulierung der Expertenbefragung.)

Die Experten müssen auf einer (im Hintergrund 10 stufigen) Zustimmungsskala für jede Kategorie des Vereinfachten Modells (Version 4) angeben, inwiefern die Kategorie auf die präsentierte Bearbeitungssituation passt.

Quantifizierung der Definition „Zustimmung" und „Ablehnung"

Zur Auswertung wird die Passung der Kategorien zu den Expertenratings quantifiziert: Ein Expertenvotum (Zustimmungswerte e i n e s Experten bezüglich e i n e r Aufgabe) wird dann als „Zustimmung" gewertet, wenn eine andere Kategorie nicht höher als die theoretisch deduzierte Modellkategorie gewichtet wird.

Beispiel 1: Ein Experte wählt für eine Aufgabe Kategorie 2 und mehr Zustimmung in Kategorie 3 und gleich viel Zustimmung zur Einordnung in Kategorie 4. Wenn die Aufgabe nach Musterlösung (siehe Anmerkung zu „Musterlösung" in Verständnisbefragung an Studierende) in Kategorie 4 eingeordnet ist, wird dieses Wahlverhalten als Zustimmung gewertet.

Beispiel 2: Ein Experte wählt wie in Beispiel 1, jedoch schätzt er Kategorie 3 höher als Kategorie 4 ein. Dieses Wahlverhalten wird als Ablehnung gewertet.

Ein Expertenvotum wird dann als „deutliche Zustimmung" gewertet, wenn die Musterlösungskategorie die stärkste Zustimmung und alle anderen Kategorien schwächere Zustimmung erfahren. Beispiel 1 ist ein Beispiel in der zwar „Zustimmung" aber keine „deutliche Zustimmung" vorliegt.

Als „Ablehnung" wird ein Expertenvotum gewertet, wenn es andere Kategorien gibt, die mehr Zustimmung als die Musterlösungskategorie erfahren.

Als „deutliche Ablehnung" wird eine „Ablehnung" bezeichnet, bei der es eine eindeutige Kategorie gibt, der am meisten zugestimmt wurde (entgegen der Musterlösung).

Diese Arten der Auswertung ermöglicht Experten eine differenzierte Mischzuordnung, die für die Auswertung in eine einfache „Zustimmung", „deutliche Zustimmung" oder „Ablehnung" oder „deutliche Ablehnung" umgerechnet werden kann. Das Maß der Zustimmung ist folglich ein „relativ" definiertes Maß (nicht absolut).

Daneben wird zusätzlich eine visuelle Methode verwendet, um die durchschnittlich absolute Zustimmung zu beurteilen:

(zusätzliche) visuelle Beurteilung der Zustimmung

Berechnet man einen fiktiven Gesamtscore für jede Aufgabe, indem man alle Kategoriezustimmungspunkte aller Experten für die jeweilige Kategorie zusammenzählt und diese dann in einem „Spiderchart“ aufgabenweise abträgt, erhält man einen eher absoluten (statt relativen) Gesamteindruck der Expertenwahlen.

Dabei lassen sich visuell mehrere Auffälligkeiten feststellen:

Fall1: Eine große Fläche zeigt an, dass viele Punkte in gleich mehreren Kategorien vergeben wurden.

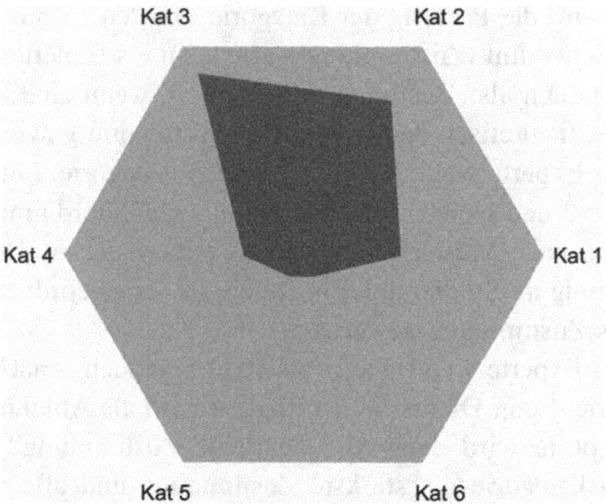

Fall2: Eine kleine Fläche bei großem „Einzelausschlag“ zeigt an, dass die Experten sich ziemlich einig mit ihrem Urteil sind und gemeinsam eine Kategorie favorisieren.

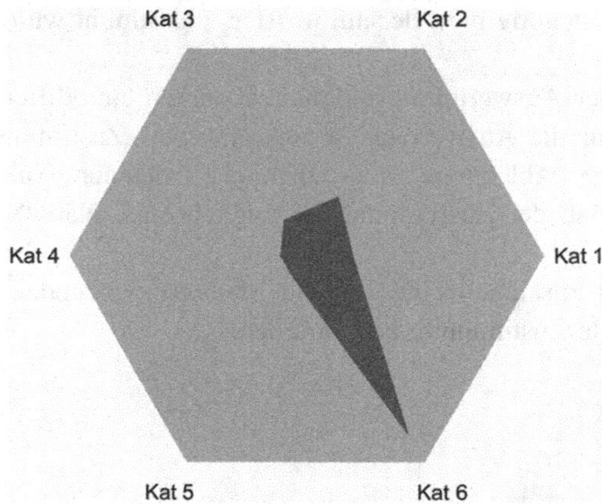

Fall3: Eine kleine Fläche ohne großen „Einzelausschlag“, zeigt an, dass die Summe der Experten keine der Kategorien als zutreffend empfand.

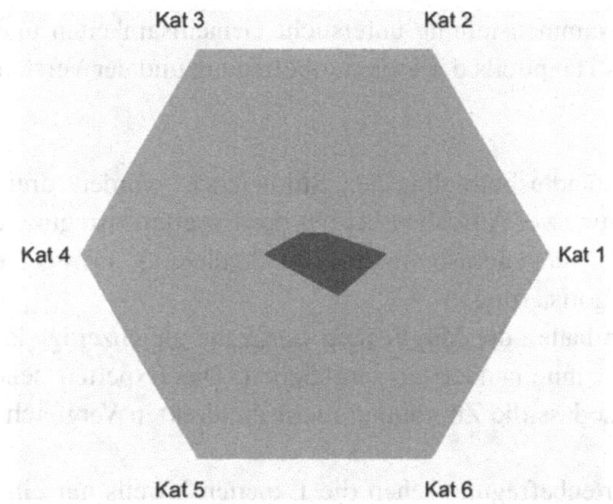

Analyse von konform und nicht-konform antwortenden Experten

Neben den zwei Analysemethoden oben wird untersucht werden, ob es unter den Experten solche gibt, die besonders konform zu den Musterlösungen von aldiff kategorisieren. Es wird untersucht werden, wo selbst die konform kategorisierenden Experten von der Musterlösung abweichen. Im Leistungstestjargon (nicht wertend!) ausgedrückt:

Wo verlieren selbst die ansonsten passgenau Treffsicheren Punkte? Die so gefundenen Kategorien oder Beispiele erfordern dringlich eine Überarbeitung.

Ebenso werden die nicht-konform kategorisierenden Experten untersucht. Im Leistungstestjargon (nicht wertend!): Wo gewinnen selbst die ansonsten öfter Danebenliegenden Punkte? Die so gefundenen Kategorien und Beispiele sind offenbar leicht verständlich gewählt und sollten höchstens marginal verändert werden.

Ob man plausibel diese beiden Gruppen von konformen und nicht-konformen Experten trennen kann, wird sich jedoch erst in der Betrachtung der Daten zeigen.

Als Kriterium werden die 3–4 „Besten“ und 3–4 „Schlechtesten“ beruhend auf der Definition „deutliche Zustimmung“ gewählt. (Bei einer Zielgruppe von 10–12 Personen scheint das angemessen.)

5.7.3 Vergleich der Methodik der Expertenbefragung mit der Methodik der Verständnisbefragung an Studierende

Die folgende Zusammenstellung untersucht Gemeinsamkeiten und Unterschiede der Methodik des Hauptteils der Expertenbefragung und der Verständnisbefragung an Studierende:

- Bei der Verständnisbefragung an Studierende wurden drei Aufgabensets anstelle von nur zwei Aufgabensets bei der Expertenbefragung den Probanden vorgelegt. Die Verständnisbefragung an Studierende erfragte dafür nur eine einfache Kategorisierung.
- Die Studenten hatten die Möglichkeit durch die gleichzeitige Zuordnung Aufgabenbeispiele miteinander zu vergleichen. Die Experten sehen jeweils nur ein Beispiel, sodass die Zuordnung nicht im direkten Vergleich vorgenommen werden kann.
- Bei der Expertenbefragung sehen die Experten jeweils nur ein Beispiel dafür aber immer das ausformulierte Modell. Bei der Studenten Verständnisbefragung dagegen sehen die Studenten alle Beispiele eines Aufgabensets, d. h. gleichzeitig 6 Beispiele aus den 6 verschiedenen Kategorien, aber nur das Tafelbild als Formulierung des Modells; ein ausformuliertes Modell fehlt.
- Der Fokus der Expertenbefragung (im Hauptteil) liegt auf der Untersuchung der Akzeptanz und Verständlichkeit durch eine freie Einschätzung mit (möglichen) Mehrfachzuordnungen im System. Dadurch sollen die Experten nicht zur Wahl von Ankerbeispielen beeinflusst werden.

5.7.4 Methodik zum dritten Teil der Expertenbefragung

Im dritten Teil der Befragung ordnen die Experten auf Basis des Vereinfachten Modells die eingangs aus der Praxiserfahrung heraus genannten eigenen Beispiele zu und ergänzen danach Bereiche der elementaren Algebra, die nicht unter den vom Projekt vorgegebenen Beispielen und Kategorien einzustufen sind (in Bearbeitung der Forschungsfrage a2)):

Zitat aus der Befragung: „Sie erinnern sich gewiss: Zu Beginn der Befragung haben Sie folgende Notizen zu häufigen oder besonders bemerkenswerten Fehlern im Bereich der Algebra gemacht:“

Den Experten werden ihre Beispiele aus dem ersten Befragungsteil angezeigt. „Falls Sie hier Angaben gemacht haben:

Könnte man diese Defizite ebenfalls einer oder mehreren von unseren sechs Defizitformulierungen zuordnen?

Diese waren:

1. Der Lernende kann eine Regel nicht wiedergeben.
2. Der Lernende macht Fehler beim Befolgen einer vorgegebenen Regel.
3. Der Lernende formt Terme falsch um.
4. Der Lernende wählt einen ungeschickten Rechenweg.
5. Der Lernende kann nicht zwischen Graph, Tabelle und Term wechseln.
6. Der Lernende kann nicht eine mathematische mit einer nicht-mathematischen Situation verbinden."

Auch hier werden mehrere getrennte leere Textzeilen angezeigt, um zur Eingabe mehrerer Zuordnungen anzuregen.

Zitat aus Befragung:

„Fallen Ihnen nun weitere Fehler ein, die unbedingt in einer solchen Zusammenstellung erfasst werden sollten? Beschreiben Sie sie nachfolgend. Welcher unserer Defizitkategorien könnten sie zugeordnet werden? Braucht es vielleicht eine weitere Fehlerkategorie? Wie würden Sie sie benennen?"

Auch hier werden mehrere getrennte leere Textzeilen angezeigt, um zur Eingabe mehrerer Zuordnungen/Beispielnennungen und der Formulierung weiterer Fehlerkategorien anzuregen.

Zitat aus Befragung:

„Hier haben Sie die Möglichkeit Dateien hochzuladen, sofern Sie uns typische Aufgaben und/oder Fehler von Studienanfängern im Bereich Algebra zukommen lassen möchten. Laden Sie auch gerne andere Dateien hoch, von denen Sie denken, dass Sie im Rahmen des Projektes für uns von Interesse sein könnten."

Mit dieser Möglichkeit handschriftliche oder ähnliche Aufzeichnungen z. B. aus dem Klausur- und Übungsbetrieb bereitzustellen, endet die Expertenbefragung. Die Experten sind technisch eindeutig den Datensätzen und den Uploads zuordenbar.

5.8 Auswertung a) Schritt 2: Expertenbefragung (a1), a2))

5.8.1 Zusammensetzung der Expertenrunde

4 Schulische: 2 SekII, 2 SekII (Beruflicher Bildungsgang)

6 Hochschulische: davon 2 in Ingenieursbereichen

Von 12 persönlich angesprochenen Personen haben 10 Personen teilgenommen und den Fragebogen vollständig ausgefüllt.

5.8.2 Auswertung der Daten aus der Einstimmung in die Befragung

Aussage	Anzahl: Zustimmungen	Anzahl: weder noch// „stimmt (eher) nicht zu"	Anzahl: keine Angabe
„Ich habe die Erfahrung/ den Eindruck, dass Studienanfänger generell Probleme im Bereich Algebra haben"	8 (von 10) davon 5 „voll"	2//0	0
„Ich habe die Erfahrung/ den Eindruck, dass Vorbereitungskurse grundsätzlich wichtig sind"	8 (von 9) davon 3 „voll"	0//1	1
„Ich habe die Erfahrung/ den Eindruck, dass das von den Hochschulen vorausgesetzte Kompetenzniveau im Bereich Algebra von Studienanfängern kaum erreicht wird"	6 (von 8) davon 2 „voll"	1//1	2
„Ich habe die Erfahrung/ den Eindruck, dass Studienanfänger gerne zusätzliche Hilfsangebote in Anspruch nehmen würden"	4 (von 8)	3//1	2
„Ich habe die Erfahrung/ den Eindruck, dass Studienanfänger in Bezug auf das Kompetenzniveau im Bereich Algebra sehr unterschiedlich vorbereitet an die Hochschule kommen"	9 (von 10) davon 6 „voll"	0//1	0
„Ich habe die Erfahrung/ den Eindruck, dass das vorhandene Wissen im Bereich Algebra bei Studienanfängern nicht ausreichend ist"	5 (von 9)	3//1	1
„Ich habe die Erfahrung/ den Eindruck, dass Studienanfänger besser mit homogenen Lernvoraussetzungen ins Studium starten sollten."	9 (von 10)	1//0	0
„Ich habe die Erfahrung/ den Eindruck, dass Studienanfänger besser mit homogenen Lernvoraussetzungen ins Studium starten sollten."	9 (von 10)	1//0	0

Zusammenfassung der Meinungsbilder aus der Expertenrunde:

- Studienanfänger haben häufig Probleme im Bereich Algebra.
- Vorkurse sind grundsätzlich wichtig.
- Die einhelligsten Meinungen beziehen sich auf die Diversität des Kompetenzniveaus im Bereich der Algebra und dem Eindruck, dass Studienanfänger besser mit homogenen Lernvoraussetzungen ins Studium starten sollten.
- Keine der Fragen wurde mit einer Gesamt-Gruppen-Tendenz zum „stimme nicht zu“ beantwortet.
- Allen Fragen wurde mindestens von der Hälfte der Personen zugestimmt.
- Die Frage mit der wenigsten Zustimmung, prozentual, wie absolut, ist die nach den zusätzlichen Hilfsangeboten. Dieser Punkt macht deutlich, dass das Förderkonzept, welches im Projekt aldiff entsteht, nicht nur als Zusatzangebot zur Verfügung gestellt werden sollte, sondern, wie das Projekt auch von Beginn an intendierte, in bereits bestehende Brückenkursveranstaltungen integriert werden sollte. Mit einer der wesentlichen Faktoren ist, wie schon öfter argumentiert, die Miteinbeziehung des Faktors Zeit, d. h. möglichst hohe passgenaue Effektivität mit möglichst wenig Zeitverbrauch.
- Die Antwortmöglichkeit „keine Angabe möglich“ wurde, bis auf eine Ausnahme, nur von den Lehrern gewählt („Ich habe die Erfahrung/ den Eindruck, dass Studienanfänger gerne zusätzliche Hilfsangebote in Anspruch nehmen würden“). Die Wahl „keine Angabe möglich“ erklärt sich bei den Experten also über die Gruppenzugehörigkeit und bestätigt die Notwendigkeit der Unterscheidung von Lehrern und Hochschullehrern in Theorie a) (Beschreibung der Expertise).

„Innerhalb der Algebra sehe ich insbesondere bei den folgenden Bereichen generell große Defizite:“ (4., siehe unter Methodik Expertenbefragung Teil 1)

Aussage	Anzahl: Zustimmungen	Anzahl: weder noch // „stimmt (eher) nicht zu“	Anzahl: keine Angabe
„Regelwissen“	4 davon 3 „voll“	5//1	0
„Anwendung von Regelwissen“	7 davon 4 „voll“	2//1	0
„Berechnen im Kopf“	7 davon 4 „voll“	2//1	0

Aussage	Anzahl: Zustimmungen	Anzahl: weder noch // „stimmt (eher) nicht zu“	Anzahl: keine Angabe
„Terme und Gleichungen aufstellen“	9 davon 7 „voll“	1//0	0

6 von 10 Personen folgen der Aufforderung und haben einen weiteren Bedarf bei Studenten in weiteren Themengebieten gesehen:

4 der Nennungen beinhalten Bruchrechnen, 2 beziehen sich auf Termumformungen, 1 auf „Struktur von Termen verstehen“, 1 nennt „Den Sinn des Buchstabenrechnens verstehen“, 1 nennt Potenzen.

Fazit: Vor Beginn des Hauptteils der Befragung äußern die Experten folgende Tendenzen
Regelwissen wird nicht so eingestuft, dass dort viele Defizite bei Studenten bestehen.

Das Anwenden von Regelwissen wird mehrheitlich als bei Studenten relevantes Defizitgebiet benannt. Selbes gilt für das „Berechnen im Kopf“.

„Terme und Gleichungen aufstellen“ erfährt die größte Zustimmung und keinerlei Ablehnung.

Die zusätzlich angegebenen Gebiete heben besonders das Bruchrechnen und die Regeln zur Termumformung, sowie allgemeiner den syntaktischen und semantischen Umgang mit Variablen hervor.

5.8.3 Auswertung der Beispiele aus der Praxis („fast weißes Blatt“)

„Welche Schwierigkeiten oder Fehler im Bereich Algebra kommen häufig vor? Welche sind Ihnen besonders im Gedächtnis geblieben? Sicherlich fallen Ihnen besondere Fehlleistungen im Bereich Algebra ein. Bitte geben Sie uns hier 2 bis 3 solche Beispielrechnungen an.“ (5., siehe unter Methodik Expertenbefragung Teil 1)

Besonders häufig genannte Antworten auf die offen gestellte Frage:

– unerlaubtes Kürzen besonders bei Variablenbeteiligung: bei 6 von 10 Experten (dabei 4 von 6 Hochschullehrenden)

- binomische Formel in der Anwendung, d. h. nicht das eigentliche Wissen um die Formel, sondern deren Bedeutung in der Anwendung 3 von 6 Hochschullehrenden nennen (unabhängig voneinander) diesen Defizitbereich

Themengebiete, die als bedeutend genannt werden:

- Potenzrechnen: Rechenregeln, Negative Exponenten, Wurzelrechenregeln, „Umschreiben von Wurzeln in Potenzen"„ Logarithmus. 5 von 6 Hochschullehrer und 4 von 4 SEKII Lehrer geben Potenzrechnen als Defizitbereich an.
- Bruchrechnung: Neben der Vielzahl von Nennungen zu „unerlaubtem Kürzen" (siehe oben) gibt es viele weitere Bezüge auf den weiter gefassten Bereich Bruchrechnung: elementare Rechnungen z. B. mit einer Zahl multiplizieren, gemeinsamer Nenner, Doppelbrüche. 5 von 10 Experten, davon 4 von 6 Hochschullehrenden benennen dies als Defizitbereich.
- Umgang mit Klammern und Rechenreihenfolge: Minusklammern, Ausklammern, Klammersetzung, Klammersetzung bei „Minuszahlen", unsichtbare Klammern beim Potenzieren: 3 Hochschulehrende und 1 Lehrer nennen dieses Themengebiet, also 4 von 10 Experten.
- Umgang mit Gleichungen: umformen, $2x - 3 = 1 - \frac{1}{x}$ (die Variable im Nenner), durch Null dividieren, $x^2 - x = 0$, falsche Äquivalenzumformungen, Betragsgleichungen und Ungleichungen. 4 von 10 Experten davon 2 Hochschullehrende und 2 Lehrer nennen dieses Themengebiet als Defizitbereich.

Einzelaussagen in den Beispielen, die bislang nicht Erwähnung fanden:

- Allgemein mathematische Notationsregeln in der Niederschrift von Termen
- Einforderung von Zahlenbeispielen
- Verwechslung von Multiplikation und Addition

5.8.4 Fazit zur Auswertung der Beispiele aus der Praxis

„Unerlaubtes Kürzen" ist bei den Hochschullehrer-Experten eine sehr präsente Erfahrung.

Wenn „binomische Formel" von Hochschullehrern genannt werden, geht es darum die Formel in einer gegebenen Situation anzuwenden oder zu erkennen.

Illustrierendes Zitat aus der Befragung:

„Binomische Formeln nur gelernt, aber nicht „verinnerlicht": (a + b)^2 = a^2 + 2ab + b^2 wird richtig „aufgesagt", dann aber: (x + 1)^2 = x^2 + 1 gerechnet"

Beispiele aus dem Bereich Potenzrechnung werden von 9 von 10 Experten unabhängig genannt. Der Bereich Bruchrechnung, sowie der Umgang mit Klammern und Gleichungen werden je von fast der Hälfte der Experten genannt.

Die Beobachtungen zur Bruchrechnung und dem Umgang mit Variablen decken sich mit den Untersuchungen von Kersten (2015).

5.8.5 Auswertung des Hauptteils der Expertenbefragung

Im Folgenden werden die Daten des zweiten Teils der Expertenbefragung mit den drei Analyseansätzen aus der Methodik zum zweiten Teil der Expertenbefragung untersucht (vgl. Methodik Expertenbefragung Teil 2). Die 12 Aufgaben der Expertenbefragung bestehen aus den Aufgabensets:

Set 1: 1, 2, 3, 4, 5, 6

Set 2: 01,02,03,04,05,06

Auswertung mittels Quantifizierung der Definition „Zustimmung" und „deutliche Zustimmung"

Zum besseren Verständnis der Auswertung machen Sie sich bitte zuvor nochmals mit den Definitionen in der Methodik vertraut.

Aufgaben mit „deutlicher Zustimmung":

7 von 10 oder mehr Experten stimmen deutlich zu bei den Aufgaben 5, 05 und 06.

3 von 10 oder weniger Experten stimmen deutlich zu bei den Aufgaben 1,3,02,03 und 04. Bei den Aufgaben 2,4,6,01 stimmen 5–6 Experten deutlich zu.

Drei Experten erreichen mit dem Kriterium „deutliche Zustimmung" 8 von 12 Punkten als Höchstwertung. (sehr konform)

Aufgaben mit „Zustimmung":

7 von 10 oder mehr Experten stimmen zu bei den Aufgaben 1,3,4,5,6,01,03,05,06. (konform)

3 von 10 oder weniger Experten kategorisieren die Aufgabe 04 korrekt.

Die Maximalpunktzahl, welche von 2 (der sehr konformen) Experten erreicht wird, erhöht sich von 8 auf 11 von 12 Punkten. Beide verlieren ihren 12. Punkt bei Aufgabe 04 (Musterlösung 5), die sie beide anders einschätzten.

Analyse von konform und weniger konform antwortenden Experten

Betrachtung der konformen Experten

Wo verlieren die „konformen“, (d. h. die drei Experten mit 8 Punkten nach „deutliche Zustimmung“) Punkte und welche Kategorie wurde stattdessen gewählt?

Alle drei Experten verlieren einen Punkt bei Aufgabe 02 mit Musterlösung 1. Stattdessen wurde gewählt:

Experten	Kategorie : Zustimmung	Kategorie : Zustimmung	Kategorie : Zustimmung
Experte 1	3 : 10	2 : 5	1 : 5
Experte 2	3 : 5	2 : 9	1 : 5
Experte 3	3 : 2	2 : 7	1 : 2

Zusammengefasst liegt der Fokus also eher auf den Kategorien 2 oder 3 (grün gekennzeichnet)

Alle drei Experten verlieren einen Punkt bei Aufgabe 3 mit Musterlösung 1. Stattdessen wurde gewählt:

Experten	Kategorie : Punkte	Kategorie : Punkte	Kategorie : Punkte
Experte 1	3 : 6	2 : 10	1 : 10
Experte 2	3 : 6	2 : 4	1 : 6
Experte 3	2 : 10	1 : 10	nur zwei gewählt

Zusammengefasst liegt der Fokus also immer auch auf Kategorie 2 oder 3 (grün gekennzeichnet).

Alle drei Experten verlieren einen Punkt bei Aufgabe 1 mit Musterlösung 3. Stattdessen wurde gewählt:

Experten	Kategorie : Punkte	Kategorie : Punkte	Kategorie : Punkte	Kategorie: Punkte
Experte 1	2 : 10	3 : 10	nur zwei gewählt	nur zwei gewählt
Experte 2	2 : 6	3 : 8	4 : 10	nur drei gewählt
Experte 3	1 : 10	2 : 4	3 : 10	4 : 10

Zusammengefasst liegt der Fokus also auf den Kategorien 2 oder 4 (vereinzelt auch 1).

Den vierten Punkt verlieren die drei Experten bei unterschiedlichen Aufgaben: 4,01,03.

Betrachtung der weniger-konformen Experten

Wo gewinnen die „weniger-konformen“ Experten, d. h. die 4 Experten mit nur 5 bzw. 2 Punkten gemeinsam Punkte?

3 der 4 Experten kategorisieren Aufgabe 05 mit Musterlösung 6 korrekt.

Darüber hinaus gibt es keine „mehrheitsfähigen“ Gemeinsamkeiten, d. h. Aufgaben bei denen mehr als zwei der 4 Experten im Sinne der Musterlösung korrekt antworten, mit dem Maß „deutliche Zustimmung“.

Analyse nach der Definition „deutliche Ablehnung“

Drei oder mehr von 10 Experten wandern in „deutlicher Ablehnung“ bei Aufgabe 02 von der Musterlösung 2 nach 1 ab. 5 Experten entscheiden sich in „deutlicher Ablehnung“ bei Aufgabe 04 für 2 anstelle von 5 und insgesamt 7 Experten nicht für 2 (in „deutlicher Ablehnung“).

Zusätzliche Auswertung visueller Auffälligkeiten in den Spidercharts

Bitte machen Sie sich zuvor nochmals mit der Methodik vertraut.

Beispiel für ein Spiderchart: Aufgabe 04

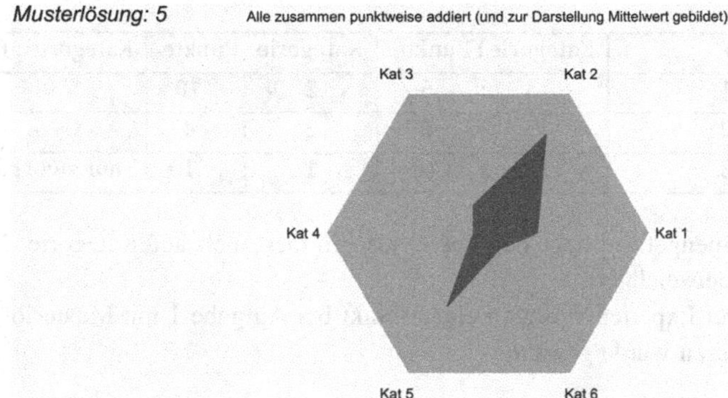

Im elektr. Anhang findet sich eine Gesamtübersicht aller ermittelten Spidercharts.

Aufgabe	Musterlösung	Fall	Kommentar
1	3	2	besonders Kategorien 2 und Kategorie 3 werden gewählt. Kategorie 1 wird auch genannt.
2	5	2	besonders Kategorie 5 aber auch Kategorie 2 wird gewählt
3	1	2	besonders Kategorie 1 aber auch Kategorie 3 und Kategorie 2 werden gewählt
4	2	2	besonders Kategorie 2 und deutlich weniger Kategorie 3 wird gewählt
5	6	2	besonders Kategorie 6 wird gewählt
6	4	2	Ausschlag deutlich bei Kategorie 4, aber insgesamt wenig vergebene Punkte
01	4	2	Ausschlag deutlich bei Kategorie 4, aber insgesamt wenig vergebene Punkte
02	1	1	Auch Kategorie 1 wird gewählt, mehrheitlich aber Kategorie 2 und Kategorie 3.
03	3	2	besonders Kategorie 2 und Kategorie 3 wird gewählt
04	5	2	besonders Kategorie 5 und Kategorie 2 wird gewählt. Mehr Punkte erhält jedoch Kategorie 2!
05	6	2	besonders Kategorie 6 wird gewählt
06	2	2	besonders Kategorie 2 wird gewählt

Legende:
Musterlösung besonders gut visuell sichtbar: grün
Musterlösung besonders schlecht visuell sichtbar: rot

5.8.6 Fazit zur Auswertung des zweiten Teils (Hauptteil) der Expertenbefragung

Sowohl die Betrachtung über die Definition „Zustimmung“, als auch die Betrachtung nach „deutlicher Zustimmung“, sowie die visuelle Sichtung der Daten mittels Spidercharts kommen zu dem Schluss, dass Kategorie 6 des Vereinfachten Modells (Version 4) besonders übereinstimmend von den Experten zugeordnet wird.

Betrachtet man die Daten unter dem Gesichtspunkt „Zustimmung“ stellt man fest, dass die Kategorien 2,3,4 und 6 vorwiegend richtig von den Experten kategorisiert wurden.

Reaktion auf Abwanderung in Kategorie 5

Kategorie 5 wurde vorwiegend nicht im Sinne der Musterlösung kategorisiert. Bei den Beispielen mit Musterlösung 5 wird häufig auch Kategorie 2 gewählt.

Kategorie 5 arbeitet immer mit funktionalen Zusammenhängen (Wechsel zwischen Term, Tabelle und Graph). Die zusätzliche Häufung der Wahl von Kategorie 2, wird auf die Formulierung von Kategorie 2 im Vereinfachten Modell (Version 4) zurückgeführt: „2. Der Lernende macht Fehler beim Befolgen einer vorgegebenen Regel.“

Die „vorgegebene Regel“ wird sprachlich offenbar mit der „Funktionsvorschrift“ identifiziert. Um diese Identifikation abzuschwächen wird von der Projektleitung vorgeschlagen:

„Der Lernende macht Fehler beim Befolgen einer im Aufgabentext abgedruckten Regel.“

Da in dieser Neuformulierung der Autor weiterhin die beschriebene Verwechslungsgefahr sieht, wurde folgender Vorschlag zur Umformulierung (auch im Hinblick auf das Förderkonzept) erarbeitet:

„Der Lernende macht Fehler beim Befolgen einer Regel, die in Art einer Formelsammlung in der Aufgabe mitabgedruckt präsentiert wird.“

Reaktion auf die häufige Wahl von Kategorie 3

Die Formulierung von Kategorie 3 (Modellversion 4) lässt sich auf viele Situationsanlässe übertragen. Die Formulierung wurde von der Projektleitung in dieser Form zur Verwendung so bestimmt.

Die häufige Wahl von Kategorie 3 als zusätzliche zustimmende Nennung wurde vorausgesagt (siehe allgemeine Erläuterungen zum Vereinfachten Modell (Version 4)).

Dies ist akzeptabel, solange nicht höher als nach Definition „Zustimmung“ gewertet wird. Wenn Mehrfachzuordnungen wie bei der Expertenbefragung vorgenommen werden, wird das zusätzliche Hinzu-Wählen von Kategorie 3 von der Definition zur Auswertung: „Zustimmung“ aufgefangen.

Reaktion auf die häufige Wahl von Kategorie 2 und Kategorie 3 anstelle der angedachten Musterlösung Kategorie 1

Aufgrund der Formulierung der Kategorie 1 können die Aufgabenbeispiele immer auch der Kategorie 3 und vor der oben beschriebenen Veränderung der Kategorie 2 zugeordnet werden. Die Formulierung von Kategorie 1 wird daher angepasst.

Als Resultat legt die Projektleitung eine Umformulierung fest in:

„1. Der Lernende kennt eine Regel nicht und kann sie nicht wiedergeben."

Dies soll betonen, dass Kategorie 1 danach fragt, ob die „Grundlernform" wiedergegeben werden kann.

Alternative Formulierung des Autors:

„1. Der Lernende kennt eine Regel in ihrer Grundlernform nicht, oder kann sie nicht in ihrer Grundlernform wiedergeben."

5.8.7 Auswertung des dritten Teils der Expertenbefragung

Zuordnung der selbstgenannten Bespiele der Experten in das Vereinfachte Modell (Version 4)

Die Experten ordneten ihre eigenen Beispiele den Kategorien zu:

selbstgewähltes Beispiel	eigene Zuordnung durch Experten	Kommentar: theoriebasierte Zuordnung nach dem Vereinfachten Modell durch den Autor
„(a + b)^2 = a^2 + b^2 (2x)^3 = 2*x^3 (x + y)/x = y"	1,2,3	Das erste Beispiel kann als Beispiel für Kategorie 1 gelten. Alle Beispiele können Kategorie 3 zugeordnet werden.
„Auflösen mit der Binomischen Formel"	1	kommt darauf an, wie genau. Kann Kategorie 1 sein, sonst Kategorie 3.
„Wurzelziehen, z. B. SQRT (z^2 + x^2) wird zu z + x" (findet sich mehrfach)	2	vermutlich Kategorie 3
„Doppelbrüche auflösen, wenn also im Zähler und Nenner ein Bruch steht"	3	3, (obwohl Doppelbruchrechnung nicht explizit Teil der Algebratestaufgaben ist)
„Umgang mit Potenz- und Logarithmengesetzen"	2	3, sofern das Gesetz nicht mitabgebildet ist. Potenzrechnung/Logarithmus ist nicht Teil der Inhalte der Aufgaben aus SUmEdA

selbstgewähltes Beispiel	eigene Zuordnung durch Experten	Kommentar: theoriebasierte Zuordnung nach dem Vereinfachten Modell durch den Autor
„2x – 3 = 1 – 1/x (die Variable im Nenner)"	2	3
„(6x/x – 1) -- >(6/ – 1)…(elementares Kürzen aus Summen…)	2	3
„Exponentendarstellung von Wurzeln (rationale Exponenten)"	1	1, sofern die Kenntnis der Regeln und nicht schon deren Anwendung gemeint ist. Potenzrechnung ist nicht Teil der Inhalte der Aufgaben aus SUmEdA
„(–3^2)^(–1) (negative Exponenten)" (findet sich mehrfach)	1	1, sofern die Kenntnis der Regeln und nicht schon deren Anwendung gemeint ist. Potenzrechnung ist nicht Teil der Inhalte der Aufgaben aus SUmEdA
„Rechenregeln bei der Potenzrechnung z. B. 3*2^4 = 6^4"	2	3
„Äquivalenzumformungen zur Lösung einer Gleichung sind fehlerhaft z. B. auf beiden Seiten einer Gleichung (:0,5) rechnen"	3	3
„Verwechslung von Multiplikation und Addition z. B. x*x = 2x"	2	3
„Bruchrechnen allgemein"	1,2,3	1,2,3, im Kontext von SUmEdX wohl Teil der Arithmetik
„Bruchrechnen symbolisch" (findet sich mehrfach)	1,2,3,4 (z. B. Hauptnenner vor Kürzen)	1,2,3,4
Betragsgleichungen und Ungleichungen	(1),2,3	wahrscheinlich ist 1 oder 3 gemeint Betragsgleichungen und Ungleichungen sind nicht Teil des Aufgabenpools aus SUmEdA

Vorschläge der Experten für das Hinzufügen weiterer Kategorien
(, die sie aus eigener Abschätzung im Vereinfachten Modell nicht abgebildet fanden.)

Zitate aus der Befragung:

„Umsetzen von grundsätzlich bekannten Regeln auf komplexere Strukturen (Beispiel: eine Bruchgleichung mit Binomen im Zähler oder Nenner)“

Kommentar des Autors: Dies ist inhaltlich Teil der Kategorie 4. Kommt jedoch sprachlich nicht vor.

„Erkennen von Grundeigenschaften eines funktionalen Zusammenhangs anhand einer Wertetabelle (z. B. Beschreibung vom Verlauf einer Kurve und Einordnung in die Funktionsgruppe; Nullstellen etc.)“

Kommentar des Autors: Dieser Bereich muss als Erweiterung der Kategorie 5 verstanden werden, dem Wechsel zwischen Term, Tabelle und Graph. Scheitelpunktbestimmungen bei Parabeln sind durchaus Teil von SUmEdA. Da SUmEdA sich nur mit linearen und quadratischen Funktionen auseinandersetzt, wäre hierzu eine Erweiterung notwendig.

„Textverständnis: Habe ich verstanden was im Text steht?“

Kommentar des Autors: Ist inhaltlich Kategorie 6 zugeordnet, wird jedoch sprachlich nicht hervorgehoben.

„Neben „formt Terme falsch um“ wäre es denkbar die Fehlerkategorie „formt Gleichungen falsch um“ zu ergänzen bzw. erstere damit zu erweitern“

Kommentar des Autors: Gleichungen sind implizit in dieser Kategorie enthalten.

„Diese Problematik sehe ich noch nicht in Ihren Kategorien abgebildet. Kategorie wäre wohl: „Mathematische Notation, Mathematische Syntax und Semantik wird nicht beherrscht““

Kommentar des Autors: Diese Eigenschaft ist verteilt auf die Kategorien 1–4 und kommt zur Anwendung in Kategorie 5 und 6.

Sowohl von den Hochschullehrenden als auch von den Lehrern wurden eigene Modellkategorievorschläge entwickelt.

Die Zuordnungen, die die Experten für ihre eigenen Beispiele vornehmen, bestärken, dass die Formulierung der Kategorie 2 im Vereinfachten Modell (Version 4) wie im letzten Abschnitt beschrieben angepasst werden sollte, um Missverständnisse auszuräumen. Die von den Experten eingeordneten Beispiele sind vorwiegend der Kategorie 3 zuzuordnen. Viele der genannten Defizitbereiche von Studierenden sind nicht Teil der Aufgaben aus SUmEdA. Insbesondere Potenz- und (arithmetische) Bruchrechnung sind nicht enthalten.

Wenn die Akzeptanz des Vereinfachten Modells erhöht werden soll, wären die vorgenannten Themengebiete eine sinnvolle Ergänzung.

5.8.8 Vereinfachtes Modell (Version 5, final) (Lutz et al. 2020)

Defizite im Bereich der elementaren Algebra lassen sich vereinfacht, aber aussagekräftig in folgendem sechs Kategorien umfassenden Orientierungsmodell beschreiben:

1. Der Lernende kennt eine Regel nicht und kann sie nicht wiedergeben.
2. Der Lernende macht Fehler beim Befolgen einer im Aufgabentext abgedruckten Regel.
3. Der Lernende formt Terme falsch um.
4. Der Lernende wählt einen ungeschickten Rechenweg.
5. Der Lernende kann nicht zwischen Graph, Tabelle und Term wechseln.
6. Der Lernende kann nicht eine mathematische mit einer nicht-mathematischen Situation verbinden.

Alternative Formulierungen zu Kategorie 1 und 2:

1. Der Lernende kennt eine Regel in ihrer Grundlernform nicht, oder kann sie nicht in ihrer Grundlernform wiedergeben.
2. Der Lernende macht Fehler beim Befolgen einer Regel, die in Art einer Formelsammlung in der Aufgabe mitabgedruckt präsentiert wird.

Mit dem Vereinfachten Modell (Version 5) ist die Entwicklung des Modells vorläufig abgeschlossen. Die nächste Befragung des dritten Zyklus wird keine Überarbeitung des Vereinfachten Modells anstreben. Damit ist die Arbeit an Forschungsfrage a1), der Erstellung des Vereinfachten Modells, abgeschlossen.

5.9 Methodik a) Schritt 3: Doktorandenbefragung (a*), a2))

Eine weitere kleine zusätzliche empirische Erhebung wird angeschlossen. Zwei Fragestellungen werden hierbei untersucht: Die Frage nach der Abbildung der Varietät von Vorkursangeboten trotz kleiner Stichprobe und die Frage nach der Erhöhung der Akzeptanz durch Ausweitung von SUmEdA auf weitere bisher nicht berücksichtigte Themenbereiche der elementaren Algebra am Übergang Schule-Hochschule. Der zweite Teil der Befragung beschäftigt sich somit mit der Stützung und Beurteilung der Ergebnisse der Expertenbefragung.

Es werden Doktoranden im Rahmen der NWK2018 Münster über das Vorkursangebot Mathematik an ihren Hochschulen mittels eines Kurzfragebogens befragt. Die Fragen sind gezielt dazu entwickelt, durch die Erhebung von Eckdaten Indizien für die Situation in den Vorkursen auszuloten.

Um die Bereitschaft zur Teilnahme hoch zu gestalten, werden die meisten Fragen des zweiseitigen Fragebogens als Eckdaten-Abfragen mit den eindeutigen Antwortmöglichkeiten, „ja", „nein", „weiß nicht" gestellt. Ergänzt werden diese Fragen um meist halboffen gestellte Fragen, bei denen Antwortalternativen vorgegeben sind, aber auch zur weiteren Ergänzung ermuntert wird. Es gibt auch offen gestellte Fragen, die mit einer kurzen Antwortsequenz beantwortet werden können.

Hier eine Zusammenfassung der Kernanliegen des Fragebogens: Für welche Studierendengruppen stehen Vorkurse zur Verfügung / wie sieht ein solches Vorkursangebot aus / wer führt es durch / welche Inhalte werden behandelt / welche Materialien werden verwendet / finden Rückmeldungen an die Veranstalter statt / wie wird der Studienbeginn koordiniert / wie wird in den Vorkursen gearbeitet / mit welchen Materialientypen kommen zum Einsatz / werden Übungsaufgaben gestellt und wie werden diese korrigiert / welche Lernmaterialien werden zur Verfügung gestellt?

Der vollständige Fragebogen ist erhältlich unter:
tim.lutz@alumni.uni-heidelberg.de

5.10 Auswertung a) Schritt 3: Doktorandenbefragung (a*),a2))

5.10.1 Auswertung a) Doktorandenbefragung Teil 1 (a*))

An der Befragung nahmen 8 Personen teil, 6 Personen berichteten von ihren aktuellen Erfahrungen an ihrer Einrichtung, 2 Personen von zurückliegenden eigenen Studienerfahrungen. Eine von diesen wegen mangelndem Wissen über die Situation an der eigenen Einrichtung, eine, weil sonst eine Doppelung eines Hochschulstandortes in den Daten aufgetreten wären.

Daraus lassen sich folgende Tendenzen für 8 Einrichtungen aus Baden-Württemberg, Bayern, Niedersachsen (3), Sachsen und NRW (2) ableiten (in Bearbeitung der Forschungsfrage a*)).

An allen Einrichtungen gibt es Vorkurse, die für Mathematiker und Physiker angeboten werden. Oft kommen Wirtschaftswissenschaften, Informatik und andere Naturwissenschaften hinzu, wie z. B. Biologie oder Geologie. Diese werden als „Servicemathematik“-Dienstleistung angeboten. Die Vorkurse dauern zwischen 1 und 4 Wochen (dann aber nur z. B. 3 Tage in der Woche), im Schnitt 1–2 Wochen. Meist sind Vorkurse für „reine Mathematiker“ länger angelegt (meist 2 Wochen) als die anderen (oft nur 1 Woche).

Mancherorts werden Physiker und Mathematiker zusammengelegt und die Physiker haben noch zusätzliche weitere Vorkurstage, z. B. speziell für Physik.

Die Vorkurse bestehen in der Regel aus einer Mischung von Vorlesung und Übungsphasen in einer workshopähnlichen Gestaltung. Manchmal sind vorlesungsähnliche Teile von Übungen zeitlich getrennt. Als Arbeitsformen während den Übungsanteilen werden meist alle: von „Einzelarbeit“ über „Partnerarbeit“ vereinzelt bis hin zur „Gruppenarbeit“ von den Doktoranden angegeben.

Die Vorkursangebote werden entweder über die mathematischen Institute, oder meist über hochschulweite Qualitätssicherungsmittel finanziert und in der Regel von organisationsinternen Personen bezahlt bzw. unter Deputatsanrechnung durchgeführt. Die Kurse finden alle vor Beginn des Semesters statt.

Als Materialien werden in allen 8 Einrichtungen Skripte und Übungsaufgaben verwendet.

Eine geordnete Rückmeldung der Vorkursteilnehmer an den Dozenten findet fast an allen Standorten statt, in der Regel auch mit der Erhebung von zumindest selbst eingeschätzten Zulerneffekten. Diese Rückmeldungen werden auch in der Regel an alle an der Vorkursorganisation direkt beteiligten Personen weitergeleitet.

Alle diese Daten sind natürlich aufgrund der geringen Anzahl von 8 Einrichtungen nicht absolut oder allgemein repräsentativ zu sehen, geben aber einen guten Eindruck von der Situation der Hochschulen der befragten Doktoranden. Bis zu diesem Punkt der Auswertung ähneln sich die Rahmenbedingungen der Vorkurse studiengangsbezogen sehr.

Unterschiede

Die mathematischen Inhalte, die behandelt oder wiederholt werden, unterscheiden sich jedoch sehr stark voneinander.

Einrichtungen, die Wert auf Folgen, Funktionen, Beweistechniken (Induktion) Formalismus (Quantorenschreibweise) legen, stehen neben anderen Einrichtungen, die sich besonders mit Differential- und Integralrechnung, Potenzen und Wurzeln und Logarithmen oder auch Trigonometrie beschäftigen.

Einige der Einrichtungen öffnen den Schulstoff der Sekundarstufe II Richtung Sekundarstufe I immer weiter rückwärts gerichtet. Manche bieten sogar ausschließlich nur noch Stoff der Sekundarstufe I. Thematisch zählt dazu: Bruchrechnung und

Termumformung, z. B. ergänzt um Lineare Gleichungssysteme oder Grundlagen der Mengenlehre.

Fazit Diversität

Es ist erstaunlich, dass selbst aus dieser kleinen Stichprobe von nur 8 (zufälligen) Einrichtungen deutlich wird, dass die Diversität, welche sich schon aus der Zusammenschau der Literatur zu Vor- und Brückenkursen ergab (siehe Exkurs Vorkurse), weiterhin die Realität an den Standorten abbildet.

Arbeitsmaterialien

Die Struktur der Zusammenstellung der Materialien hauptsächlich bestehend aus „Skript und Übungsaufgaben" ist zwar überall gleich, die inhaltliche Füllung aber folgt natürlich der beschriebenen Diversität, sodass meist einrichtungseigenes, selbstentwickeltes Material der Vorjahre (wieder)verwendet und (weiter) ausgebaut wird.

Als Ergänzung zur Arbeit mit Papier werden zusätzlich in der Hälfte der Fälle Arbeiten am Bildschirm also digitalen Endgeräten durchgeführt.

Finanzierung und Übungsaufgaben

Als Indikator für Qualität bzw. Geldmittel, die hinter den Vorkursangeboten stehen, wurde erfragt, ob studentische Mitarbeiter Teile des Vorkurses übernehmen. Die Hälfte der Einrichtungen setzen auf den Einsatz von Studenten zur Betreuung der Studienbeginner außerhalb der in der Regel von einem Professor, manchmal von einem wissenschaftlichen Mitarbeiter durchgeführten vorlesungsähnlichen Strukturen innerhalb der Vorkurse. Als weiteres Indiz für das Maß, das dem einzelnen Vorkursteilnehmer an Betreuung (und damit Geld) zuteilwird, wurde danach gefragt, ob und von wem die im Laufe der Vorkurse aller Einrichtungen bearbeiteten Übungsaufgaben korrigiert werden. Die Korrektur der Übungsaufgaben findet nur in 4 der 8 Einrichtungen statt. Dort ist sie organisiert durch Personen aus dem Vorkursteam. In den Übrigen werden die Aufgaben als Musterlösung im Plenum vorgestellt.

Auch bei der Art und Weise, wie diese Lösungen von Beispiel- und Übungsaufgaben präsentiert werden, haben die 8 Standorte vieles gemeinsam. An allen 8 Standorten werden die Lösungen der Übungsaufgaben gezeigt, meist durch die Herausgabe von Musterlösungen an alle, und Hinweise auf typische Fehler, die bei der Lösung eintreten könnten.

5.10.2 Fazit Teil 1 der Doktorandenbefragung (a*))

In Teil 1 der Doktorandenbefragung konnte Forschungsfrage a*) bearbeitet werden.

Die Rahmenbedingungen und Eckdaten, wie Zeit, Raum und prinzipieller Durchführung bezüglich des Vorkursangebots scheinen an den 8 Standorten sehr ähnlich zu sein.

Die Diversität in der inhaltlichen Ausgestaltung erfordert eine hochschul- und studienganggerechte Anpassung, um Diagnose mit Materialien des Projektes aldiff im Sinne der bestehenden Vorkurskonzepte zu ermöglichen. Potential des Projektes aldiff besteht im Rahmen einer schnellen Diagnose von elementaren Algebrafähigkeiten an den Hochschulen, die bereits digitale Endgeräte für die Durchführung ihrer Vorkurse einsetzen. aldiff im Kontext von SUmEdX würde ein bausteinbasiertes Konzept unterstützen.

5.10.3 Auswertung a) Doktorandenbefragung Teil 2 (a2))

Der zweite Teil der Befragung beschäftigt sich unter anderem mit der Zuordnung verschiedener Beispielaufgaben.

Zitat aus dem Fragebogen:

A „Ein Abiturient in meinem Bundesland könnte spontan und ohne vorherige Übung folgende Aufgaben lösen" (d. h. ich gehe davon aus, dass ein Schüler mittlerer/durchschnittlicher Leistung diese Aufgabe lösen kann. Dies wurde durch eine Rückfrage im Plenum spezifiziert)

B „Aus Ihrer Erfahrung heraus: Welche Aufgaben wären dem Erstsemester MINT Ihrer Einschätzung nach nützlich oder notwendig, um einen guten Einstieg ins Studium zu haben?"

Die Aufgaben, die es unter diesen beiden Gesichtspunkten zu bewerten galt, wurden explizit als besonders kurz formulierbare Aufgaben präsentiert (ähnlicher der Verständnisbefragung an Studierende). Zur Auswahl der Inhaltsgebiete wurden gezielt Aufgaben im Hinblick auf die Rückmeldungen in der Expertenbefragung erstellt. Einige außeralgebraische Themen werden jeweils mit einer Aufgabe (nur äußerst) exemplarisch angesprochen. Das sind Themengebiete, wie das Prinzip des „Zufalls entgegen der ersten Intuition", „Vorstellung von Geometrischen Formen", „Wissen über Pi und rationale/irrationale Zahlen", „Trigonometrie, Ableitungen und bekannte Werte der trigonometrischen Funktionen" und „Potenzrechnung (und Klammer-Setzung/Bedeutung)". Daneben wurde in Erinnerung der besonderen Betonung durch die Experten das Kürzen aus einem

Bruch sowie das Erkennen der binomischen Formeln („rückwärts“ erkennen) aufgenommen. Abgerundet wurde das Beispielaufgabenset durch eine Aufgabe zum Thema „Gleichungen lösen“.

Antwortmuster zu A:

Eine Two-Step Clusteranalyse mit kategorialen Daten entscheidet sich für 3 Personen-Cluster.

Um die folgenden Beschreibung der Cluster vollständig nachvollziehen zu können, sollte das Aufgabenblatt im Anhang betrachtet werden (siehe: Elektronisches Zusatzmaterial Stichwort: Doktorandenbefragung):

- Diejenigen, die den Abiturienten keine Aufgabenlösung zutrauen (2 Personen)
- Diejenigen, die den Abiturienten alle Aufgabenlösungen zutrauen außer e und h (2 Personen)
- Diejenigen, die den Abiturienten zusätzlich d und eventuell b nicht zutrauen (4 Personen).

Betrachtet man die absoluten Häufigkeiten der Nennung (im Gegensatz zu Antwortmustern oben) sieht man eine Uneinigkeit über die Einschätzung der Fähigkeiten der Abiturienten besonders bei den Aufgaben b (4:4), d (3:5), a, f, g und i (5:3). Die einhellige Einschätzung der Doktoranden ist, dass Aufgaben e (1:7) und h (0:8) mit „nein“ zu beantworten sind, d. h. Abiturienten nicht zugetraut werden.

Wenn man die Clusteranalyse nochmals durchführt und zusätzlich noch die Einschätzung bezüglich eines Nutzens für Studieneinsteiger beachtet, ergeben sich 2 Personen-Cluster.

- Diejenigen, die a, f und i als durch Abiturienten lösbar und b, f, h und i als nützlich für das erste Semester einschätzen (4 Personen)
- Diejenigen, die a, f und i nicht als von Abiturienten lösbar aber ebenfalls b,f,h und i als nützlich einschätzen.(3 Personen)

Diese Ergebnisse stützen die Ergebnisse der Expertenbefragung. Aus ganz verschiedenen Aufgaben, werden insbesondere diejenigen mit elementar algebraischem Hintergrund als von besonderer Bedeutung für den Studienbeginn herausgestellt. Im Gegensatz zur Situation der Expertenbefragung werden von den nicht oder nur teilweise an der Lehre beteiligten Doktoranden leicht andere Einschätzungen geäußert. Die Doktoranden haben vermutlich im Vergleich zu den Experten der Expertenbefragung einen deutlich kürzeren und deutlich weniger umfassenden Überblick über die Details defizitärer Bereiche in der elementaren Algebra. Die Doktoranden sehen nur uneinheitlich Defizitbereiche, die in der Expertenbefragung jedoch wiederholt genannt werden, z. B. f) (binom. Formel in Anwendungssituation erkennen).

5.10.4 Fazit Teil 2 der Doktorandenbefragung (a2))

Die Ergebnisse der Expertenbefragung zu a2) werden durch die Doktorandenbefragung gestützt.

Das Projekt aldiff verwendet auf Basis der Forschungsfragen b) gezielt die Aufgabenitems aus dem Vorgängerprojekt DiaLeCo. Es wird dennoch vom Autor ausdrücklich auf Basis der Expertenbefragung und dieser zweiten empirischen Erhebung empfohlen, die in der Expertenbefragung aufgezeigten, aber im Itempool des Vorgängerprojekts nicht vorkommenden Themengebiete zusätzlich durch einen additiv zu verstehenden Test zu erfassen. Das Kürzen aus Brüchen mit Variablen ist bereits im zugrundeliegenden Itempool Teil der Speedtestaufgaben. Die binomischen Formeln in ihrer Rückwärtserkennung und die Lösung einfacher Gleichungen ist ebenfalls Teil des Aufgabenpools.

Darüber hinaus sollten zusätzlich zur elementaren Algebra (nach SUmEdA) auch Trigonometrie und Potenzrechnung diagnostiziert und gefördert werden.

Auch Feinheiten der Termumformung, wie z. B. die versehentliche Division durch 0, (die nicht bereits Teil der Inhalte des Itempools des Vorgängerprojektes sind,) sollten bei Verdacht auf Defizite in diesem Bereich zusätzlich getestet werden, da Sie sich ebenfalls in beiden (indirekten) Untersuchungen als besonders gewichtig gezeigt haben.

Exkurs Die elementare Algebra nach MaLeMINT – eine „Reanalyse" vor dem Hintergrund des Vereinfachten Modells

Dieser Exkurs ist eigentlich dem Theorieteil zuzuordnen. Wegen der Verweise auf das Vereinfachte Modell am Ende dieses Abschnittes ist er jedoch der „Auswertung a)" hinten angestellt:

Es folgt nun (dem Projektplan aldiff folgend) eine Reanalyse (so bezeichnet im Projektantrag aldiff) der Ergebnisse von MaLeMINT im Hinblick auf die elementare Algebra.

Die Studie ermittelt 179 mathematische Lernvoraussetzungen in den vier Kategorien:

- Mathematischer Inhalt
- Mathematische Arbeitstätigkeiten
- Wesen der Mathematik
- Weitere personenbezogene Eigenschaften

Die Darstellung beschränkt sich im Folgenden hauptsächlich auf den Teil der Studie, der sich mit den Lernvoraussetzungen im Bereich elementarer Algebra beschäftigt.

Niveaudefinitionen aus MaLeMINT:

Die Studie nimmt für die 3 Bereiche „Mathematischer Inhalt", „Mathematische Arbeitstätigkeiten" und „Wesen der Mathematik" jeweils passende Niveau-Definitionen in 3 Abstufungen vor:

Nicht notwendig
Niveau 1
Niveau 2

Definition: „Nicht notwendig"

„StuUStu in MINT-Studiengängen müssen diesen Aspekt nicht als Lernvoraussetzung aus der Schule mitbringen."

Definition: „Niveau 1"

„Grundlegendes Wissen in Bezug auf die mathematischen Inhalte, Algorithmen oder Routinen. Diese können wiedergegeben bzw. ausgeführt werden. Niveau 1 korrespondiert z. B. mit Aufgabenanforderungen der Arten Ausführen, Erkennen, Nachvollziehen, Umformen, Berechnen oder Kennen." (Neumann et al. 2017, S. 16)

Definition: „Niveau 2"

„Flexibles und stark vernetztes Wissen als Basis für eine kreative Verwendung zur Generierung neuen Wissens oder von Problemlösungen durch heuristische Prozesse, Verknüpfung bzw. Verallgemeinerung. Niveau 2 korrespondiert z. B. mit Aufgabenanforderungen der Arten Übertragen, Interpretieren, Beurteilen, Analysieren, Beweisen und Verallgemeinern." (Neumann et al. 2017, S. 16)

Die Niveaubeschreibungen wurden an die jeweilige Kategorie angepasst. Die Niveaubeschreibungen legen Wert auf Verständlichkeit und eindeutige Zuordenbarkeit und sind besonders um eine deutliche Abgrenzung von Niveau 1 zu Niveau

2 bemüht. Dadurch werden die Einordnungen durch die Befragten möglichst vergleichbar.

Die folgenden Untersuchungen basieren auf den von MaLeMINT erfassten Prozentwerten.

Die elementare Algebra, deren Elemente nach dem Modell SUmEdA „Variablen" und „Terme und Gleichungen" sind, werden von MaLeMINT den "Grundlagen" zugeordnet.

Erklärung:

Spalte „Niveau": Niveauangabe nach Einordnung MaLeMINT

Spalte „Bereichsbeschreibung": „Lernvoraussetzungen" im Bereich „Mathematische Inhalte" nach MaLeMINT (Auswahl erfolgte nach Nähe zu aldiff Algebrainhalten.)

Spalte: Kürzel für Verweise innerhalb dieser Arbeit

Niveau	Bereichsbeschreibung	Kürzel
	Variablen und Terme	**VuT**
2	Elementare algebraische Regeln wie z. B. Kommutativ-, Assoziativ und Distributivgesetz, Klammerrechnung, Vorzeichenregeln, Binomische Formeln, Faktorisieren	VuT1
2	Bruchrechnung und Umgang mit Bruchtermen	VuT2
2	Prozentrechnung, Proportionalität und Dreisatz	VuT3
	Umgang mit (Un-)Gleichungen in einer Variablen und Lineare Gleichungssysteme	**G**
1	Äquivalenzumformung und Implikation	G1
1	Existenz und Eindeutigkeit von Lösungen	G2
2	Lineare und quadratische Gleichungen	G3
1	Potenz- und Wurzelgleichungen (inkl. Rechenregeln für Potenz- und Wurzelrechnung)	G4
1	Betragsgleichungen	G5
1	Exponential- und Logarithmusgleichungen	G6
1	Gleichungen mit trigonometrischen Funktionen	G7
1	Lineare und quadratische Ungleichungen	G8
1	Ungleichungen mit Beträgen	G9
1	Lineare Gleichungssysteme mit bis zu drei Unbekannten (ohne Matrixdarstellung)	G10
1	Lineare Gleichungssysteme: Existenz und Eindeutigkeit von Lösungen (ohne Matrixdarstellung)	G11

Aus dem Bereich „Funktionen“ werden noch „Funktionen mit Fallunterscheidungen“ und „Funktionen mit mehreren Variablen“ als Lernvoraussetzungen formuliert. Nur der Aspekt Parameter wird in einer der Aufgaben aus SUmEdA angesprochen.

Im Bereich „mathematische Arbeitstätigkeiten“ sind vor allem die unter “Grundlagen” eingestuften Ergebnisse von MaLeMINT für aldiff interessant:

	Grundlagen (Rechnen, Hilfsmitteleinsatz, Darstellungen)	**A**
2	Schnelles und korrektes Ausführen von bekannten Verfahren ohne elektronische Hilfsmittel (z. B. Bestimmen von Ableitung und Integral; Lösen von Gleichungssystemen; Umformungen, wobei einfache Rechenschritte im Kopf gelöst werden können)	A1
1	Sicherer Umgang mit Taschenrechnern und Computern zur Lösung von Aufgaben (z. B. einfache graphische Lösungsverfahren, aber auch kritische Betrachtung von Ergebnissen)	A2
2	Sprachliche Fähigkeiten (Deutsch, ohne spezielle mathematische Fachbegriffe) zum Verstehen von Aufgabenstellungen oder Texten zur Mathematik, z. B. in der Fachliteratur	A3
1	Sprachliche Fähigkeiten (Englisch, ohne spezielle mathematische Fachbegriffe) zum Verstehen von Aufgabenstellungen oder Texten zur Mathematik, z. B. in der Fachliteratur	A4
2	Sicherer Umgang mit grundlegender mathematischer Formelsprache (ohne elektronische Hilfsmittel)	A5
2	Sicherer Umgang mit Standarddarstellungen von Termen/Gleichungen, Funktionen, Diagrammen, Tabellen, Vektoren und geometrischen Objekten (ohne elektronische Hilfsmittel)	A6
1	Sicherer Umgang mit dem Summen- und dem Produktzeichen	A7
2	Schnelles und sicheres Wechseln zwischen unterschiedlichen Standarddarstellungen (z. B. bei Termen/Gleichungen, Funktionen, Diagrammen, Tabellen, Vektoren und geometrischen Objekten) ohne elektronische Hilfsmittel	A8
1	Entwickeln von Visualisierungen zu mathematischen Zusammenhängen (d. h. geeignete Auswahl einer Darstellungsart und Anfertigen der Darstellung ohne elektronische Hilfsmittel)	A9

Auf dem hohen Niveau 2 sollen behandelt werden:

Elementare algebraische Regeln, sowie Bruchrechnung, Prozentrechnung, Proportionalität und Dreisatz (VuT).

Auf Niveau 1 werden Leistungen erwartet in:

Lineare und quadratische Gleichungen (G3), Gleichungsarten (G4–G7), Ungleichungen (G8–G9), Existenz und Eindeutigkeit (G1–2, G11)

Unter dem Blickwinkel des Projektes aldiff sind von großer Bedeutung:

A1,A5 (siehe Verständnis des Gleichheitszeichens) und A6,A8.

Schaut man sich die über Prozentwerte zugänglichen Rohdaten genauer an, stellt man in einigen Bereichen deutliche Unterschiede in den Anforderungsniveaus zwischen Universität und Hochschule fest. Dies gilt nicht für die im Projekt aldiff beschriebene Themengruppe, d. h. in den für aldiff relevanten Themengebieten aus MaLeMINT zeigen sich die Fachhochschul- vs. Universitäts-Votierenden sehr homogen (, anders als in anderen Themengebieten, die in aldiff nicht Gegenstand der Untersuchung sind).

Während VuT1 und G immanente Bestandteile der Aufgaben aus SUmEdA sind, zeigt sich bereits hier, dass VuT2 und VuT3 nicht ausreichend in den SUmEdA Aufgaben berücksichtigt sind, um Algebra im Sinne von MaLeMINT abzudecken. VuT3 wird (nach Wissensstand Januar 2020) von der Arithmetik in SUMEdX aufgenommen, sodass im Verbund Arithmetik + Algebra VuT3 bedacht wird. VuT2 wird in arithmetischer Form ebenfalls von der Arithmetik in SUmEdX abgedeckt (nach Wissensstand Januar 2020). Die Ergebnisse der im Rahmen dieser Arbeit durchgeführten Expertenbefragung haben Handlungsbedarf in VuT2 aufgezeigt, zumal über 60 % der Befragten in MaLeMINT Niveau 2 für diese Kategorie fordern.

Folgende Themenbereiche der elementaren Algebra nach MaLeMINT sind nicht Teil von SUmEdA und den SUmEdA Aufgaben.

Kategorien aus MaLeMINT	Kommentar
G2, G4, G6, G7	siehe Arithmetik aus SUmEdX
G5	siehe Ergebnisse in Forschungsstrang a)
G8, G10, A2, A4, A7, A9	(testbedingt) nicht Teil der SUmEdA Aufgaben

Die nicht von der Arithmetik aus SUmEdX abgedeckten Inhalte (Stand Januar 2020) wären in etwaiger Nachfolgeforschung zu der hier vorliegenden Arbeit eventuell zu ergänzen, um mit den MaLeMINT Ergebnissen kompatibel zu werden.

Aus den im Rahmen von MaLeMINT erarbeiteten Anforderungen in Bereichen mathematischer Arbeitstätigkeiten wird ein Umstand besonders eindrücklich sichtbar: Die Arbeitstätigkeiten sind deutlich expliziter an elementare Algebrafähigkeiten rückgebunden Lehrpläne als z. B. in den baden-württembergischen Bildungsplänen 2016.

Von den 9 als Grundlagen eingestuften Arbeitstätigkeiten beinhalten 7 einen direkten Bezug zur elementaren Algebra. A1 beinhaltet das Umformen von Termen, wobei einfache Rechenschritte im Kopf gelöst werden können. (Verweis: Speedaufgaben in SUmEdA, und „Willkommen"-Text im Algebratest, siehe Forschungsstrang b))

A2 beinhaltet die kritische Betrachtung von mit Taschenrechner oder Computer gelöster Aufgaben, die oft indirekt die Anwendung algebraischer Denkweisen voraussetzt.

A3 benötigt den Transfer sprachlich präsentierter algebraischer Aussagen (zumindest gedanklich) in algebraische Situationen. (Verweis Vereinfachtes Modell Kategorie 6 „Aaron und Berta")

A5 beinhaltet sehr unmittelbar algebraische Fertigkeiten, denn es heißt: A5: „Sicherer Umgang mit grundlegender mathematischer Formelsprache (ohne elektronische Hilfsmittel)" (Verweis: Vereinfachtes Modell Kategorie 1–3)

A6 beinhaltet den Umgang mit Darstellungen wie Term/Gleichungen/Tabellen. (Verweis: Vereinfachtes Modell Kategorie 3 und 5)

A8 beinhaltet den schnellen und sicheren Wechsel zwischen unterschiedlichen Standarddarstellungen (Term/Gleichungen, Funktionen, Tabellen) (Verweis: Vereinfachtes Modell Kategorie 5)

Alle aus dem Bereich Grundlagen herausgestellte Arbeitstätigkeiten, die in MaLeMINT auf erweitertem Niveau 2 von Hochschuldozenten gefordert werden, sind zugleich in den Aufgaben der elementaren Algebra nach SUmEdA enthalten. Hier wird auch sichtbar, dass das Vereinfachte Modell, welches im letzten Abschnitt entwickelt wurde, ausreicht, um auf dieser inhalts- und fähigkeitsbasierten Ebene, Teile anderer Modelle innerhalb von SUmEdA zu verorten.

Die MaLeMINT Ergebnisse zeigen auch: Die Prioritäten von an Hochschulen Lehrenden an Studierende legen gleichermaßen auf fachlicher wie anderer z. B. sprachlicher Ebene Erwartungen an Fertigkeiten in der elementaren Algebra. So kann auch an dieser Stelle nochmals betont werden, dass auch die Testlänge eines Diagnoseinstrumentes am Übergang Schule-Hochschule von Bedeutung ist.

5.11 Fazit Forschungsstrang a)

In Forschungsstrang a) wurden verschiedene Forschungsfragen bearbeitet. Als wichtigstes Ergebnis aus Forschungsstrang a) kann als Antwort auf a1) das

Vereinfachte Modell (Version 5) gelten. Einschränkungen bezüglich des inhaltlichen Umfangs der elementaren Algebra nach SUmEdA am Übergang Schule-Hochschule wurden im Rahmen der Beantwortung von Forschungsfrage a2) an verschiedenen Stellen festgehalten, diese Einschränkungen bestätigen sich auch in Reanalyse der Ergebnisse von MaLeMINT.

Als nächstes wird Forschungsstrang b) ausgeführt: Dieser beginnt mit einer Voruntersuchung b***)

5.12 Methodik b) Voruntersuchung der Aufgabe AU28 (b***))

Um die Verwendung der etwas ungewöhnlichen Aufgabe AU28 im Algebratest vorab empirisch zu untersuchen, wurde eine Erhebung mit 11 Studierenden (Lehramt Mathematik) der Pädagogischen Hochschule Heidelberg durchgeführt, um Strategien bei der Bearbeitung zu untersuchen. Die Untersuchung soll zu Entscheidungen bezüglich Auswertung und Bewertung der Aufgabe führen.

Aufgabe AU28:

Ein besonderer Zahlbereich verwendet die bekannten Zahlzeichen 1, 2, 3,... Aber:

Nur die Addition und die Multiplikation funktionieren so wie bei den natürlichen Zahlen.

Als einzige weitere Rechenregel gilt:

Für jede Zahl x = 1, 2, 3,... ist $3 \cdot x = x$.

Vereinfachen Sie weitestmöglich:

3a =	
3b + b =	
5 · 2c =	
9 =	

Um Bearbeitungsstrategien in schriftlicher Form von den bearbeitenden Studierenden zu dokumentieren, wurden die Teilnehmer durch ergänzende Formulierungen dazu animiert, ihren Lösungsweg festzuhalten und ggf. zu erläutern. Der verwendete Fragebogen befindet sich im Anhang (siehe: Elektronisches Zusatzmaterial Stichwort: Fragebogen AU28).

Als ungewöhnlich wird der Aufgabeninhalt deshalb bezeichnet, weil er im Rahmen der Kategorie 2 aus SUmEdA formuliert wird: Dem Aufgabenbearbeiter wird eine (vorzugsweise ihm wahrscheinlich unbekannte) Regel vorgegeben und vollständig mitabgedruckt beigegeben. Der Aufgabenbearbeiter muss diese Regel auf Situationen geeignet anwenden

(oder auch erkennen, dass die angegebene Regel sich nicht dazu eignet, auf die angegebene Situation angewendet zu werden, da Vorrausetzungen für die Gültigkeit dieser Regel verletzt sind).

Untersucht werden soll, welche Lösungsstrategien verfolgt werden und ob durchgehende Strategien über alle Aufgaben hinweg erkennbar werden. Außerdem soll analysiert werden, an welchen Stellen Strategiewechsel stattfinden und ob es Gruppen von Personen gibt, die ähnliche Strategien anwenden.

5.13 Auswertung b) Voruntersuchung der Aufgabe AU28 (b***))

Die Aufgabe AU28 wurde, wie oben beschrieben, im Juni 2018 in Tutorien von 11 Studierenden (Lehramt Mathematik) bearbeitet.

Die Aufgabe AU28 ist nicht eindeutig lösbar. Sie führt zu etwas, das sich ähnlich in Richtung der Modulo2- Rechnung verhält, ohne die dazu notwendige Notation einzuführen. Da der besondere Zahlbereich prinzipiell die Deutung von Seiten der Schüler/Studenten als Teilbereich von $\mathbb{R}$ naheliegt, wäre auch folgende Lösungsstrategie denkbar: „Suche den besonderen Zahlenbereich, und überlege dann, ob dir das weiterhilft." Bei der Suche nach dem Zahlbereich, indem die Gleichung $3 * x = x$ gilt, sieht man sofort, dass $x = 0$ gelten muss. Wenn x gleich 0 gelten muss, kann sofort ohne weitere Überlegungen anzustellen, in alle Felder 0 eingetragen werden. (Diese Lösungsstrategie wird als richtig gewertet, wurde aber, wohl auch auf Basis des schnellen Einstiegs mit dem leichten Aufgabenteil A von keinem Probanden so gewählt).

Die Aufgabe lässt sich mit „Einsetzen" lösen.

„Vereinfachen" bedeutet im Schuljargon: Ein Ausdruck soll möglichst kurz, mit möglichst betragsmäßig kleinen Zahlen dargestellt werden (Beispiel: Brüche sollen gekürzt werden).

5.13.1 Gruppen von Personen mit ähnlichen Strategien

Es folgt ein Überblick über die Strategien, die von den Probanden verfolgt wurden, um die Aufgabe AU28 zu lösen.

Um auf bestimmte Strategien einfacher verweisen zu können, wurden den einzelnen Strategien zur Lösung der Aufgabenteile A bis D Namen gegeben. Beispiel: B3. B3 ist eine Strategie zur Lösung des Aufgabenteils B. Die Nummer gibt an, zu welchen Strategien anderer Aufgabenteile diese Strategie ähnlich ist. A3 ist z. B. ähnlich B3 oder aber C1 (eine Strategie zur Lösung von C) ähnlich B1 (eine Strategie zur Lösung von B). Aufgrund von großer Ähnlichkeit zur Strategie 3 wurde eine Kategorie D3**a** genannt.

Proband Nr.	Aufgabe A	Aufgabe B	Aufgabe C	Aufgabe D
1	A1 und A2	B1 und B2	C1	D1
2	A3	B3	C3	D3a
3	A3	B3	nicht erkennbar, Ergebnis falsch.	D1
4	A3	B3	C5	D3
5	A3	B6	C6	D1
6	A3	erst B7 dann Revision wohl B3	erst C7 dann Revision C3+Fehler(C3 nicht in Ergebnis erkennbar!)	D1
7	A8	B8 und B3	C8	D9
8	A3	B3	fehlt, nicht bearbeitet	D1 und D10
9	A3	B3	C11	D1 und D10
10	A12	B12	C12	D12
11	A3(leicht anders begründet)	B3	C3	D3a

Eine vollständige Auflistung der Strategiebeschreibungen befindet sich im Anhang (siehe: Elektronisches Zusatzmaterial Stichwort: Strategien zur Lösung).

Grün: Grün markiert wurden diejenigen Strategien, die nach einer Einzelauswertung im Sinne der Musterlösung zu einer richtig gelösten Teilaufgabe geführt haben.

Gelb: Gelb markiert wurden diejenigen Teilaufgabenlösungen, bei denen unklar ist, ob eine korrekte Strategie zur Anwendung kam.

Weiße Strategien (und orange) führt nicht zu einer korrekten Aufgabenlösung.

Es kamen bei den 11 Personen 12 Strategien zur Anwendung (von maximal 44 möglichen).

Auffällig ist, dass Aufgabenteile C und D sich als deutlich schwieriger lösbar erwiesen, als Aufgabenteile A und B. Ebenso auffällig ist, dass Aufgabenteil C unter Einsatz diverser verschiedener Strategien meist falsch gelöst wird.

Nur 2 von 11 Personen lösten die Aufgabe C korrekt. Aufgabenteil D lösten nur 3 von 11 Personen. Anders als bei C lassen sich dort aber ein bis zwei typische falsche Strategien ausmachen (blau). Diese Erkenntnis könnte für eine Förderung auf Aufgabenebene genutzt werden. Orange markiert ist die einzige falsche Abgabe zu Aufgabenteil C, bei der anschließend eine richtige Strategie in Aufgabenteil D verfolgt wird.

Strategiewechsel lassen sich leicht in der Übersicht ausmachen: Ein Beispiel zum Lesen der Tabelle wird hier gegeben: Proband Nr. 5 verfolgt, die zuvor erstmals bei Proband Nr. 2 beobachtete Strategie A3 zur Lösung des Aufgabenteils A. Um B zu lösen wählt Person Nr. 5 dann aber eine neue (falsche) Strategie B6. C löst der Proband Nr. 5 mit der gleichbleibenden Strategie, nur angepasst auf die Situation C. Deswegen ist in der Tabelle zu lesen C6. Aufgabenteil D löst die Person Nr. 5 mit derselben (falschen) Strategie, die erstmals bei Proband Nr. 1 entdeckt wurde. Nur Proband Nr. 10 verfolgt durchgängig dieselbe falsche Strategie A12, B12, C12, D12. Auf dieselbe Weise lassen sich die anderen Zeilen lesen.

5.13.2 Auswirkungen der Voruntersuchung AU28 auf die Auswertung

Aus der Tabelle werden folgende Schlüsse gezogen:

Aufgabenteil C bleibt ohne Wertung, denn die verschiedenen Strategien, die zu einer Lösung führen und verwendet wurden, sind sehr unterschiedlich und viele (9 von 11 Personen wählen hier verschiedene Strategien, eine Person beantwortet die Aufgabe nicht, nur 2 Personen wählen dieselbe (richtige) Strategie).

Aufgabenteil D wird getrennt von Aufgabenteil A und B bewertet. Die Aufgabe wird gespaltet in:

- Aufgabe 28_1: Personen die A und B im Sinne der Musterlösung gelöst haben (und dabei vermutlich Strategie A3 und B3 verwendet haben).
- Aufgabe 28_2: Personen die D im Sinne der Musterlösung gelöst haben (und dabei vermutlich Strategie D3 oder D3a verwendet haben).

Die Aufgaben werden auf Wunsch der Projektleitung als eigenständige Aufgaben in der Analyse behandelt. Inhaltlich zu prüfen ist der Zusammenhang zur Kategorie 4 Vereinfachtes Modell, bei der verdeckte nicht sichtbare Strukturen gefunden werden müssen. In Aufgabe A und B reicht es die offensichtlichen Strukturen unter Zuhilfenahme der Formel direkt umzuformen. Bei Aufgabe C und D muss diese Struktur erst sichtbar gemacht werden, denn $5 \cdot 2 = 10 = 9 + 1 = 3 \cdot 3 + 1 = 3 + 1 = 1 + 1 = 2$ bzw. $9 = 3 \cdot 3 = 3 \cdot 1 = 1$ in der Sondernotation der Aufgabe.

In Aufgabenteil D könnte eine typische Fehlererkennung von D1 und D10 auf Aufgabenebene für den Aufbau von Förderung genutzt werden.

Die Musterlösung wird auf Basis dieser Untersuchungen dahingehend abgeändert, dass bei A und B die Anwendung der Formel ausreicht, um einen Punkt zu erhalten, bei D hingegen werden nur Vereinfachungen also „3“ oder „1“ als Lösungen akzeptiert. $9 = 9 \cdot 3 = 27$ und ähnliche Ausdrücke werden auf Veranlassung der Projektleitung nicht akzeptiert.

Es folgt nun die Methodik zur Testerstellung in Beantwortung der Forschungsfragen b1) und b1*)

5.14 Methodik b) Algebratest: Testzusammenstellung (b1), b1*),b*), b**))

5.14.1 Allgemeines zur Testzusammenstellung

Der Algebratest der Hauptstudie besteht aus verschiedenen Elementen. Nach einer „Begrüßungsseite“ mit einer Einleitung in Ziel und Motivation der Studie inklusive Datenschutzbelehrung beginnt direkt der Hauptteil des Tests bestehend aus Aufgaben, die aus SUmEdA übernommen wurden. Ebenfalls Bestandteil der Testaufgaben sind vergleichend herangezogene ausgewählte PISA-Aufgabenstellungen und Fragen zur Person, wie Status, Abschlussnote etc. Der Test der Hauptstudie wurde in verschiedenen Versionen konzipiert, abhängig von den Rahmenbedingungen der jeweiligen Befragungssituation. Die Versionen unterscheiden sich hauptsächlich in der Reihenfolge der Befragungsteile.

Im Folgenden werden die einzelnen Teile der Hauptstudie und deren Nutzen für die Bearbeitung der Forschungsfragen näher erläutert und anschließend eine Übersicht über die verschiedenen Testversionen und deren Zielgruppen gegeben.

Der Hauptteil des Tests beschäftigt sich mit der empirischen Untersuchung des Wissens und Könnens in der elementaren Algebra nach SUmEdA und verwendet daher die aus dem Vorgängerprojekt übernommenen Algebratestaufgaben aus SUmEdA. Da SUmEdA einen Itempool von 80 Aufgaben enthält, können bereits in der Studie aus Gründen der Zumutbarkeit nicht alle Aufgaben, die aus SUmEdA vorliegen, empirisch untersucht werden.

Der Hauptteil des Tests besteht aus 43 Aufgaben aus dem 80-elementigen Aufgabenpool von SUmEdA (also 43 + 1 wg. Trennung von AU28 in AU28_1 und AU28_2)). Die Auswahl der 43 von 80 aus SUmEdA vorliegenden Aufgaben wurde von der Projektleitung vorgegeben, mit dem Ziel des Erhalts, der von SUmEdA verwendeten Literaturbasis.

Gesonderter Abschnitt „Speedaufgaben":

Der Test enthält in einem gesonderten Abschnitt „Speedaufgaben". Die Probanden erhalten 6 Sekunden lang jeweils eine Termumformung eingeblendet und müssen sich innerhalb dieser Zeit entscheiden, ob „richtig" oder „falsch" umgeformt wurde. Zwei Übungsaufgaben zur Einstimmung in das ungewöhnliche Testformat werden nicht in die Wertung miteinbezogen.

Für alle Aufgaben des Algebratests wurde eine Musterlösung mit Korrekturrahmen erstellt, die in der Auswertung hauptsächlich aufgrund von direkt nachvollziehbaren Eingabeschwierigkeiten vereinzelt ergänzt wurde. Die Aufgaben werden entweder als „richtig" oder „falsch" gewertet, eine Vergabe von Teilpunkten findet nicht statt. Im Sinne einer Bewertung handelt es sich daher um eine binär-ordinale Itemform, die gegebenenfalls auch als kategorial im Sinne „hat Eigenschaft X" vs. „hat Eigenschaft X nicht" gewertet werden kann. Nach einem Import nach SPSS (aus SoSciSurvey) und einer Urdatenbereinigung erfolgt ein Export aus SPSS nach MaxQDA, wo die Bewertungen vorgenommen werden und anschließend in SPSS importiert werden. Von dort werden die Daten für die explorativen Analysen mit konfirmatorischen Hilfsmitteln exportiert in MPLUS (und R).

Die Reihenfolge der Aufgaben wurde gemischt, denn inhaltlich verwandte Aufgaben tragen in SUmEdA meist nahe-liegende Nummerierungen.

Manche Aufgaben fordern Eingaben an mehreren Stellen. Eine Aufgabe (AU28) wurde, wie schon ausgeführt, zweigeteilt und wird separat bewertet. An der Auswahl, Formulierung, Darstellung und Reihenfolge der Aufgaben wurden im Verlauf der Erhebungsphase keine Veränderungen mehr vorgenommen.

5.14.2 Fragen zur Person im Erhebungsbogen des Algebratests

Als Kontrollvariablen werden verschiedene Personenvariablen erhoben. Zum einen soll so im Setting des Onlinetests eine Kontrolle der Zielgruppenzusammensetzung zumindest durch Selbstangabe im Datensatz erfolgen. Zum anderen werden Variablen wie z. B. schulische Leistung erfragt, die für eine spätere Reanalyse von Interesse sind. Die vorliegende Arbeit nutzt die Daten der Kontrollvariablen hauptsächlich, um die Passung von Zielgruppe zum erhobenen Gesamtdatensatz charakterisieren zu können und die Plausibilität zu stützen.

Die „Fragen zur Person" umfassen u. a. folgende Angaben:

- Geschlecht
- Bundesland der aktuellen Schule/Hochschule
- Status: Schüler, Student, weder Schüler noch Student
- Institutionsbezeichnung (ohne Namen): Universität, Pädagogische Hochschule, Fachhochschule, Duale Hochschule, Sonstiges.
- Studiensemester
- Studiengang nach Lehramt/nicht Lehramt, Auffächerung nach Fächern
- höchster Schulabschluss
- Jahr der Schulabschlussprüfung
- Note der Schulabschlussprüfung
- aktuelle Mathematiknote(Schule)/Mathematiknote bei Schulabschluss
- Aufgaben ohne fremde Hilfe durchgeführt?
- Frage nach der Nutzung von verschiedenen Taschenrechnern an der Schule (WTR, GTR, CAS), Häufigkeit der Nutzung und Erlaubnis der Nutzung während der Schulabschlussprüfung. (Diese Frage wurde von der Projektleitung aufgenommen).

Die übrigen Fragen zur Person wurden gemeinsam mit der Projektleitung im Wortlaut entwickelt. Sie wurden adaptiv optimiert: Es sollten nur Fragen gestellt werden, die auf den jeweiligen Teilnehmerkreis zugeschnitten sind, um möglichst präzise Fragen zu stellen, Irritationen beim Probanden zu vermeiden und so Testlast gering zu halten. Spezialausdrücke wie CAS oder GTR wurden dabei beispielsweise gezielt vermieden und stattdessen mit der Funktionsweise der Geräte umschrieben. Dadurch wird z. B. sichergestellt, dass kein Vorwissen über Gerätekategorien vorhanden sein muss, um die Fragen korrekt beantworten zu können.

5.14.3 PISA-Testaufgaben (b**))

Die Recherche und Analyse bestehender Testinstrumente in Theorie b) mit algebraischen Inhalten zum Vergleich mit anderen Tests führte schließlich zur Entscheidung der Projektleitung ausschließlich einige wenige ausgewählte PISA-Aufgabenstellungen mit zu SUmEdA passenden Inhalten zusätzlich mit zu erheben.

Aus einem Pool von veröffentlichten und nichtveröffentlichten Aufgaben, die dem Autor zu Forschungszwecken zugänglich gemacht wurden, wurden die Aufgaben ausgewählt, die thematisch inhaltlich explizit etwas mit Algebra zu tun haben.

Während die veröffentlichten Aufgaben in der Auswertung genauer analysiert werden können, muss die Analyse der nicht veröffentlichten eingesetzten Aufgaben indirekt bleiben.

Eingesetzt werden thematisch passende Teilaufgaben aus den Aufgaben: „Thermogrille", „Sessellift", „Turmspringer", „Das beste Auto", „Stopp das Auto", „Wechselkurs", „Gehen". Aufgrund des geringen und nicht vollständigen Umfangs, können nur Indizien einen Vergleich bestimmen. Die nachgeordnete Priorität dieser Aufgaben beeinflusst die Testversionserstellung (siehe weiter unten).

Die Auswahl der PISA-Aufgaben für den Algebratest in aldiff

Wie im Kapitel zu bereits bestehenden Tests und Aufgabensammlungen erläutert, weisen die PISA-Aufgaben grundsätzlich einen Anwendungsbezug auf. Eine Text-Aufgabenstellung ist zu erlesen, zu interpretieren und dann zu lösen. Nur ein kleiner Teil der PISA-Aufgaben beschäftigt sich mit algebraischen Themen. Fast immer ist diesen Aufgaben (bis auf eine Ausnahme) gemeinsam, dass es nicht notwendig ist, Termumformungen mit Variablen durchzuführen. Wenn Terme vorkommen, so sind diese meist funktional interpretiert: Eine konkrete Zahl führt zu einem konkreten Ergebnis und nur dieses ist für die Aufgabenlösung erfragt.

Nach Einschätzung des Autors liegt die Schwierigkeit bei den PISA-Aufgaben zur Algebra darin, (Textschrift-)Sprache in mathematische Sprache umzusetzen und umgekehrt. Im Sinne des Vereinfachten Modells wären diese Aufgaben also meist zusätzlich oder sogar ausschließlich der Kategorie 6 („Vermitteln zwischen einer mathematischen und einer nicht-mathematischen Situation") zuzuordnen. „Regelwissen" oder „Befolgen einer vorgegebenen Regel" spielen in den dem Autor vorliegenden Aufgaben ebenso keine Rolle, wie geschicktes oder strategisches Vorgehen beim Termumformen im Sinne von SUmEdA. Vielmehr wird meist Algebra auf das Einsetzen von konkreten Zahlwerten in Terme reduziert, vereinzelt ergänzt um das Umstellen von Termen, wie es oft Gegenstand der „Mathematik in der Schul-Physik" ist. Auch der Wechsel von einer Tabelle hin zu einem linearen Term findet vereinzelt statt.

Als Beispiel soll hier eine der offiziell veröffentlichten Aufgaben dienen, die im Test verwendet wurden.

„M124 Gehen" (PISA „Sammlung freigegebener PISA-Aufgaben" durch das Bundesinstitut bifie des östereichischen Schulwesens 2015, S. 5):

M124: GEHEN

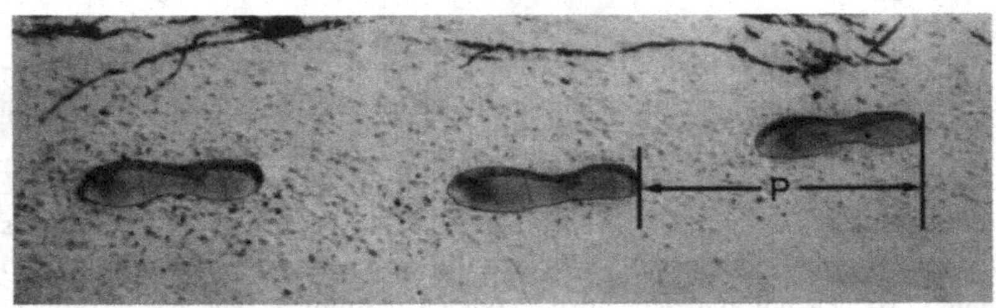

Das Bild zeigt die Fußabdrücke eines gehenden Mannes. Die Schrittlänge *P* entspricht dem Abstand zwischen den hintersten Punkten zweier aufeinander folgender Fußabdrücke.

Für Männer drückt die Formel $\frac{n}{P} = 140$ die ungefähre Beziehung zwischen *n* und *P* aus, wobei

n = Anzahl der Schritte pro Minute und

P = Schrittlänge in Metern

Frage 1: GEHEN *M124Q01 - 0 1 :*

Wenn die Formel auf Daniels Gangart zutrifft und er 70 Schritte pro Minute macht, wie viel beträgt dann seine Schrittlänge? Gib an, wie du zu deiner Antwort gekommen bist.

„Gehen" ist eine der wenigen Aufgaben, bei denen tatsächlich eine Formel umzustellen ist.

5.14.4 Testversionen

Es gibt 4 Versionen des Tests der Hauptstudie. Jeder Proband bearbeitet die speziell auf seine Gruppenzugehörigkeit zugeschnittene Testversion. Es können folgende 3 grundsätzliche Erhebungssituationen festgestellt werden:

- Diejenigen Probanden, die als Studenten anderer Hochschuleinrichtungen durch eine „Fernwerbung" über Emailanschreiben angesprochen werden können.
- Diejenigen Probanden, die als Studenten in Präsenz des Autors oder anderen Helfern den Test absolvieren.
- Sowie diejenigen Probanden, die als Schüler auf einem der beiden Wege angesprochen werden.

Während in der Präsenzzeit eine höhere Verbindlichkeit erreicht werden kann und bewusst Zeit zur Testbearbeitung zur Verfügung gestellt werden kann, muss bei der „Fernwerbung" aber auch im Schulkontext mehr Anstrengung auf die Optimierung der Testlänge gelegt werden, um die Testlänge nicht länger als eine Zeitstunde (Schulstunde plus Pause) auszudehnen.

Die „Fragen zur Person" wurden in mehreren Versionen erstellt. Diese unterscheiden sich lediglich darin, dass vollständig bekannte Daten bei Präsenzerhebungen, wie z. B. „Studiengang", oder „Status Student" nicht von den Probanden erfragt wurden, wenn diese dem Autor bereits zuvor sicher bekannt waren.

In den folgenden Ausführungen steht „H" für Hauptbefragung, „PER" für Fragen zur Person und „PI" für die zusätzlichen PISA-Aufgaben. Die Reihenfolge der Nennung entspricht der Reihenfolge im Algebratest.

Version H + PER: Die meisten Befragungen, nämlich alle Schüler (ob Präsenz oder nicht Präsenz), Fernwerbung und ein kleiner Teil der Präsenzstudenten erhalten daher den Fragebogen, der aus der Hauptbefragung, d. h. den 44 Testaufgaben besteht, ergänzt um die Fragen zur Person. Dieser Fragebogen wird für Studenten im Sommersemester 2018 eingesetzt.

Im Herbst 2018 findet der zweite Teil der Erhebung statt. An Standorten außerhalb der PH Heidelberg sind mit dem Beginn des Wintersemesters deutlich höhere Studienbeginnerzahlen an den meisten Standorten in Baden-Württemberg zu erwarten. In diesem zweiten Teil der Erhebung werden die PISA-Aufgaben an verschiedenen Stellen ergänzt:

Version (H + PI) gemischt + PER: Die in Präsenz stattfindenden Testungen werden teilweise mit gemischtem Fragebogen durchgeführt. Das heißt, dass die PISA-Aufgaben zwischen die Fragen aus SUmEdA eingeschoben werden und sich am Ende die Fragen zur Person anschließen. Dies erhöht die Testlänge und Bearbeitungszeit erheblich.

Version H + PER + PI (am Ende): In den anderen beiden Versionen des Fragebogens werden die PISA-Aufgaben nach dem Teil „Fragen zur Person" als optional weiterer freiwilliger Zusatz angehängt. Dies soll gewährleisten, dass der Haupttest von einer größeren Anzahl an Personen vollständig bearbeitet wird, inklusive der „Fragen zur Person".

Version H + PER (+1Zusatz) + PI (am Ende): Die vierte Fragebogenversion wurde, um eine Zusatzfrage ergänzt, die den Besuch einer Veranstaltung der PH Heidelberg betrifft. In allen anderen Punkten entspricht der Fragebogen der Version „H + PER + PI (am Ende)".

Aus den Überlegungen zur nachgeordneten Priorität der PISA-Aufgaben erklärt sich die Entscheidung die PISA-Aufgaben in den verschiedenen verwendeten Fragebogenvarianten an verschiedenen Stellen zu positionieren.

Nur Studenten, die den Test in Präsenz bearbeiten, erhalten einen Test, der aus den Algebratestaufgaben aus SUmEdA und den PISA-Aufgaben besteht. Die übrigen Studenten erhalten die PISA-Aufgaben, erst nachdem der Haupttest inklusive der Erhebung der Personenparameter abgeschlossen ist.

5.14.5 Zielgruppe

Über 90 % der Befragten sollen Schüler aus der Oberstufe oder Studenten/Studienanfänger im ersten Jahr des Studiums ausmachen. Es sollen in etwa gleich viele Schüler, wie Studenten befragt werden und etwa gleich viele Lehramtsstudenten Mathematik wie nicht-Lehramtsstudenten (MINT ohne Mathematik) (siehe Forschungsfrage b1)). Der Schwerpunkt der Probandensuche liegt auf Baden-Württemberg. Die angestrebte Erfassungsgröße beträgt 500 Personen und mindestens 350 als vollständig gewertete Datensätze zur Analyse von Aussagen zum Gesamttest.

5.14.6 Analysemethoden (b1) b1*))

Zur Untersuchung der Daten der Algebratestdurchführung werden explorative Faktorenanalysen durchgeführt.

Diese werden erweitert um explorative Analyse mit konfirmatorischen Hilfsmitteln auf Basis von Zuordnungen der Aufgaben durch die Projektleitung.

Die Analysen verfolgen das im Theorieteil entwickelte Ziel eine differenzierende Diagnose zu erstellen (, mit dem Ziel anschließende Förderung zu ermöglichen).

Diese Analysen beantworten Forschungsfrage b1).

Modelle, die theoretisch an SUmEdA bzw. an die Zuordnung der Aufgaben durch die Projektleitung geknüpft sind, und mindestens 2 Faktoren besitzen, werden im Anschluss favorisiert (b1*)).

Es soll ein Modell identifiziert werden, welches in die Untersuchungen in Forschungsstrang c) und d) übernommen wird.

Details zu den verwendeten Analysemethoden, werden in der Auswertung vorgestellt.

Modellgütekriterien für Analysen mit konfirmatorischen Hilfsmitteln

Gütekriterium	Bedingung	Kommentar
Chi-Square Test of Model Fit	P-Value > 0.05	nicht-signifikanter Test
RMSEA	90 % Konfidenzintervall enthält die 0 und nicht 0.05	Schermelleh-Engel et al. (2003)
CFI/TLI	>0,95	Schermelleh-Engel et al. (2003) (in Bezug auf Hu & Bentler)
SRMR	<0,08	siehe unten

Eine Sondersituation kommt dabei dem SRMR Wert zu:

Bei keiner der Untersuchungen, die möglichst alle Items enthält und keinem bisher dazu getesteten Modell sind SRMR Werte unter 0,05 gefunden worden.

Es gibt verschiedene Angaben zur sinnvollen Wahl des SRMR cut-offs:

<0,05 gut; <0,1 akzeptabel (Schermelleh-Engel et al. 2003)

ca. 0,08 (Hu und Bentler 1999)

<0,08 (zitiert Hu und Bentler) (Urban und Mayerl 2014)

<0,05 gut aber <0,08 akzeptabel (Hooper et al. 2008)

In allen Analysen in aldiff wird daher der Wert von 0,08 als höchster akzeptabler SRMR-Wert gewählt.

5.14.7 Aufgabenzuordnungen durch die Projektleitung

Die Projektleitung strebte verschiedene Unternehmungen zur Kategorisierung der Testaufgaben im Algebratest vor dem Hintergrund des Modells SUmEdA an.

Im Folgenden wird eine dieser Kategorisierungen vorgestellt, die den größten Nutzen in Aussicht stellte.

Die Aufgaben werden wie folgt kategorisiert:

AU09M	Substitution
AU13M	Parameter
AU18M	TTG
AUSpeM	Fehler erkennen
AU37M	Regelwissen
AU55M	TTG
AU59M	Term aufstellen
AU66M	Gleichheitszeichen
AU73M	Strukturieren
AU75M	Strukturieren
AU03M	Variable
AU05M	Variable
AU07M	Variable
AU08M	Variable
AU11M	Term aufstellen
AU12M	Term aufstellen
AU17M	TTG
AU24M	TTG
AU31M	Substitution
AU35M	Substitution
AU49M	Anwendbarkeit erkennen
AU51M	Anwendbarkeit erkennen
AU53M	Anwendbarkeit erkennen
AU57M	Term aufstellen
AU62M	Term aufstellen
AU69M	Effektives Umformen
AU71M	Effektives Umformen
AU78M	Formel umformen
AU281M	Regel befolgen
AU282M	Regel befolgen
AU25M	Regel befolgen

AU29M	Substitution
AU47M	Termumformung
AU64M	Variable
AU23M	TTG
AU33M	Substitution
AU65M	Gleichheitszeichen
AU39MN	Fehler erkennen
AU40MN	Fehler erkennen
AU41MN	Fehler erkennen
AU42MN	Fehler erkennen
AU43MN	Fehler erkennen
AU44MN	Fehler erkennen
AU45MN	Fehler erkennen
AU46MN	Fehler erkennen

5.14.8 Auswahl der Datensätze für Analysen des Gesamt-Tests

Nicht alle Items und alle Probanden finden Aufnahme in die Gesamttestanalysen. Manche Items werden auch während der Analysen noch ausgeschlossen werden.

Probandenreduktion für Modellanalysen

Prognose: Die Personen, die den Test bearbeiten werden, werden ihn nicht alle vollständig bearbeiten. Es ist, wie bei allen online durchgeführten freiwilligen und zugleich zeitintensiven Befragungen, ohne zeitnahe nennenswert greifbare Gegenleistung, davon auszugehen, dass einige der Personen den Test nur bis zu einem gewissen Anteil ernsthaft bearbeiten, und den restlichen Test z. B. „durchklicken" und dabei nur noch vereinzelt oder gar nicht antworten.

Da es sich um einen Leistungstest handelt und die meisten folgenden Analysen vollständige Datensätze benötigen, gibt es drei Alternativen.

- Entweder man imputiert Daten und ergänzt nach einem oder mehreren der diversen Verfahren unvollständige oder als abgebrochen eingestufte Datensätze um „erdachte" Werte (z. B. die Mittelwertersetzung)

- Oder man verwendet nur die vollständigen Datensätze, sieht dann aber mit steigender Testlänge die Anzahl der Probanden, die dieses Kriterium erfüllen, sehr stark absinken.
- FIML-Verfahren (siehe unten)

Die Entscheidung in aldiff fällt auf eine Mischung von Imputation und Datenausschluss. Zunächst werden Datensätze auf Basis von festzulegenden Kriterien entfernt. Die Verbleibenden werden anschließend mit einer sehr einfachen Datenimputation vervollständigt:

Datenimputation bei TIMSS

Hier eine Zusammenschau wie z. B. die TIMSS Studie Daten imputiert hat.

Groß angelegte Studien wie TIMSS können deutlich komplexere Methoden wählen, um geeignete Datenimputationen durchzuführen (Bos et al. 2012, S. 57–58). Dabei wird beispielsweise ein probabilistischer Ansatz verfolgt. Die Datensätze inklusive aller personenbezogenen Daten werden verwendet, um eine für jede Person und jede fehlende Antwort bedingte Wahrscheinlichkeit zu berechnen. Diese beschreibt, wie wahrscheinlich es ist, dass, wenn die Person doch eine Antwort gegeben hätte, diese richtig wäre. Es werden dann (willkürlich viele) im Beispiel TIMSS 5 Stichproben gezogen, an denen dann alle Analysen durchgeführt werden. Eine Zusammenführung der Analysen führt schließlich zum Gesamtergebnis.

Annahmen, die in diesem Verfahren getroffen werden müssen:

- Die Willkürlichkeit der Quantifizierung: Ein solches Verfahren geht davon aus, dass 5 Stichproben ausreichend sind. Das mag zwar etabliert sein, ist aber nur eine weitere kombinierte „gefühlsmäßige Sicherheit“, welche sich mit den anderen (unabdingbaren) weiter multipliziert. Das zeigt sich schon an den Anzahlen der Stichproben, die bei Arzheimer (2016, S. 139). Dort werden 7–13 Stichproben vorgeschlagen.
- Strukturelle Überschätzung von Leistung: Ausgangssituation: Ein Proband hat bei einer Aufgabe nichts geantwortet. Die meisten Verfahren gehen davon aus, dass ein nicht-gegebene Antwort keine Informationen enthält. Damit ignorieren diese Verfahren grundsätzlich Probanden, die aus fehlendem Wissen/Können und nicht aus anderen Gründen keine Antwort gegeben haben. Alle Personen, die so agieren, werden strukturell falsch eingeschätzt, im Falle, dass man auf die beschriebene Weise „zusätzliche“ Punkte vergibt und nicht 0 Punkte wählt.

Datenimputation vermeiden mit FIML

Hier eine Zusammenschau wie FIML, Datenimputation ersetzt:

Eine andere Methode unter Vermeidung der Datenimputation sind die sogenannten Full-Information-Maximum-Likelihood-Methoden kurz FIML genannt. Diese Methoden sind für metrische Daten etabliert, für kategoriale Daten wie sie als „0 falsch" „1 richtig" vorliegen sind diese bislang nur in MPlus in einem größeren Umfang zugänglich (Arzheimer 2016, S. 139).

Ein solches Verfahren wird aus folgendem Grund ebenfalls nicht weiterverfolgt: FIML gehen im Prinzip davon aus, dass eine „fehlende Antwort", grundsätzlich neutral eine nicht gegebene Antwort, ohne Wertung auf „richtig" oder „falsch" ist. Dies ist aber nicht im Sinne der Diagnostik, die im Anschluss aus den statistischen Modellen entwickelt werden soll. Dann würden vielleicht statistisch passendere, den Konstrukten zugrundeliegende Modelle entstehen, diese würden aber alle davon ausgehen, dass jemand, der keine Antwort gibt, psychometrisch nichts zur Aufgabe beiträgt.

Es wird sich in der Erhebung zeigen, dass für drei aufeinanderfolgende Aufgaben A B C gilt: A und C haben eine mittlere bis hohe Lösungsrate. Die Aufgabe B ist inhaltlich als schwieriger einzuschätzen. Deutlich weniger Probanden haben bei der Aufgabe B eine Antwort hinterlassen. Es ist davon auszugehen, dass diejenigen keine Antwort geben konnten, weil sie die Lösung nicht wussten.

In der Befragungssituation mit SUmEdA Aufgaben zeigt sich dieses Bearbeitungsbild häufig.

Datenimputation „0" nach datenbasierter Fallauswahl

Der Studentenalgebratest ist ein Leistungstest mit vielen offenen Aufgabenstellungen, die zu einer algebraischen Eingabe auffordern. Wird kein Ausdruck eingegeben, sollte man aufgrund der Leistungstestsituation davon ausgehen, „0 Punkte" für eine nichtgegebene Antwort zu vergeben, wie es in einem Leistungstest üblich ist (siehe MINTFIT Test in Theorie b), ebenso auch: Rolfes (2018, S. 187)).

Insofern wird auch im Kontext des Studentenalgebratests mit Datenimputation gearbeitet. Dabei ist zu gewährleisten, dass andere Gründe für ein Fehlen von Eingaben, soweit möglich, ausgeschlossen werden können.

Datenbasierte Fallauswahl

Was muss also getan werden, um aus den erhobenen Daten einen für Gesamttestanalysen möglichst repräsentativen Datensatz zu erstellen?

Sind alle fehlenden Stellen aufgrund von Nicht-Wissen/Nicht-Können entstanden? Gibt es fehlende Stellen, die aus anderen Gründen nicht ausgefüllt/bearbeitet wurden?

Verschiedene Ursachen von Fehlstellen bei offenen Aufgaben:

0. „Aufgabe nicht gekonnt": keine Lösung gefunden, deshalb keine Lösung eingegeben, weitergeklickt zur nächsten Aufgabe
1. „Durchklicker": Personen, die einen Teil der Befragung durchgeführt haben und keine Zeit oder keine Motivation besitzen den Test bis zum Ende durchzuführen. „Keine Motivation" könnte theoretisch systematisch bedingt sein, wenn das Anforderungsniveau der Aufgaben im Testverlauf stetig ansteigt und das Kompetenzniveau des Probanden ab einem gewissen Punkt übersteigt. Bei der Durchführung des aldiff Tests lässt sich dies ausschließen, da die Aufgaben in ihrem Schwierigkeitsgrad (auch empirisch) stark durchmischt sind.
   Motivation für ein Durchklicken könnte vermutet werden in Neugierde des Probanden: „Wie viele Aufgaben kommen da noch? Könnte ich die nächsten Aufgaben? Ich warte auf eine für mich interessante/schnell bearbeitbare Aufgabe. Diese wäre ich dann doch noch bereit zu bearbeiten."
2. „Bedienfehler gemacht": Es wurde vorschnell weitergeklickt, ohne die Lösung schriftlich eingetragen zu haben.
3. „Technischer Fehler // bewusste Entscheidung abzubrechen": Proband hat Aufgabe gar nicht gesehen, da der Test vorher abgebrochen/ Internetverbindung verloren und Seite geschlossen usw.

Die gewissenhafte durchgängige Bearbeitung kann nicht direkt kontrolliert werden, da die Tests zumeist selbstständig und nicht immer im Beisein einer Versuchsleitung, bzw. selbst dann einzeln am eigenen oder gestellten Computer bearbeitet wurden ohne persönliche Einzel-Aufsicht.

Ein Scheitern bei Punkt 2. kann nachträglich nicht mehr nachvollzogen werden.

Ein Fehlerausschluss für Punkt 3. kann nachvollzogen werden (von SoSciSurvey).

aldiff wird für Punkt 1. und Punkt 3. Kontrollmechanismen etablieren. Können diese beiden Punkte ausgeschlossen werden, geht aldiff davon aus, dass die Aussage von Punkt 0. zutrifft.

Fazit datenbasierte Datensatzauswahl

Schon bei der Aufnahme von Daten in die Auswertung werden schwache Kriterien für eine gewissenhafte Bearbeitung angegeben. Ein Proband muss mindestens

1/5 der Befragung auf dem Bildschirm angezeigt bekommen haben und mehr als 10 min an der Befragung teilgenommen haben, sonst wird der Proband auch nicht in Einzelaufgabenanalysen eingebunden.

Die Kriterien, die im Folgenden definiert werden sind noch deutlich restriktiver.

Gleichzeitig muss immer bedacht werden, dass es möglichst nicht dazu kommen sollte, dass ein leistungsschwacher Proband letztlich wegen seiner Leistungsschwäche nicht in den Gesamttestanalysen Berücksichtigung findet.

Definition:„Durchklicker zwischendurch"

1. Wer zu viele Aufgaben während der Befragung nicht beantwortet und gleichzeitig zu wenig Zeit für die Befragung verwendet, der wird als Proband von den Gesamttestanalysen ausgeschlossen.
2. Dabei darf ein Proband, der mehr Zeit für den Test verwendet hat, auch mehr fehlende Antworten haben, da ihm eine gewissenhafte Bearbeitung unterstellt wird.

Details zur Quantifizierung der Umsetzung werden in der Auswertung beschrieben.

Personen, die nur einen Teil der Befragung bearbeiten und dann bis zum Ende durchklicken ohne weitere Fragen zu beantworten und die „Abbrecher", sollen über folgendes Kriterium ausgeschlossen werden:

Definition:„Durchklicker am Ende"

Man betrachte die 3 letzten leichten bis mittelschweren Testaufgaben im Test (die vorletzte zählt nicht, da schwieriger), von denen eine Aufgabe durch Ankreuzen gelöst wird:

1. Wer weniger als zwei der letzten 3 Aufgaben bearbeitet (nicht unbedingt richtig!), gilt als „Durchklicker am Ende"

5.15 Auswertung b) Algebratest (b1), b1*),b*), b**))

5.15.1 Datenbereinigung und Aufgabenbewertung zum Erhalt der Analysedaten

Im Folgenden wird das Vorgehen bei der Datenbereinigung und Datenaufbereitung beschrieben. Aus der Befragungsplattform SoSciSurvey fand ein Import in SPSS statt. Dabei wurden nur diejenigen Fälle importiert, deren letzte im Fragebogen geöffnete Seite mind. Seite 18 ist. (ca. 1/5 des Tests in Seiten). In den 18 Seiten enthalten sind einleitende Texte, einleitende Fragen, 5 reguläre Mathematiktestaufgaben und die Aufgaben des Speedtestabschnittes (siehe Zusammenstellung des Tests). Berücksichtigt wird nur, wer zusätzlich mindestens 10 min Bearbeitungszeit durchgehalten hat. Nach dem Import fand eine Rekodierung der offenen gestellten Personenvariablen in kategoriale Variablen statt, um diese für Analysen nutzbar zu machen.

Im Anschluss erfolgt eine Urdatenbereinigung. Zusätzlich wurden leere, fast leere Bögen entfernt, sowie „Spaßantworter", d. h. Personen, die offensichtlich willentlich vollkommen inadäquate Antworten eingetippt hatten.

Bei den Präsenzerhebungen wurden nicht von den einzelnen Probanden erfragte Populationsmerkmale in den Datensatz übernommen.

Nach dieser Urdatenbereinigung stehen **N = 522** Probandenbearbeitungen zur Verfügung.

Alle 522 Personen, deren Antworten als Strings aus SoSciSurvey vorliegen, wurden nach MaxQDA importiert. Dort wurden sie mithilfe des Survey-Bewertungstools aufgabenweise in Antwort-Kategorien („richtig" und Fehlerkategorien) codiert.

Bei der Bewertung zeigte sich, dass Aufgabe AU66 von fast allen Probanden nicht wie von den Machern der Studie intendiert bearbeitet wurde. Bei dieser Aufgabe, die eine frei formulierte Begründung fordert, kann nicht beurteilt werden, ob die Probanden die Aufgabe im Sinne der Musterlösung korrekt oder falsch beantwortet haben. Für eine eindeutige Zuordnung sind die meisten Antworten zu wenig ausführlich. Die Aufgabe wird daher aus der Auswertung entfernt.

5.15.2 Übersicht über den Datensatz

Populationsmerkmale allgemein

Teilnehmer		522 (407 werden als vollständig gewertet)
Geschlecht	männlich	44 %
	weiblich	52,4 %
	anderes	3,6 %
	Keine Abgabe	21
	vor Angabe Geschlecht abgebrochen	56
Schüler oder Student	Schüler	161
	Student	302, zu gleichen Teilen aus Dualer Hochschule, Pädagogischer Hochschule und Universität
	weder Schüler noch Student, aber den Studenten zuzurechnen „Semester 0“	11
Bundeslandherkunft (von 468)	Baden-Württemberg	78 %
	NRW	7,1 %
	Bayern	6,8 %
	Saarland	5,8 %
selbstständige Bearbeitung ohne Hilfsmittel (von 456)		98,9 %

Es wurden deutlich mehr Studenten als Schüler befragt. Da der Fokus von aldiff auf der Hochschulseite liegt, wird davon ausgegangen, dass dieses Ungleichgewicht zugunsten der für aldiff besonders relevanten Zielgruppe der Studienanfänger ausfällt.

Die Stichprobe der Studie, ist stark auf das Land Baden-Württemberg konzentriert. Bei der Übertragung auf die Verhältnisse z. B. anderer Bundesländer ist diese Beschränkung gegebenenfalls mitzudenken. Die im Test geprüften Inhalte müssten dazu jedoch nicht angepasst werden, da diese nicht curriculumsbasiert sind und großteils in den Anforderungslisten (siehe Theorieteil) verortbar sind.

Teilnehmergruppe der Studierenden aufgetrennt nach Institutionen

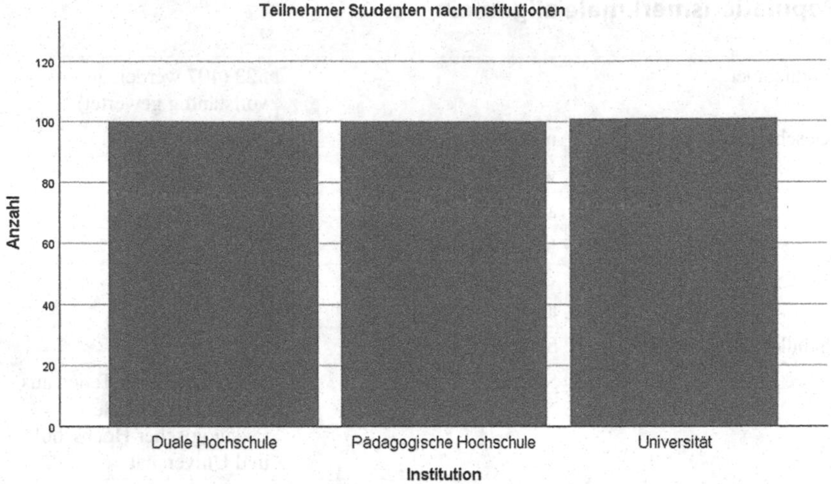

Geschlechterverteilung nach Studiengang

Der Anteil männlicher und weiblicher Studenten an der Gesamtpopulation zeigt sich relativ ausgewogen. Während im Lehramt die weibliche Quote überwiegt, finden sich beispielsweise in den wirtschafts-informatischen Studiengängen, denen ein Teil der Probanden angehören, deutlich mehr Männer wieder.

Studiengang	Geschlecht			Gesamt
	männlich	weiblich	anderes	
Lehramt	69	113	0	182
nicht Lehramt	62	18	1	81
Gesamt	131	131	1	N = 263

Leider konnten nicht gleich viele Lehramt- wie nicht-Lehramt-Studierende erhoben werden. Es waren ca. doppelt so viele Lehramt-Studierende. Die nicht-Lehramts-Studierenden studieren mehrheitlich die Fächer Wirtschaftsinformatik, Bauwesen und Bauprojektmanagement oder Maschinenbau.

Verortung der Studierenden in ihrem Ausbildungsstand:

im ersten Studienjahr (Semester 0–2)		81,4 %
in Semester 0–3		90 %
Schulabschluss (von 288)	allgemeine Hochschulreife	89,9 %
	Fachhochschulreife	7,6 %
	Real- oder Hauptschulabschluss	1,7 %
Abschlussnote gesamt (von 283)	sehr gut	21,2 %
	gut	53,7 %
	befriedigend	24,0 %
	ausreichend-ungenügend	1,1 %
Abschlussnote Mathematik (von 203)	sehr gut	24,1 %
	gut	39,9 %
	befriedigend	22,2 %
	ausreichend	9,4 %
	mangelhaft	3,9 %
	ungenügend	0,5 %

Studierende Lehramt aufgeschlüsselt nach Zielschulart

Schulrichtung (von 183)	Sekundarstufe 1	45,4 %
	Primarstufe	23,5 %
	Gymnasial	18,6 %
	Sonderpädagogik	12,6 %

Der im Vergleich recht hohe Anteil an Sekundarstufenlehramt gefolgt vom Lehramt Primarstufe erklärt sich aus der baden-württembergischen Struktur der Pädagogischen Hochschulen und ist damit letztlich den Werbemaßnahmen geschuldet. Da das Projekt aldiff von der Pädagogischen Hochschule Heidelberg finanziert wird, ist dieses Ungleichgewicht gleichzeitig nicht vollständig unerwünscht.

Verortung der Schüler (allgemeinbildender) Gymnasien in ihrem Ausbildungsstand

in den letzten beiden Klassenstufen vor dem Abitur		>98 %
Schulnoten	sehr gut	23,4 %
	gut	32,3 %
	befriedigend	22,2 %
	ausreichend	13,3 %
	mangelhaft	7,6 %
	ungenügend	1,3 %

Analyse der freien Rückmeldungen der Probanden im Kommentarfeld am Ende der Befragung

Aus den allgemeinen Rückmeldungen und *Kommentaren im Kommentarfeld* am Ende des Tests können folgende Beobachtungen gezogen werden:

Die Schwierigkeit des Test wird als durchmischt wahrgenommen.

Dies wird im Einleitungstext des Tests angekündigt und zeigt sich auch empirisch.

Betreffend der Einschätzung des Schwierigkeitsgrads der Aufgaben spannt sich die Bandbreite von „gut machbar", bis „zu anspruchsvoll".

Die Bearbeitungszeit der „Speedaufgaben" mit 6 Sekunden wird von vielen Teilnehmern als zu kurz empfunden.

Die Aufgabenzeit ist bewusst so kurz gewählt und soll auch so belassen werden, um den „schnellen Blick auf Korrektheit/Inkorrektheit" zu modellieren (Die vorgeschlagenen Bearbeitungszeiten stellen eine direkte Übernahme aus SUmEdA dar).

Einige Probanden melden zurück, dass der Test gut die schulmathematische Algebra erkennen lässt und abdeckt, diese jedoch für diese Probanden schon länger zurückliegt, und zum Teil nur noch teilweise verfügbar ist.

Weiterhin wird gehäuft rückgemeldet, dass der Begriff „Faktorisieren" einigen Bearbeitern nicht geläufig war.

Zwar wird „faktorisieren" in den Aufgaben immer zusätzlich erklärt. Pseudo-Faktorisierungen $a^2 - b^2 = a \bullet a - b \bullet b$ werden nicht als richtige Lösung akzeptiert.

Vereinzelt wird Kritik geäußert, dass man im Testverlauf nicht mehr zurück gehen kann.

Dies ist technisch dem Umstand geschuldet, dass die Befragung auf SoSci-Survey andernfalls die erneute Bearbeitung der Speedaufgaben und weiterhin den direkten Abgleich mit ähnlichen Aufgaben erlaubt hätte. Dies sollte vermieden werden.

Vereinzelt wird Kritik geäußert, dass die Bearbeitungszeit des Tests zu lang dauert.

Da der Test auf Basis der Daten der Studie gekürzt werden soll siehe Forschungsstrang c) kann das Projekt dieser Kritik positiv begegnen.

Auswahl der Probanden und Items für die statistischen Analysen

Die Auswahl der Probanden für die Analyse des Tests wird auf Basis der Definitionen am Ende des Methodik-Teils getroffen.

„Durchklicker zwischendurch"

Wahl der Quantifizierung: Alle Befragten (mit mind. 10 min Bearbeitungsdauer) dürfen 5 Eingaben über den gesamten Test auslassen. Für je 5 min Bearbeitungszeit darf eine weitere Eingabe ausgelassen werden.

Aus dem Datensatz entfernt werden folglich alle Probanden im roten Bereich.

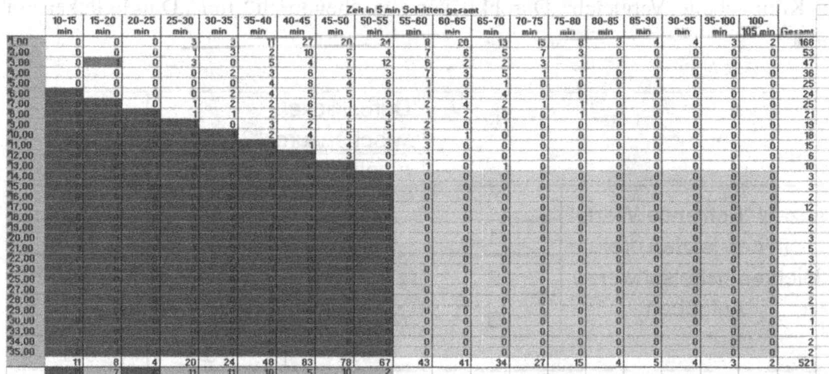

	Zeit in 5 min Schritten gesamt																			
	10-15 min	15-20 min	20-25 min	25-30 min	30-35 min	35-40 min	40-45 min	45-50 min	50-55 min	55-60 min	60-65 min	65-70 min	70-75 min	75-80 min	80-85 min	85-90 min	90-95 min	95-100 min	100-105 min	Gesamt
1,00	0	0	0	3	3	11	27	20	24	8	20	13	15	8	3	4	4	3	2	168
2,00	0	0	0	1	3	2	10	5	4	7	6	5	7	3	0	0	0	0	0	53
3,00	0	1	0	3	0	5	4	7	12	6	2	2	3	1	1	0	0	0	0	47
4,00	0	0	0	0	2	3	6	5	3	7	3	5	1	1	0	0	0	0	0	36
5,00	0	0	0	0	0	4	8	4	6	1	0	1	0	0	0	1	0	0	0	25
6,00	[illegible]	0	0	0	2	4	5	5	0	1	3	4	0	0	0	0	0	0	0	24
7,00	[illegible]	[illegible]	0	1	2	2	6	1	3	2	4	2	1	1	0	0	0	0	0	25
8,00	[illegible]	[illegible]	[illegible]	1	1	2	5	4	4	1	2	0	0	1	0	0	0	0	0	21
9,00	[illegible]	[illegible]	[illegible]	[illegible]	0	3	2	5	5	2	0	1	0	0	0	0	0	0	0	19
10,00	[illegible]	[illegible]	[illegible]	[illegible]	[illegible]	2	4	5	1	3	1	0	0	0	0	0	0	0	0	18
11,00	[illegible]	[illegible]	[illegible]	[illegible]	[illegible]	[illegible]	1	4	3	3	0	0	0	0	0	0	0	0	0	15
12,00	[illegible]	[illegible]	[illegible]	[illegible]	[illegible]	[illegible]	[illegible]	3	0	1	0	0	0	0	0	0	0	0	0	6
13,00	[illegible]	[illegible]	[illegible]	[illegible]	[illegible]	[illegible]	[illegible]	[illegible]	0	1	0	1	0	0	0	0	0	0	0	10
14,00	[illegible]	[illegible]	[illegible]	[illegible]	[illegible]	[illegible]	[illegible]	[illegible]	[illegible]	0	0	0	0	0	0	0	0	0	0	3
15,00	[illegible]	[illegible]	[illegible]	[illegible]	[illegible]	[illegible]	[illegible]	[illegible]	[illegible]	0	0	0	0	0	0	0	0	0	0	3
16,00	[illegible]	[illegible]	[illegible]	[illegible]	[illegible]	[illegible]	[illegible]	[illegible]	[illegible]	0	0	0	0	0	0	0	0	0	0	2
17,00	[illegible]	[illegible]	[illegible]	[illegible]	[illegible]	[illegible]	[illegible]	[illegible]	[illegible]	0	0	0	0	0	0	0	0	0	0	12
18,00	[illegible]	[illegible]	[illegible]	[illegible]	[illegible]	[illegible]	[illegible]	[illegible]	[illegible]	0	0	0	0	0	0	0	0	0	0	6
19,00	[illegible]	[illegible]	[illegible]	[illegible]	[illegible]	[illegible]	[illegible]	[illegible]	[illegible]	0	0	0	0	0	0	0	0	0	0	2
20,00	[illegible]	[illegible]	[illegible]	[illegible]	[illegible]	[illegible]	[illegible]	[illegible]	[illegible]	0	0	0	0	0	0	0	0	0	0	3
21,00	[illegible]	[illegible]	[illegible]	[illegible]	[illegible]	[illegible]	[illegible]	[illegible]	[illegible]	0	0	0	0	0	0	0	0	0	0	5
22,00	[illegible]	[illegible]	[illegible]	[illegible]	[illegible]	[illegible]	[illegible]	[illegible]	[illegible]	0	0	0	0	0	0	0	0	0	0	3
23,00	[illegible]	[illegible]	[illegible]	[illegible]	[illegible]	[illegible]	[illegible]	[illegible]	[illegible]	0	0	0	0	0	0	0	0	0	0	2
25,00	[illegible]	[illegible]	[illegible]	[illegible]	[illegible]	[illegible]	[illegible]	[illegible]	[illegible]	0	0	0	0	0	0	0	0	0	0	2
27,00	[illegible]	[illegible]	[illegible]	[illegible]	[illegible]	[illegible]	[illegible]	[illegible]	[illegible]	0	0	0	0	0	0	0	0	0	0	2
28,00	[illegible]	[illegible]	[illegible]	[illegible]	[illegible]	[illegible]	[illegible]	[illegible]	[illegible]	0	0	0	0	0	0	0	0	0	0	2
29,00	[illegible]	[illegible]	[illegible]	[illegible]	[illegible]	[illegible]	[illegible]	[illegible]	[illegible]	0	0	0	0	0	0	0	0	0	0	1
30,00	[illegible]	[illegible]	[illegible]	[illegible]	[illegible]	[illegible]	[illegible]	[illegible]	[illegible]	0	0	0	0	0	0	0	0	0	0	1
33,00	[illegible]	[illegible]	[illegible]	[illegible]	[illegible]	[illegible]	[illegible]	[illegible]	[illegible]	0	0	0	0	0	0	0	0	0	0	1
34,00	[illegible]	[illegible]	[illegible]	[illegible]	[illegible]	[illegible]	[illegible]	[illegible]	[illegible]	0	0	0	0	0	0	0	0	0	0	2
35,00	[illegible]	[illegible]	[illegible]	[illegible]	[illegible]	[illegible]	[illegible]	[illegible]	[illegible]	0	0	0	0	0	0	0	0	0	0	2
	11	8	4	20	24	48	83	78	67	43	41	34	27	15	4	5	4	3	2	521
	[illegible]	7	[illegible]	11	11	10	5	10	2											

(Aus technischen Gründen der Auswertung ist ein Proband im roten Bereich bereits in dieser Übersicht entfernt).

gelb: Es gibt keine Probanden in diesem Bereich. d. h. Es gibt keine Probanden mit 14 oder mehr fehlenden Angaben bei einer Bearbeitungszeit von mindestens 55 min. Es kann also niemand entfernt werden.

rot: Bereich: „Durchklicker zwischendurch". Probanden in diesem Bereich werden nach Definition oben entfernt.

rote und orange Felder unten:

rot: Kein Proband dieser Testzeit-Spalte wird in den Test aufgenommen (wg. Definition „Durchklicker zwischendurch")

orange: Es gibt andere Probanden mit ähnlich langer Testzeit, die aufgenommen werden, d. h. es gibt Probanden mit ähnlich langer Bearbeitungszeit aber weniger fehlenden Werten.

Die Bearbeitungszeit liegt mindestens bei 25 Minuten.

Ein Ausreißer bildet der Proband im grün gekennzeichneten Feld, der in unterdurchschnittlich langer Zeit überdurchschnittlich viele Aufgaben bearbeiten konnte.

„Durchklicker am Ende" kombiniert mit „Durchklicker zwischendurch"

Nach der Definition „Durchklicker am Ende" darf höchstens eine von den drei letzten leichten bis mittelschweren Aufgaben ohne Bearbeitung abgegeben werden.

Kreuztabelle Vergleich „Durchklicker zwischendurch" mit „Durchklicker am Ende"

		„Durchklicker zwischendurch"?		
		0: nein	1: ja	
Anzahl "Fehlende Werte" in den letzten drei leichten-mittelschweren Aufgaben	0	307	1	308
	1	100	7	107
	2	17	13	30
	3	26	50	76
		450	71	521

Aus den Analysen ausgeschlossen werden die Probanden aus den rot gekennzeichneten Feldern.

Insgesamt werden durch die Kombination beider vorgenannten Kriterien schließlich **N = 407** in die Analysen zum Gesamttest aufgenommen.

5.15.3 Auswertung b) Algebratest (b*)) Vergleich mit Küchemann N = 522

Die folgenden Prozentwerte bezüglich der Daten aus aldiff im Vergleich zu Küchemann beziehen sich jeweils auf die Gruppe der ursprünglich 522 Probanden. Um mit den Analysen bei Küchemann vergleichbar zu bleiben, werden in dieser Analyse nur Probanden gezählt, die eine Antwort und keine Leerstelle zu der jeweiligen Frage angegeben haben.

Vergleich typischer Fehler bei Küchemann vs. aldiff

Aufgabe 9 (iii) bei Küchemann (1981, S. 114):

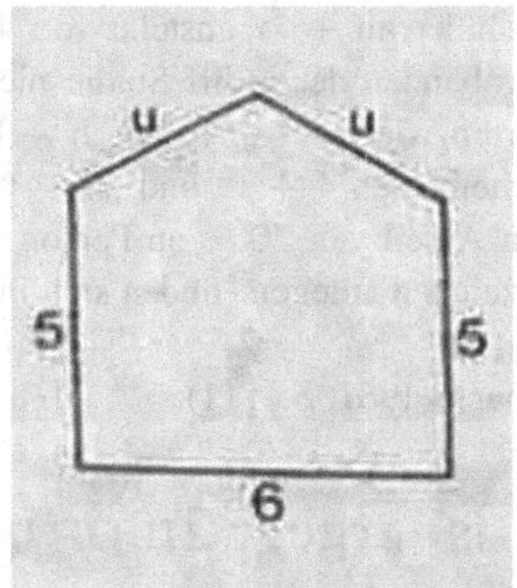

Bei Küchemann gaben 27 % der Kinder Antworten der Art „2u + 2.5 + 1.6" (Küchemann 1981, S. 104). Küchemann erklärt dies dadurch, dass die Schüler die vorkommenden Elemente sammeln: „2-mal wurde u gefunden und 2-mal wurde 5 gefunden und 1-mal wurde 6 gefunden".

Die Werte wurden von den Schülern auf diese Weise gesammelt. Die Werte „5" und „6" werden nach Küchemann als eigenständiges Objekt, als Bezeichner für die Streckenentität wahrgenommen, und so wahrscheinlich auch die Variable selbst.

Bei der Erhebung dieser Aufgabe in der aldiff Testerhebung ergeben sich ähnliche Antwortmuster. Diese bilden jedoch nur einen Anteil von unter 10 %, selbst bei noch großzügigerer Auslegung des von Küchemann beschriebenen Antwortschemas.

Aufgabe 9 (ii) bei Küchemann (1981, S. 114):

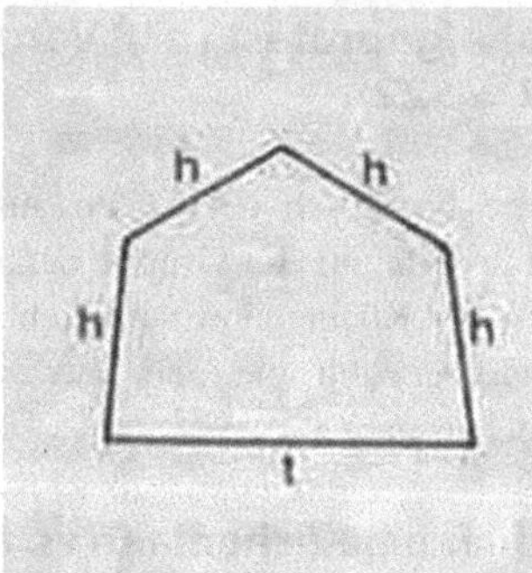

Im selben Kontext wird bei Küchemann (1981, S. 104) das Phänomen beschrieben, dass viele Schüler 4h + 1t anstelle von 4h + t schrieben. Dieses Phänomen tritt bei den Probanden der aldiff Studie nicht auf. Es gibt durchaus vereinzelt richtige Antworten wie „t + h + h + h + h" (<3 %). Es gibt auch falsche Antworten des Schemas „h^4 + t" und „h^4*t" (<3 %). Einen wie bei Küchemann beschriebenen Anteil von 20 % an Personen, die verbundene Listen mit noch weniger Rechenzeichen anlegen, finden sich in den Daten bei aldiff gar nicht.

Aufgabe 3 bei Küchemann (1981, S. 111):

Which is larger, 2n or n + 2? Explain.

Antwortmuster der Altersstufe „14-Jährige" bei Küchemann zu Aufgabe 3:

falsch	2n	71 %
falsch	n + 2 oder beide gleich	16 %
richtig	2n wenn n>2	6 %

aldiff fordert für eine korrekte Bearbeitung der Aufgabe die Unterscheidung von mindestens der Fälle: n>2, n<2

In den aldiff Daten geben nur ca. 8 % die Antwort „2n". Trotz der restriktiveren Bewertung lösen diese Aufgabe 37,3 % (von 407), also sehr deutlich mehr als bei Küchemann (6 %).

Aufgabe 14 bei Küchemann (1981, S. 105):

What can you say
about r if
r = s + t and
r + s + t = 30

Antwortmuster der Altersstufe „14-Jährige“ bei Küchemann zu Aufgabe 14:

richtig	r = 15	35 %
evtl. richtig (in aldiff falsch)	r = 30 – s – t	6 %
falsch	r = 10	21 %

Weniger als 2 % geben in aldiff eine Antwort die mit r = 30 – s – t vergleichbar ist. Ca. 1 % macht beim Versuch dabei Fehler. Diese Werte sind ähnlich der von Küchemann beobachteten 6 %.

Die bei Küchemann besonders häufige Lösung „r = 10“ taucht bei den Probanden von aldiff nicht auf. Unter 1 % der Probanden antworten mit dieser Antwort.

62 % (derjenigen, die die Frage beantwortet haben) antworteten in aldiff mit „r = 15“, darunter wenige, die mit 2r = 30 eine ebenso in aldiff als richtig akzeptierte Antwort gaben. Auch diese Aufgabe wird von den Probanden in aldiff folglich deutlich häufiger richtig gelöst.

Aufgabe 5 (ii) und 5 (iii) bei Küchemann (1981, S. 106):

Antwortmuster der Altersstufe „14-Jährige“ bei Küchemann zu Aufgabe 5 (ii) und 5 (iii):

5(ii)		5(iii) (Level 3)	
If n − 246 = 762 n − 247 = . . .		If e + f = 8 e + f + g = . . .	
761	74%	8 + g	41%
763	13%	15	2%
Other values	8%	12	26%
		8g	3%
		9	6%

Ca. 84 Prozent lösen Aufgabe 5 (ii) in den aldiff Datensätzen (unter Auslassung der fehlenden Antworten). Nur 7 % (und nicht 13 % bei Küchemann) der Probanden antworten „763“. Mit ca. 8 % fällt der Anteil weiterer Antworten genauso gering wie bei Küchemann aus.

Die Aufgabe 5 (iii) wurde anders als bei Küchemann als Ankreuzaufgabe mit Mehrfachauswahl gestellt. Die Entscheidung ein anders geartetes Antwortformat als bei Küchemann zu wählen wurde von der Projektleitung bereits im Projekt SUmEdA so getroffen.

Bei Küchemann beträgt die Lösungsrate dieser Aufgabe 41 %. Im Projekt aldiff (als Ankreuzaufgabe) ist sie deutlich erhöht auf ca. 83 %. Nur 3,6 % der Antworten sind „12", wo dies bei Küchemann 26 % sind.

Aufgabe „2a + 5a =" bei Küchemann:

Ca. 94 % lösen diese Aufgabe im aldiff Datensatz; bei Küchemann wird diese Aufgabe zu 86 % gelöst.

Aufgabe „Addieren Sie 4 zu 3n und vereinfachen Sie soweit möglich:" bei Küchemann:

Im aldiff Datensatz wurde diese Aufgabe von über 84 % richtig beantwortet. Bei Küchemann (1981, S. 108) nehmen die falschen Antworten 7n und 7 einen beachtlichen Anteil (47 %) an den Ergebnissen ein.

In den Antworten bei der Erhebung von aldiff machen diese Fehler unter 3 % der Antworten aus.

Aufgabe 18 (ii) (Küchemann 1981, S. 109):

Antwortmuster bei Küchemann zu Aufgabe 18 (ii):

18(ii) (Level 4)	%
L + M + N = L + P + N is Always Sometimes Never true (when)	
Sometimes, when M = P	25
Sometimes. Or M and P given a specific value	14
Never	51

Interessant ist, dass bei Küchemann die falsche Antwort „never"/nie von 51 % gewählt wird. Nur ein Viertel der Probanden von Küchemann lösen die Aufgabe richtig. 14 % antworten mit „Sometimes"/manchmal zu unspezifisch und daher falsch.

Bei den aldiff-Probanden geben nur 12 % die falsche Antwort „nie" an. Von 65 % der aldiff-Probanden wird die Aufgabe richtig gelöst mit „wenn M = P ist".

Auch hier zeigen sich folglich deutliche Unterschiede zu den Antwortbildern bei Küchemann.

Fazit Vergleich der Lösungsraten von Küchemann mit denen in aldiff

Im Übergang Schule-Hochschule in Baden-Württemberg in Lehramts Mathematik und MINT (ohne M) Studiengängen der aldiff Studie können die Ergebnisse von Küchemann nicht repliziert werden.

Es wurden nur 2 der 9 Küchemann-Aufgaben aus Level 4 (von Küchemann) in aldiff verwendet. Diese weisen jedoch durchgängig deutlich höhere Lösungsraten auf. Analog lässt sich formulieren: Obwohl nur 3 der 8 Aufgaben des Level 3 (von Küchemann) bei aldiff erfragt wurden, zeigt sich auch hier ein Unterschied in den Lösungsraten. Die höchste Lösungsrate bei Küchemann zu allen Aufgaben dieser Kategorie „Level 3" ist 56 %. Die niedrigste Lösungsrate dieser Aufgaben in aldiff ist 62 % gefolgt von 83 % und 84 %.

Beim Abgleich der Fehlerbilder bei Küchemann mit denen bei aldiff hat sich an einer Vielzahl von Stellen herausgestellt hat, dass die Fehlerbilder bei Küchemann für die Population bei aldiff quasi nicht vorkommen.

Häufig vorkommende Fehlerbilder geben in der Fachdidaktik den Anlass, Ursachen der Fehler zu suchen.

Dies stützt die These, dass Fehlerbilder stark von der Population abhängig sind und daher eine sinnvolle Förderung auf Basis der typischen Fehler bei Küchemann nur sehr bedingt sinnvoll scheint.

Für die Untersuchung einer Förderwirksamkeit in Nachfolgeforschung, ist zu prognostizieren, dass im Bereich der Küchemann-Aufgaben wohl keine Untersuchung der Förderwirksamkeit auf Basis der dort formulierten typischen Fehler möglich sein wird. Diese Vermutung wird durch die geringen Fallzahlen in diesem Bereich begründet.

Gleichzeitig bestärken diese Untersuchungen den Ansatz nach für den Bereich Übergang Schule-Hochschule besonders relevanten typischen Fehlern Ausschau zu halten. Dies ist Aufgabe einer Reanalyse in Folgeforschung.

5.15.4 Vergleich einer Aufgabe mit den Ergebnissen bei Oldenburg (2013b) (b*))

AU57 ist in leicht veränderter Formulierung einer Aufgabe bei Oldenburg (2013b) entnommen:

„Aaron ist a cm groß, Berta ist b cm groß. Berta ist 10 cm kleiner als Aaron.

Drücken Sie diese Situation in Form einer Gleichung mit a und b aus:“

Bei Oldenburg wird diese Aufgabe von 61 % der Probanden aus Klasse 11 gelöst. In aldiff lösen die Schüler diese Aufgabe zu 73 %, die Studenten sogar zu 82 %.

Der häufigste Fehler ist eine falsche Analogie von Sprache und algebraischer Sprache: „b − 10 = a“. 13 % der Probanden in aldiff machen diesen „typischen“ Fehler.

5.15.5 Analyse der Lösungsraten der PISA-Aufgaben (b**))

Von den N = 407 in den Gesamttestanalysen aufgenommenen Probanden beantworten (erwartungsgemäß) nur noch wenige Teilnehmer die zusätzlich freiwillig in einigen Erhebungssituationen aufgenommenen PISA-Aufgaben. Dies bestärkt rückwirkend die Entscheidung die PISA-Aufgaben in den nicht in Präsenz durchgeführten Befragungen am Ende der Befragung in einem optionalen Teil anzufügen, um ein Abbrechen der Hauptbefragung zu vermeiden.

Immerhin fast 90 % der 407 Probanden betrachten die erste PISA-Aufgabe länger als 1 min, was der reinen Lesezeit der Aufgabe entspricht. Für die letzte PISA-Aufgabe trifft dies auf noch gut 70 % zu. Viele Probanden, die es bis hierhin geschafft haben, schauen und lesen die Aufgaben offenbar aus Interesse durch, ohne eine Bearbeitung anzugehen.

Lösungsraten können nur für die Aufgaben angegeben werden, bei denen eine nicht-leere Abgabe erfolgte. Daher wird die Lösungsrate systematisch überschätzt.

Aufgabe	Lösungsrate
Sessellift (Ankreuz)	74 % (von 146)
Turmspringer (Ankreuz)	75,8 % (von 124)
Gehen (Ankreuz) (Teil 4)	19,8 % (von 91)
Thermometergrille	23,6 % (von 110)
Das beste Auto Teil 1	93,8 % (von 130)
Das beste Auto Teil 2	74,6 % (von118)
Wechselkurs Teil 1	85 % (von 120)
Wechselkurs Teil 2	82,8 % (von 116)
Wechselkurs Teil 3	78,9 % (von 95)
Gehen Teil 1	84,5 % (von 103) (Code 2)

Aufgabe	Lösungsrate
Gehen Teil 2	32,5 % (von 77) (Abschnitt 1 von Teil 2) (24 Probanden mit Code 21) (Nur 14 Personen lösen Abschnitt 1 und 2)
Gehen Teil 3	53,5 % (von 73)

Die Probanden des Algebratests, die den Test verlängert bearbeiten, lösen die meisten der PISA-Aufgaben mit hohen Lösungsraten.

Eine Ausnahme bilden die Aufgaben „Gehen" und „Thermometergrille". Diese zeigen in einzelnen Teilaufgaben ebenfalls hohe Lösungsraten, in weiterführenden Aufgabenteilen im Vergleich dazu geringe Lösungsraten.

5.15.6 Suche nach Strukturen über Clusterbildung der Fälle (b1))

k-means Clusterbildung

Es soll mithilfe des k-means Clusterbildungsverfahrens untersucht werden, welche Gruppenmerkmale sich ausbilden, wenn die Probanden aufgrund ihres Antwortverhaltens in zwei Gruppen aufgeteilt werden.

Das k-means Clusterbildungsverfahren bildet eine fest-vorgegebene Anzahl k an Clustern im Datensatz aufgrund von Ähnlichkeiten in Form minimaler Abstände. Es ist ein im Ursprung zufallsbasiertes Verfahren, das wie beispielsweise t-SNE (siehe nächster Abschnitt) einen zufälligen Startzustand annimmt. Das k-means Clusterverfahren ist durch seine Arbeitsweise sehr anfällig für zufälligerweise ungünstig gewählte Initialzustände: Zunächst werden zufällig Clusterzentren gewählt; der Abstand zu diesen Clusterzentren bestimmt dann, zu welchem Cluster ein Datensatz zugeordnet wird. Es handelt sich also um einen im Prinzip einschrittigen Vorgang, der zur Clusterzugehörigkeit führt.

Die Arbeit, die durch das Verfahren verrichtet wird, um diese Lösung zu optimieren ist namensgebend: „k-means":

Nach Zuordnung zum Datensatz werden die Mittelwerte der Cluster jeweils für sich gebildet. Dann wird wieder mit den Mittelwerten der Cluster im gleichen einschrittigen Vorgang, auf Basis der Entfernung zu diesem Mittelwert die Clusterzugehörigkeit neu definiert. Dies wird so lange wiederholt mit den neuen Mittelwerten als Clusterzentren durchgeführt, bis sich die Clusterzugehörigkeit nicht mehr im Vergleich zur letzten Clusterlösung ändert. Man kann das Verfahren dann abbrechen, da die dann nächste Mittelwertbildung der vorigen entspricht und keine Veränderung mehr eintreten kann. In allen hier vorgestellten Durchführungen wurde die Beendigung des Verfahrens abgewartet und trat jeweils nach ca. 10 Iterationen ein.

Durch die zufällig wiederholte Durchführung des obigen Verfahrensablaufs und durch den Vergleich der Güte der jeweils finalen Cluster, lässt sich dann eine im Rahmen der zufällig wiederholten Durchführungen „beste" Clusterlösung auswählen. Das angelegte Gütekriterium ist die addierte clusterinterne Varianz. Vereinfacht gesagt, je homogener die Cluster für sich sind, desto besser ist die Clusterlösung, desto passender war der zufällige Initialzustand, desto eher wird die Clusterlösung abschließend aus den verschiedenen Clusterbildungs-Versuchen als finale Clusterlösung akzeptiert.

Das Verfahren ist ausreißeranfällig, da jeder Datenpunkt, auch Ausreißer, einem Cluster zugeordnet werden muss.

Das „k" in k-means steht für die natürliche Zahl $k \leq n$ ($n =$ Fallzahl). Wie aus den Ausführungen oben ersichtlich, verändert sich die Anzahl der Cluster nicht im Laufe des Verfahrens. Es hilft auch nicht nur nach der Güte der Clusterlösungen absolut zu entscheiden, wie viele Cluster vorliegen: Denn mit zunehmendem k sinkt die addierte Varianz der Einzelcluster immer weiter; im Extremfall $k = n$ auf 0. Dann entwickelt sich die Güte zwar maximal, aber die Aussagekraft ist minimal. Nun stellt sich also vor der Durchführung des Verfahrens noch folgende Frage: Wie viele Gruppen sollen sinnvollerweise im Datensatz gefunden werden?

Zur Festlegung der Clusteranzahl gibt es viele verschiedene Verfahren. Beispielhaft erwähnt seien:

- Eingangskriterien von Probanden: Wenn vorab bereits Klassendefinitionen vorhanden sind, lässt sich die Anzahl dieser sinnvollerweise für die Festlegung der Clusteranzahl verwenden.
- „Screeplot": Wie auch bei anderen Verfahren, z. B. der explorativen Faktorenanalyse (Moosbrugger und Kelava 2012, S. 330) werden Verläufe (in diesem Falle Varianzabnahmen) visuell beurteilt. Auf Basis der Diagnose eines „Knicks" wird dann entschieden, welchem Clusteranzahl wohl besondere Bedeutung zukommen könnte. Dies ist eine visuelle Umsetzung des Vorgehens bei Kaufmann und Pape (1996, S. 472–473): *„Man versucht dann für* $g = 1, \ldots, N$ *den minimalen Wert des Kriteriums zu bestimmen. Ist* h_g *der kleinste gefundene Wert für die Klassenanzahl g, dann wählt man als „natürliche" Klassenanzahl jenen Wert von g, für den* $h_{g-1} - h_g$ *deutlich größer ist, als* $h_g - h_{g+1}$*. Hinter diesem Vorschlag, der auf Thorndike (1953) zurückgeht, steht folgende Annahme: Ein relativ großer Wert* $h_{g-1} - h_g$ *deutet darauf hin, daß in der Partition mit* $g - 1$ *Klassen noch eine heterogene Klasse enthalten ist, die sich in zwei homogene*

(natürliche) Klassen aufspalten lässt. Ein kleiner Wert von $h_g - h_{g+1}$*deutet hingegen darauf hin, daß bei der Erhöhung der Klassenanzahl von g auf g + 1 eine homogene Klasse aufgespalten wurde.“*

Für k wird k = 2 gewählt, aufgrund von folgendem (in R erstelltem) Vergleich:

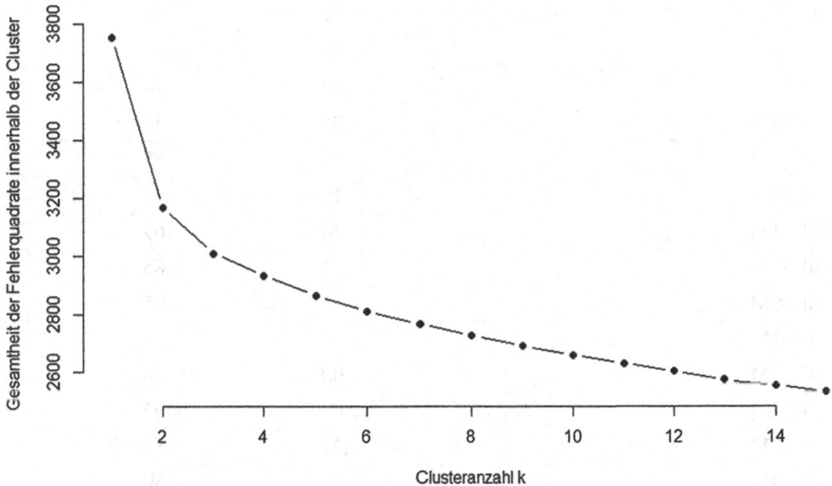

Bei einer k-means Clusteranalyse mit k = 2 entsteht eine eher leistungsstärkere (Cluster 2) und eine eher leistungsschwächere Gruppe (Cluster 1). Erkennbar ist dies am clusterinternen Lösungsratenvergleich, bei dem durchgängig alle Werte des einen Clusters höher als die Werte des anderen Clusters sind, zum Teil erheblich höher.

Clusterzentren der endgültigen Lösung

	Cluster 1	Cluster 2
AU09M	,85	,98
AU13M	,16	,58
AU18M	,72	,97
AU37M	,17	,67
AU55M	,25	,63
AU59M	,22	,47
AU66M	,25	,35
AU73M	,20	,62

Clusterzentren der endgültigen Lösung

	Cluster 1	Cluster 2
AU75M	,72	,92
AU03M	,83	,90
AU05M	,22	,56
AU07M	,77	,90
AU08M	,66	,95
AU11M	,20	,74
AU12M	,05	,49
AU17M	,41	,85
AU24M	,19	,72
AU31M	,20	,69
AU35M	,34	,85
AU49M	,74	,95
AU51M	,17	,57
AU53M	,00	,16
AU57M	,67	,92
AU62M	,27	,81
AU69M	,20	,59
AU71M	,02	,14
AU78M	,29	,73
AU281M	,27	,62
AU282M	,05	,15
AU25M	,29	,70
AU29M	,02	,20
AU47M	,26	,73
AU64M	,72	,96
AU23M	,06	,38
AU33M	,31	,86
AU65M	,54	,78
AU39MN	,25	,48
AU40MN	,56	,88
AU41MN	,48	,68
AU42MN	,40	,62

Clusterzentren der endgültigen Lösung

	Cluster 1	Cluster 2
AU43MN	,51	,62
AU44MN	,72	,90
AU45MN	,34	,63
AU46MN	,45	,78

Aufgaben mit besonders großen Lösungsratendifferenzen ≥0.5
AU37,AU11,AU24,AU35,AU62,AU33

Ausblick auf die Modelle in aldiff:

Vorab kann an dieser Stelle schon berichtet werden, dass bis auf AU37 (ffehler), AU24 (TTG) alle Aufgaben mit besonders differenten Lösungsraten dem Faktor fsubauf entstammen. Wenn man also in leistungsstärkere und leistungsschwächere Probanden im Sinne der Clusterlösung aufteilen möchte eignen sich die Aufgaben aus fsubauf besonders gut dazu.

Eindrucksvoll ist der Zusammenhang von Clusterzugehörigkeit und Lehramtsstudiengang:

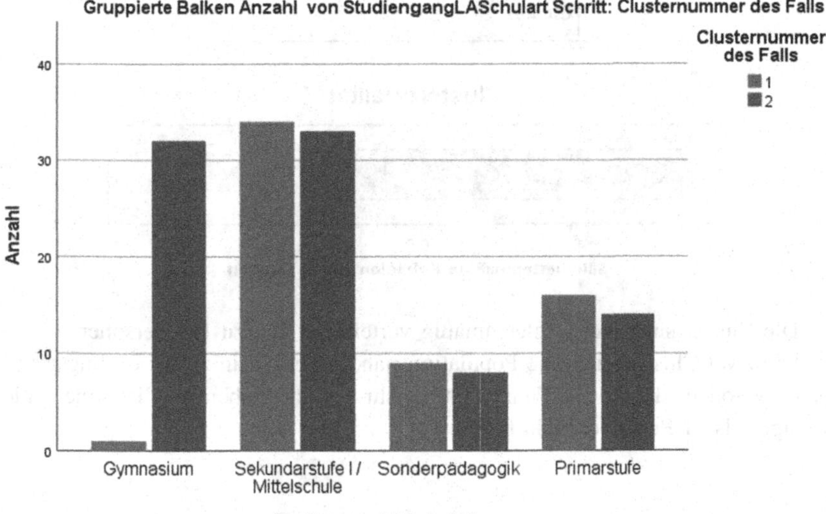

Bis auf einen Ausreißer Student des Gymnasialen Lehramtes befindet sich kein weiterer dieser Gruppe im Leistungsschwächeren Cluster (1).

Die Gruppenzugehörigkeiten in den anderen Zielschularten sind dagegen ziemlich gleichmäßig durchmischt aufgeteilt.

Two-Step Clusteranalyse

Bei der Two-Step Clusteranalyse werden klassischerweise **AIC** und **BIC** dazu verwendet, Modelle miteinander zu vergleichen, um das „beste" Modell zu finden.

Als Abstandsmaß für die Analysen wird das Loglikehood-Maß verwendet; der euklidische Abstand ist in diesem Verfahren besser für metrische Variablen vorbehalten.

Sowohl AIC als auch BIC führen zu einer Nahelegung von 2 Clustern. Die Clusterqualität wird von SPSS mit dem Silhouettenmaß für Kohäsion und Separation als im unteren Bereich von „Mittel" eingestuft.

Modellzusammenfassung

Algorithmus	TwoStep
Eingaben	44
Cluster	2

Clusterqualität

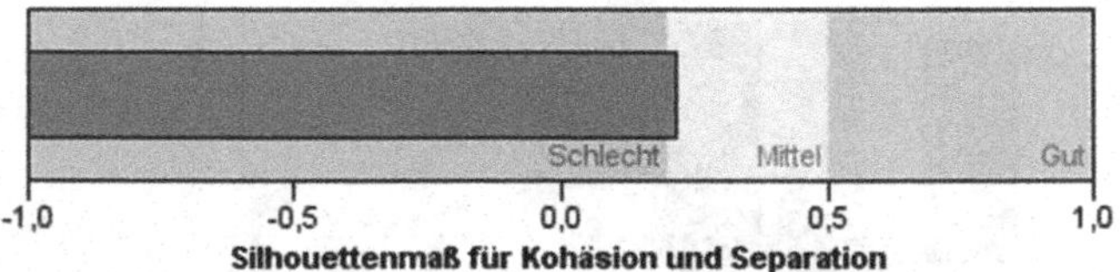

Die Cluster sind in etwa gleichmäßig verteilt mit 167 zu 191 Personen.

Die zwei Cluster teilen die Population nahezu perfekt in zwei Leistungsgruppen. Personen, die ca. 21 Punkte und mehr erreicht haben und Personen, die weniger als 21 Punkte erreicht haben.

Visualisierung der Clusterverteilung

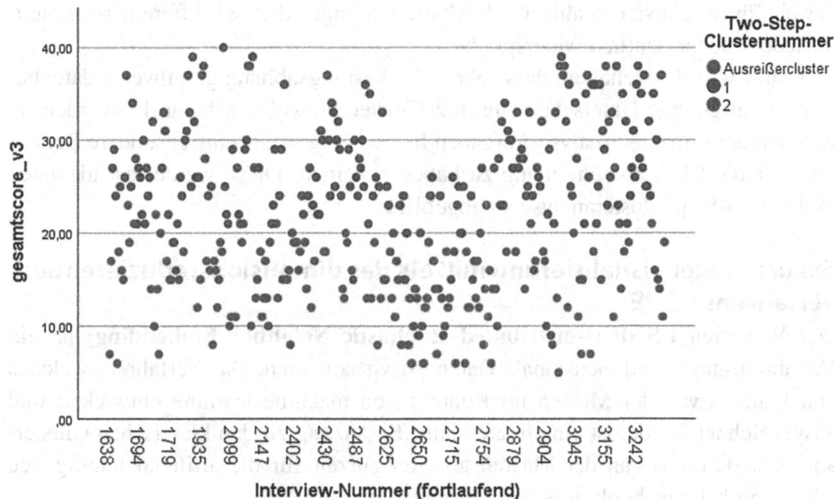

Betrachtet man den Prädikatoreinfluss stellt man fest, dass schon wenige Aufgaben maßgeblich die Clusterzugehörigkeit bestimmen. Diese beinhalten ebenfalls alle Aufgaben 37,11,24,35,62,33 aus den Auffälligkeiten bei der k-means Analyse mit $k = 2$. Nimmt man beispielsweise nur die 5 wichtigsten für die Eingruppierung, wählt man die Aufgaben 24,62,11,31,35. Diese Aufgaben haben einen Prädikatoreinfluss von größer 0,8.

Was ist das besondere Kennzeichen dieser Aufgaben?

Als Gemeinsamkeit ergibt sich offensichtlich ein Themenschwerpunkt auf: Term aufstellen in verschiedenen Kontexten und einfache Substitutionen z. B. zum Lösen einfacher Problemstellungen und Gleichungen.

Vorschau: Dies entspricht dem Faktor fsubauf.

Fazit Clusteranalysen nach Fällen

In den verschiedenen hier verwendeten Clusteranalyseverfahren wurde zunächst die Clusteranzahl 2 gewählt, um zu untersuchen, ob sich die Probanden sinnvoll in zwei Gruppen trennen lassen. Dabei wurden Auffälligkeiten betrachtet.

Im Anschluss an diese Analyse wurde mit der Two-Step Clusteranalyse ein Verfahren gewählt, um datenbasiert die Anzahl der Cluster zu bestimmen. Die Entscheidung fällt dort ebenfalls auf die Clusteranzahl 2.

Abschließend wurde mit einer, hier nicht berichteten, hierarchischen Clusteranalyse eine Clusterzusammenlegungsprozedur verfolgt, die die Bedeutung der „zwei" für die Clusteranzahlwahl durch eine geringe Abstandsdifferenz relativiert, ihr jedoch nicht deutlich widerspricht.

Damit wird festgehalten, dass sehr stark leistungsabhängig, teilweise datenbasiert bestätigt, eine Unterscheidung in 2 Cluster sinnvoll erscheint. Es wurden im Rahmen der k-means Analyse Aufgaben herausgestellt, die eine besondere Bedeutung für die Clusterbeschreibung zu haben scheinen. Diese wurde fast identisch in der Two-Step Clusteranalyse so abgebildet.

Exkurs: Datenvisualisierung mittels des dimensionsreduzierenden Verfahrens t-SNE

Das Verfahren **t-SNE (t-distributed stochastic Neighbor Embedding)** ist ein Verfahren, um hochdimensionale Daten zu visualisieren. Das Verfahren, welches von Laurens van der Maaten im Kontext von machine learning entwickelt und ausgezeichnet wurde, ist eine interessante Ergänzung zu den klassischen Clusteranalysen. Laurens van der Maaten arbeitet zurzeit für die artificial intelligence Abteilung bei Facebook, was nicht überrascht.

Das Verfahren soll hier kurz umrissen werden, um eine Einführung in die grundsätzliche Arbeitsweise zu geben.

Für die Visualisierung hochdimensionaler Daten stehen bekannterweise maximal 3 räumliche Dimensionen zur Verfügung; im Falle von Printmedien nur 2.

Man kann diese 3 bzw. 2 Dimensionen künstlich noch etwas erweitern, indem man Farbgebung der Datenpunkte und Beschriftung mit einbezieht (oder im Interaktiven Fall die Zeit als Dimension hinzunimmt). Dann stößt man aber schnell an die Grenzen, des noch Übersichtlichen oder Nachvollziehbaren.

Um dennoch weit höher dimensionale Daten abbilden zu können muss eine Dimensionsreduktion erfolgen.

Das ist Ziel des t-SNE Verfahrens. Das Verfahren definiert für jeden Datenpunkt eine Abstandsfunktion. Mithilfe dieser Funktion werden „datenähnliche" Datenpunkte mit einem geringeren Abstand versehen als „datenunähnliche" Datenpunkte. Die Datenpunkte werden zunächst zufällig verteilt und danach iterativ auf Basis der Abstandsfunktion schrittweise immer weiter zueinander verschoben. Das führt letztlich zu einer visuellen Clusterbildung. Wie bei allen allgemeinen clusterbildenden Verfahren, ist auch die hier entstehende Visualisierung erst dann hilfreich, wenn die Cluster mit Inhalt gefüllt und interpretiert werden können, vorher sind sie nur „schön anzuschauen".

Anwendung des t-SNE Verfahrens auf aldiff

Wenn man die Gesamttestdaten N = 407 zugrunde legt, und das oben kurz umrissene Verfahren mithilfe des R-package Rtsne durchführt, erhält man wegen der Zufälligkeit zu Beginn des Verfahrens unterschiedliche Bilder, die sich in der Struktur bei der Wahl geeigneter Parameter und ausreichend Iterationen verfahrensbedingt aber im Endzustand immer sehr ähnlich ausbilden. Zur Verifizierung der Stabilität der Ergebnisse sollten jedoch möglichst mehrere Parametereinstellungen durchgespielt werden. Wattenberg et al. (2016) betont die Notwendigkeit der Variation der Parametereinstellungen, um die Robustheit des Verfahrens zu gewährleisten. Deshalb werden im Folgenden mehrere Einstellungen berichtet. Bei einer Zieldimension 2 und 10000 (perplexity = 30) Iterationen ergibt sich:

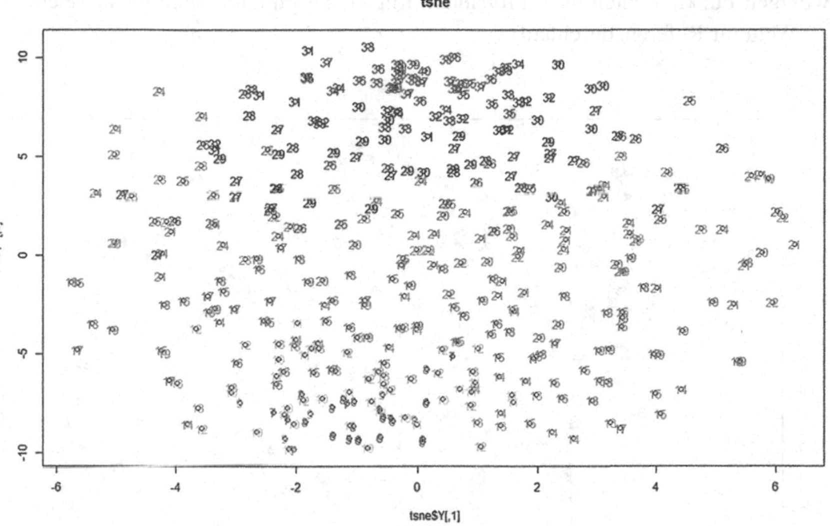

Die hier angezeigten Dimensionen wurden mit den technischen Bezeichnungen Y[,1] bzw. Y[,2] belassen. Zur Bildung der x- und y-Achse führt keine inhaltliche Interpretation, sondern „multiple Entscheidungen des Computers auf Basis des Verfahrens". Auch die Werte der Achsen ohne Einheit lassen sich nur relativ zueinander lesen, haben für die Interpretation also keine absolute Bedeutung.

Die 407 Datenpunkte wurden in der Abbildung eingefärbt und beschriftet. Sowohl Einfärbung als auch Beschriftung wurden auf Basis der im Gesamttest erreichten Punktzahl (nach gesamtscore_v3) vorgenommen.

Für diverse Veränderungen an den Parametern, z. B. Eingabe verschiedener Iterationszahlen, Anpassung des perplexity Parameters, wiederholt zufällige Durchführungen und weitere, zeigen sich keine Auftrennungen in Cluster. Zwar können die Bilder rotieren aber die Struktur bleibt erhalten. (Die Rotation ist bedeutungslos, da die Bedeutung der Achsen durch den Algorithmus auf Basis der zufälligen Anfangssituation festgelegt wird. Die Achsen haben daher keine feste Bedeutung, die man vor der Durchführung des Algorithmus vorhersagen könnte.)

Betrachtet man das Gesamt-Cluster fällt auf, dass innerhalb des Clusters die Position des Probanden stark mit der Gesamtpunktzahl im Test in Zusammenhang steht. Es ergibt sich auf diese Weise eingängig plausibler farblicher Verlauf von rot über orange nach gelb, grün blau violett nach magenta, von Probanden mit wenigen Punkten unten nach Probanden mit vielen Punkten oben (siehe oben).

Weiterer Referenzdurchlauf:

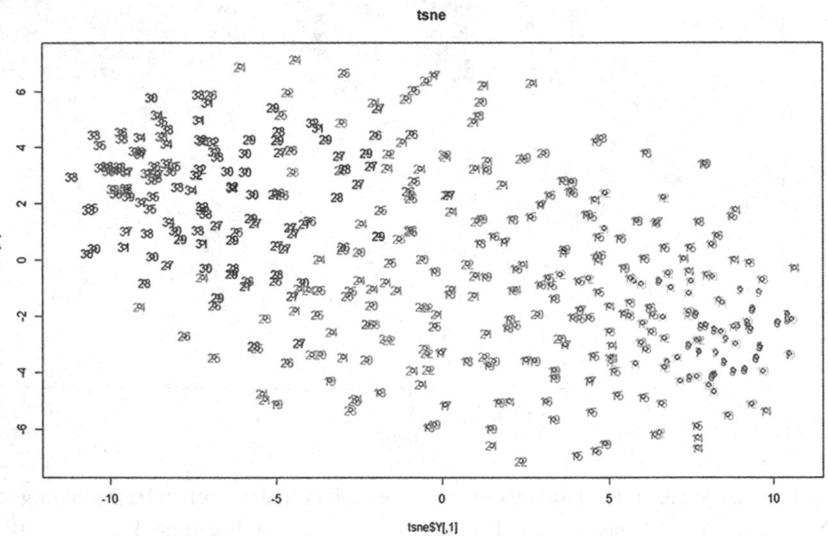

Die Unterschiede ergeben sich aufgrund der vernachlässigbaren Rotation.

t-SNE Verfahren mit 3-dimensionaler Lösung:

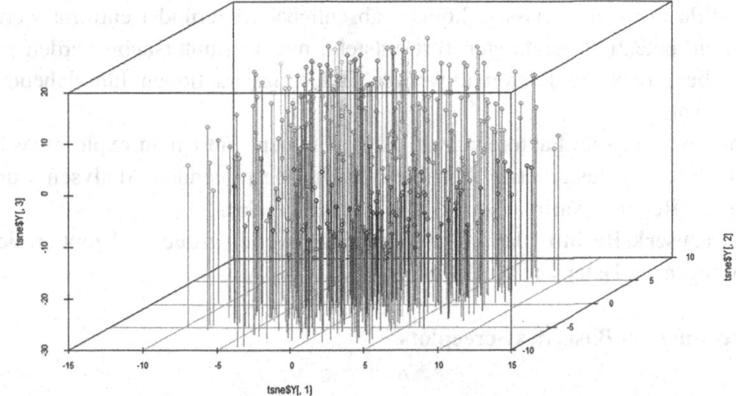

Stimmig zur 2D-Lösung ergeben sich auch durch die Erweiterung auf 3D keine weiteren sinnvoll trennbaren Cluster.

Die Darstellung der entsprechenden 1-D Lösung, ebenfalls ohne sich ergebende Clusterbildung, sowie eine Darstellung der Betrachtung von Subdimensionen auf Basis der (noch zu entwickelnden) Modelle in aldiff, sind erhältlich unter: tim.lutz@alumni.uni-heidelberg.de.

Die Untersuchungen mit t-SNE sollen durch eine andere Herangehensweise untersuchen, ob auf die Gesamtpopulation gesehen, sich verschiedene Probandengruppen aufgrund ihrer Antwortmuster unterscheiden lassen. Dies hat sich nicht bestätigt.

5.15.7 Suche nach Strukturen über explorative Faktorenanalyse der Aufgaben (b1))

Die explorative Faktorenanalyse (**EFA**) bietet die Möglichkeit, ohne ein vorab gefasstes Modell, Daten dahingehend zu untersuchen, ob und inwiefern sich latente Faktoren darin finden lassen. Dabei werden zunächst grundsätzlich alle zur Verfügung stehenden Aufgaben/Items in die Analyse mit aufgenommen. Die explorative Faktorenanalyse geht zuerst von einer Unabhängigkeit und damit nicht-Korreliertheit der Faktoren aus, welche dann unter orthogonalen oder schiefwinkligen Rotationen (hier bleibt die Unkorrelliertheit nicht erhalten) besser interpretierbar gemacht werden können (Romppel 2014).

Wenn die Entscheidung für eine bestimmte Faktorenanzahl getroffen wurde, werden die Items genauer auf ihre statistischen Werte und Inhalte beleuchtet. Items/Aufgaben, die sich sowohl aus statistischen, wie auch inhaltlichen Gründen nicht in das Modell einpassen, können abschließend begründet entfernt werden, sodass ein potentiell bereinigter Test entsteht, mit dem untersucht werden kann, ob die beschriebenen Faktoren, weitere Erhebungssituationen hinreichend gut beschreiben.

Um eine sinnvolle Faktorenanzahl zu bestimmen, führt man explorative Faktorenanalysen für festgesetzte Anzahlen durch. Die folgenden Analysen wurden mit SPSS (Rotation Varimax) bzw. MPlus durchgeführt.

Das **Kaiserkriterium**, das Faktoren mit Eigenwerten größer 1 akzeptiert liefert im vorliegenden Datensatz 13 Faktoren.

Empfehlung auf Basis des Screeplots

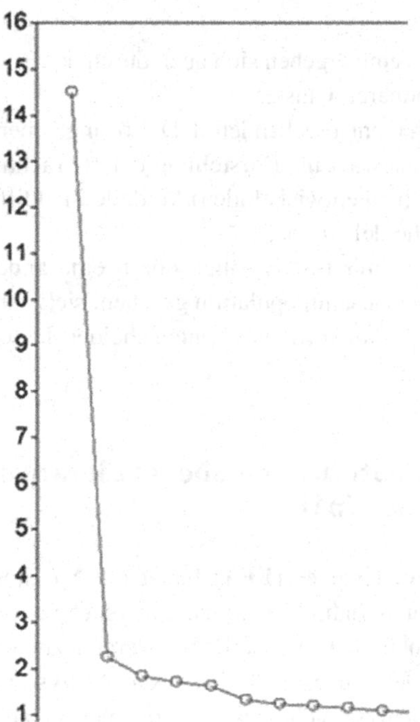

Man würde hier entweder für eine 1-Faktor-Lösung entscheiden, wegen des auftretenden erheblichen Knicks. Denkbar wäre hier auch eine 2-Faktor-Lösung zu favorisieren. Auch die Überlegung für eine 5-Faktor-Lösung lässt sich argumentieren, da ab dann von einer annähernd linearen Abnahme ausgegangen werden kann.

Gut begründbar würde man sich hier aber eher wohl für die 1 **oder 2** Faktor-Lösung entscheiden, da die Hinzunahme weiterer Faktoren (3–5) im Screeplot zu einer bereits annähend linearen Abnahme führen.

Empfehlung auf Basis der Modelle im Vergleich „Nimm solange das bessere Modell (mit einem Faktor mehr), solange das vorherige Modell signifikant schlechter ist, als das mit dem einen Faktor mehr“: 3 ist signifikant schlechter als 4 usw. Mit den Daten aus aldiff gelangt man so zur Faktoranzahl 7.

Parallelanalyse rawpar nach O’Connor (2000)
Diese Analyse simuliert Datensätze, um datenbasierte Alternativen zum pauschalen Kaiserkriterium zu finden. Es wurden folgende Parameter eingestellt: 95 % Konfidenzintervall, 1000 Paralleldatensets, Hauptkomponentenanalyse, Permutation des Original-Datensets (anstelle der Annahme einer Normalverteilung)

Die Analyse liefert folgendes Diagramm, welches in blau das Originaldatenset und in grün das 95 % Konfidenzintervall zeigt. Die Entscheidung fällt damit auf zwei und nicht drei Faktoren, der dritte Faktor liegt unterhalb der roten 50 % Konfidenz und ist daher abzulehnen.

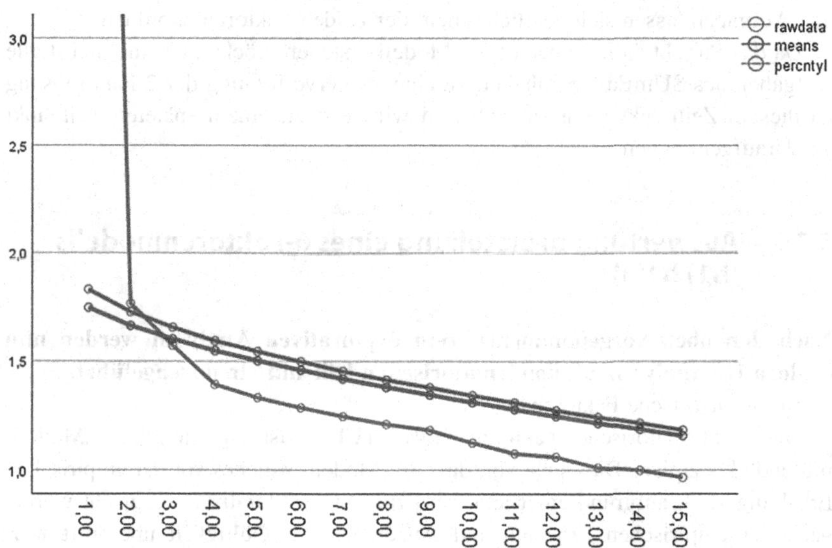

5.15.8 Zwischenfazit: Auswahl des 2-Faktorenmodells zur Übernahme in die Förderung (b1*))

Die vorgestellten explorativen Datenanalysen liefern teilweise widersprüchliche Ergebnisse. von 1, 2, 7 oder gar bis zu 13 Faktoren.

Das einfaktorielle Modell erklärt 19,28 % der Gesamtvarianz. Ein Bericht der Hauptkomponentenanalyse aus SPSS mit einem Faktor, befindet sich im e.Anhang.

Angesichts obiger Überlegungen böte sich die Wahl eines einfaktoriellen Modells einleuchtend an.

Die Wahl einer einfaktoriellen Lösung bietet insgesamt jedoch keine diagnostische Option. Sie entspräche in etwa „K5 Mit symbolischen, formalen und technischen Elementen der Mathematik umgehen" (siehe KMK-Bildungsstandards) und würde in einer Aussage gipfeln, dass die Förderung in einem übergreifenden Konstrukt zu konzipieren sei: Der „elementaren Algebra nach SUmEdA".

Dies widerspricht jedoch dem Projektplan, diagnostisch differenzierende Förderung, mit SUmEdA als theoretischen Hintergrund, vorzubereiten, wie es der Projektname schon vorschlägt: aldiff; Algebra differenziert fördern.

Das Modell der 2 Faktoren erklärt 23,29 % der Gesamtvarianz. Längst nicht alle Aufgaben lassen sich deutlich einem der beiden Faktoren zuordnen.

Da das Projekt aldiff zunächst ein Modell erstellen möchte, das möglichst alle Aufgaben aus SUmEdA beinhaltet, ist eine Weiterverfolgung der 2-Faktorlösung zu diesem Zeitpunkt nicht sinnvoll und wird erst zu einem späteren Zeitpunkt wiederaufgenommen.

5.16 Auswertung b) Erstellung eines 6-Faktorenmodells (b1) b1*))

Nach den oben vorgenommenen rein explorativen Analysen werden nun explorative Analysen mit konfirmatorischen Hilfsmitteln durchgeführt.

Konfirmatorische Faktorenanalyse:

Die konfirmatorische Faktorenanalyse (**CFA**) ist ursprünglich „Modellprüfend" konzipiert. Dies sieht vor, dass ein Modell, welches vor der empirischen Erhebung z. B. aufgrund einer anderen Erhebung explorativ ausgemacht wurde, nach der empirischen Erhebung auf Anzeichen der Gültigkeit überprüft werden kann. Die streng konfirmatorische Faktorenanalyse, besteht dann folglich im Wesentlichen aus einer oder wenigen CFA-Prüfversuchen, bei denen das vorab formulierte Modell (oder mehrere) lediglich auf deren statistische Gültigkeit untersucht werden. (Es erfolgt keine Modifikation auf Faktorenebene.)

Die Untersuchungen im Rahmen des Projektes aldiff sind auf zweierlei Weise nicht konfirmatorisch angelegt, obwohl konfirmatorische Analysen eine große Rolle spielen (Hinz 2014).

Zum einen existiert keine Studie, welche, wie eben beschrieben, explorativ bereits Modelle für die getesteten Aufgaben gefunden hätte. Stattdessen existieren mehrere Modelle, welche theoriegeleitet in Grob- und Feinstruktur, die Studentenalgebratestaufgaben kategorisieren und hierarchisieren. Insofern ist das Verfahren als „explorativ" zu bezeichnen, als dass keine empirischen Voruntersuchungen stattfanden und als „konfirmatorisch", als dass bereits zusammenhängende summative Modelle (SUmEdA, Vereinfachtes Modell, Aufgabeninhaltscharakterisierung im Sinne von SUmEdA) existieren.

Zusammenfassend lässt sich also festhalten: Obwohl konfirmatorische Elemente aufgrund der verschiedenen vorab theoretisch hergeleiteten Modelle ein besonderes Gewicht in den im Rahmen dieser Arbeit vorgestellten Analysen haben, ist das Gesamtvorgehen und die Zielsetzung eher als „explorative Untersuchung" angelegt.

5.16.1 Arbeitsweise konfirmatorischer Faktorenanalysen im Vergleich

Die konfirmatorische Faktorenanalyse sucht, anders als die explorative Faktorenanalyse, nicht von sich aus nach Strukturen in den Daten. Sie beginnt in der Syntax von Statistikprogrammen wie MPlus mit der Modelldefinition. Dazu werden vorzugsweise alle Aufgaben des Tests/Fragebogens latenten Faktoren zugewiesen.

Im Gegensatz zur explorativen Faktorenanalyse bestimmt also nicht die Empirie, welche Aufgabe welchem Faktor(en) zugewiesen wird, bzw. wie viele Faktoren sich überhaupt empirisch nachweisen lassen. Im Gegenteil, es wird lediglich überprüft, inwieweit dem vorab vollständig formulierten theoretischen Modell statistisch zu trauen ist.

Um wie beschrieben explorativ mit konfirmatorischen Hilfsmitteln arbeiten zu können, müssen folglich zunächst verschiedene Zuordnungen von Aufgaben zu Aufgabenklassen/latenten Faktoren vorgenommen werden.

5.16.2 Zuordnung der Algebratestaufgaben zu Kategorien verschiedener theoretischer Modelle

Zuordnung und Bericht zur Auswertung über Modelldefinitionen auf Basis des Ursprungsmodells SUmEdA, auf Basis von der Tabellenstruktur aus SUmEdA und auf Basis des Vereinfachten Modells

Die Algebratestaufgaben können im Prinzip theoretisch der SUmEdA-Tabelle zugeordnet werden. Diese ist jedoch so detailliert, dass, um aussagekräftig zu sein, eine um ein Vielfaches höhere Probandenzahl zur Untersuchung zur Verfügung stehen müsste (vgl. z. B. Mundfrom und Shaw (2005)). Aus dem Vorgängerprojekt liegen für die Aufgaben aus SUmEdA keine expliziten Zuordnungen zu den 10 Kategorien in SUmEdA vor. Des Weiteren zeigt die projektinterne Zuordnung der Aufgaben zur SUmEdA-Tabelle durch die Projektleitung, dass nur mit einer erheblich ausgeweiteten Konsensfindung oder Duldung einzelner Doppelzuordnungen eine einheitliche Zuordnung nach den Kategorien aus SUmEdA möglich wird.

Die Kategorisierung der Aufgaben nach den 10 Kategorien aus SUmEdA führten zu keinem empirisch akzeptablen Modell.

Es wird davon ausgegangen, dass die Schwierigkeiten bei der Zuordnung der Aufgaben durch die Projektleitung in erheblichem Maße darauf Einfluss nehmen. Eine generelle Mehrfachzuordnung der Testaufgaben, zu mehreren beteiligten SUmEdA Kategorien brachte keine Besserung.

Ebenfalls wurde eine generelle Doppelzuordnung der Aufgaben zur Tabellenstruktur von SUmEdA vorgenommen: „Elemente der Algebra" und „Sinnstiftender Umgang" (transformieren, strukturieren, interpretieren). Auch diese weitergehenden Zuordnungsversuche durch die Projektleitung führten ebenfalls nicht zu empirisch akzeptablen Modellen.

Betrachtet man die Zuordnung zum Vereinfachten Modell, welches im Gegensatz zu den oben aufgeführten Ansätzen im Projekt aldiff entwickelt wurde und SUmEdA zusammenfasst, fällt auf, dass nach der Begleichung systematischer Verschiebungen der Bewertung durch die Projektleitung eine deutlich höhere Übereinstimmung bezüglich der Zuordnungen durch die Projektleitung erzielt wird.

Eine auffällige Häufung für eine Zuordnung zu Kategorie 3 „formt Terme falsch um." wird von der Projektleitung vorgenommen. Diese Entwicklung bahnte sich bereits während der Expertenbefragung an.

Dieser Zuordnung nachgebend würde sich die Teststruktur dahingehend verändern über 20 Aufgaben in Kategorie 3 zuzulassen. Dies wäre im Sinne der differenzierenden Diagnose und Förderung in aldiff nicht zielführend.

Die so von der Projektleitung vorgenommene Modelldefinition kann empirisch nicht akzeptiert werden, obwohl sie immerhin im Gegensatz zu einigen der SUmEdA Ansätzen weiter oben immerhin überhaupt konvergiert.

Fazit der Zuordnungsversuche zu SUmEdA, Tabellenstruktur von SUmEdA und Vereinfachtes Modell: Es wurden mehrere Modelldefinitionen auf Basis direkter Zuordnungen der SUmEdA Aufgaben zu den einzelnen SUmEdA Kategorien und einigen Vereinfachungen vorgenommen. Keine Lösung führte zu einem Modell, das sich als Gesamtmodell-Konzept eignen würde.

Erwähnt sei hierbei, dass einzelne Teilmodelle aus SUmEdA sich durchaus als geeignet erweisen und akzeptiert werden können.

Zuordnung auf Basis von Wissens-/Könnenselementen der Aufgaben aus SUmEdA

Neben der Kategorisierung zu den oben beschriebenen Modellansätzen fand durch die Projektleitung eine Zuordnung der Aufgaben zu Wissens-/Könnenselementen im Sinne von SUmEdA statt. Während des Vorgangs der Zuordnung wurden von der Projektleitung Kategorien gebildet. Die zugehörige Tabelle findet sich im Methodikteil.

Daraus entsteht das für das Projekt aldiff wichtigste empirische Modell unter Zuhilfenahme konfirmatorischer Hilfsmittel:

5.16.3 Erstellung eines 6-Faktorenmodells der elementaren Algebra auf Basis der Zuordnung von Wissens/Könnenselementen nach SUmEdA

Zuerst werden auf der untersten Ebene die Faktoren der Ausgangsdefinition einzeln untersucht.

Aufgrund der Analysen auf Ebene der Einzelfaktoren fand eine Optimierung der Faktoren durch „with“-Befehle statt.

Das vollständige Modell entsteht Stück für Stück.

Erst werden die Kategorien mit vielen Aufgaben Schritt für Schritt hinzugenommen, dann werden die verbliebenen Aufgaben auf inhaltlich ähnliche Faktoren verteilt (Dies bezieht sich auf Aufgaben, die Kategorien zugeordnet sind, die weniger als 3 Aufgaben enthalten).

Bei allen Handlungen ist es Ziel, alle Aufgaben, angefangen bei den größeren Gruppen, in ein Modell aufzunehmen, das durchgängig in seiner Entstehung empirisch akzeptabel ist (Ausnahme: RMSEA-Werte, Bewertung im Endmodell). Zum Abschluss wurden möglichst viele der Optimierungen über with-Befehle wieder entfernt, um ein möglichst einfaches Modell zu erhalten.

Beginnend mit zwei Faktoren wurden immer mehr Faktoren hinzugenommen. Dabei wurden zunächst die größten Faktoren aufgenommen.

Im Laufe des Verfahrens war es immer wieder notwendig, aufgrund von Ähnlichkeit, Faktoren zusammenzufassen. Sobald Faktoren zusammengefasst wurden, wurden with-Befehle ergänzt, die die ursprüngliche Zugehörigkeit der Aufgaben zu den in einem Faktor gebündelten Kategorien widerspiegeln. Diese konnten im fertigen Modell jedoch weitestgehend vermieden werden.

Es wäre sehr umfänglich alle 38 Schritte, die zur Erstellung des Modells führten, hier im Detail aufzuführen. Eine detaillierte Dokumentation der Einzelschritte und Detailentscheidungen für with-Befehle ist zudem nur in Betrachtung der in dieser Arbeit nicht veröffentlichten Aufgaben möglich. Für Forschungszwecke und bei Interesse können neben den Testaufgaben noch detaillierte Informationen über die Modellentstehung erfragt werden (tim.lutz@alumni.uni-heidelberg.de). Im Rahmen dieser Arbeit wird, um die Übersicht zu den zentralen Entscheidungen bei der Modellentstehung nicht zu verlieren, nur mit den with-Befehlen gearbeitet, die ins „fertige“ Modell übernommen wurden. Dies stellt eine vereinfachte Beschreibung der Modellentstehung dar und geschieht somit in rückschauender Beschreibung der Wahl des möglichst direkten Weges zum „fertigen“ Modell.

Zusammenfassung der 38 Schritte zum Modell

Beschreibung des (vereinfachten) direkten Weges zur Modelldefinition:

In der folgenden Tabelle werden die Kategorien auf Basis der Wissens-/Könnenselementen genannt, die aus 3 oder mehr Aufgaben bestehen.

Start-Kategorie	**Aufgabenanzahl**	**Bezug zum Vereinfachten Modell**
Substituieren (fsub)	5	Teil von Kategorie 3 oder 4
Terme aufstellen (fauf)	5	Teil von Kategorie 6 (oder 5)
TTG, Wechsel zwischen Term, Tabelle und Graph (fTTG)	5	Teil von Kategorie 5

Start-Kategorie	Aufgabenanzahl	Bezug zum Vereinfachten Modell
Fehler erkennen, Speedaufgaben, schnelle Einschätzung, ob eine Umformung korrekt ist	6 (+2 ungewertet)	Teil von Kategorie 3
Variablen (aspekte) (fvar)	5 (−1 wurde entfernt, siehe AU64)	Teil von Kategorie 5 bzw. 6
Regel befolgen (fbefolg)	3	Kategorie 2
Anwendbarkeit erkennen	3	Teil von Kategorie 4

Schritt 0: Analyse der Einzelkategorien für sich

Jede der Kategorien mit mindestens 3 Items wird einzeln für sich untersucht, (denn 3 Items sind notwendig, um eine latente Variable zu definieren):

Dabei stellt sich heraus:

- Die Kategorie „Anwendbarkeit erkennen" weist als einzige Kategorie keine akzeptablen Modellfit-Werte auf. Dies ist wahrscheinlich Folge der sehr stark unterschiedlichen Lösungsraten innerhalb dieser Kategorie. In dieser Kategorie sind empirisch „leichte" Aufgaben und die empirisch „schwerste" Aufgabe des Algebratests
- „AU11 with AU12" bringt eine Verbesserung der Modellfit-Werte. AU11 und AU12 sind inhaltlich sehr ähnlich; beide Aufgaben sind Streichholzterm-Aufgaben.

Schritt 1: Zusammenführung der in Schritt 0 definierten Einzelkategorien

Alle in Schritt 0 einzeln akzeptablen Modelle sollen in Schritt 1 in ein gemeinsames Modell aufgenommen werden.

Schritt 1.0: Grundlage

Wegen Ihrer zentralen Bedeutung für die Algebra beginnt die Analyse mit der Kategorie Substituieren (Wladis et al. 2017). Die Ergebnisse erfüllen die geschilderten Gütekriterien, während der Entstehung wird lediglich zeitweise das RMSEA Kriterium verletzt.

MODEL FIT INFORMATION		
Number of Free Parameters	10	
Chi-Square Test of Model Fit		
Value	7.557*	
Degrees of Freedom	5	
P-Value	0.1824	
RMSEA (Root Mean Square Error Of Approximation)		
Estimate	0.035	
90 Percent C.I.	0.000	0.083
Probability RMSEA ≤ .05	0.628	
CFI/TLI		
CFI	0.993	
TLI	0.986	
SRMR (Standardized Root Mean Square Residual)		
Value	0.048	

Schritt 1.1:Hinzunahme 2. Faktor

Zum Faktor „Substituieren“ wird der inhaltlich deutlich unterschiedliche Faktor TTG hinzugenommen.

MODEL FIT INFORMATION		
Number of Free Parameters	21	
Chi-Square Test of Model Fit		
Value	30.546*	
Degrees of Freedom	34	
P-Value	0.6377	
RMSEA (Root Mean Square Error Of Approximation)		
Estimate	0.000	
90 Percent C.I.	0.000	0.031
Probability RMSEA ≤ .05	0.999	
CFI/TLI		
CFI	1.000	
TLI	1.004	
SRMR (Standardized Root Mean Square Residual)		
Value	0.048	

Schritt 1.2

Als nächstes wird die Kategorie „Terme aufstellen“ hinzugenommen. Aufgrund großer Ähnlichkeit musste empirisch das „Substituieren“ und „Terme aufstellen“ (aufgrund geschätzter Korrelationen > 1) zusammengelegt werden. Die Alternative wäre die Zusammenlegung mit dem Faktor TTG. Die Alternative führt zu keinen akzeptablen Ergebnissen:

MODEL FIT INFORMATION		
Number of Free Parameters	32	
Chi-Square Test of Model Fit		
Value	145.120*	
Degrees of Freedom	88	
P-Value	0.0001	
RMSEA (Root Mean Square Error Of Approximation)		
Estimate	0.040	
90 Percent C.I.	0.028	0.051
Probability RMSEA ≤ .05	0.926	
CFI/TLI		
CFI	0.978	
TLI	0.973	
SRMR (Standardized Root Mean Square Residual)		
Value	0.073	

Die Zusammenlegung mit „Substituieren“ liefert dagegen akzeptierbare Ergebnisse:

MODEL FIT INFORMATION		
Number of Free Parameters	32	
Chi-Square Test of Model Fit		
Value	92.541*	
Degrees of Freedom	88	
P-Value	0.3495	
RMSEA (Root Mean Square Error Of Approximation)		
Estimate	0.011	
90 Percent C.I.	0.000	0.030
Probability RMSEA ≤ .05	1.000	

MODEL FIT INFORMATION		
CFI/TLI		
CFI	0.998	
TLI	0.998	
SRMR (Standardized Root Mean Square Residual)		
Value	0.059	

Der neu entstehende Faktor heißt fsubauf. Später zeigte sich, dass eine Verwendung von with-Befehlen hier nötig ist, um das Gesamtmodell zu definieren. Aus der hier nicht berichteten Analyse der Kategorie „Terme aufstellen" wird deutlich, dass AU11 with AU12 erhebliche Qualitätsverbesserungen mit sich bringt. AU11 und AU12 sind die beiden auch im Test unabhängig von der sonstigen Durchmischung nacheinander gestellten Streichholz-Term-Aufgabenstellungen, sodass aufgrund der besonderen Lage im Test sowie aufgrund der erheblichen inhaltlichen Übereinstimmung ein with-Befehl sehr sinnvoll erscheint.

Schritt 1.3:
Als nächstes wird der Faktor „Fehler erkennen" hinzugenommen.

MODEL FIT INFORMATION		
Number of Free Parameters	48	
Chi-Square Test of Model Fit		
Value	250.930*	
Degrees of Freedom	205	
P-Value	0.0158	
RMSEA (Root Mean Square Error Of Approximation)		
Estimate	0.023	
90 Percent C.I.	0.011	0.033
Probability RMSEA $\leq .05$	1.000	
CFI/TLI		
CFI	0.985	
TLI	0.983	
SRMR (Standardized Root Mean Square Residual)		
Value	0.072	

Schritt 1.4

Die vorletzte der eingangs erwähnten größten Kategorien wird hinzugefügt: „Variablen (aspekte)“. Bei der Kategorie Variablenaspekte musste AU64 wegen zu hoher Lösungsrate entfernt werden. Die hohe Lösungsrate der Aufgabe führt während den Modellanalysen zu zu dünn besetzten Matrixeinträgen, (d. h. AU64 nicht gelöst und gleichzeitig AUXY gelöst/nicht gelöst). Dieses Phänomen würde sich mit deutlich mehr Probanden wohl vermeiden lassen. So aber besteht keine andere Möglichkeit als AU64 aus dem Modell ganz zu entfernen.

MODEL FIT INFORMATION		
Number of Free Parameters	59	
Chi-Square Test of Model Fit		
Value	325.804*	
Degrees of Freedom	292	
P-Value	0.0845	
RMSEA (Root Mean Square Error Of Approximation)		
Estimate	0.017	
90 Percent C.I.	0.000	0.026
Probability RMSEA ≤ .05	1.000	
CFI/TLI		
CFI	0.990	
TLI	0.989	
SRMR (Standardized Root Mean Square Residual)		
Value	0.072	

Schritt 1.5

Die letzte der oben aufgeführten größten Kategorien wird hinzugefügt: „Regel befolgen“

MODEL FIT INFORMATION		
Number of Free Parameters	69	
Chi-Square Test of Model Fit		
Value	393.492*	
Degrees of Freedom	366	
P-Value	0.1548	

MODEL FIT INFORMATION		
RMSEA (Root Mean Square Error Of Approximation)		
Estimate	0.014	
90 Percent C.I.	0.000	0.023
Probability RMSEA ≤ .05	1.000	
CFI/TLI		
CFI	0.993	
TLI	0.992	
SRMR (Standardized Root Mean Square Residual)		
Value	0.071	

Schritt 2: Definition einer weiteren latenten Variable und Entwurf eines Strukturgleichungsmodells

In Schritt 1 wurden fast alle Aufgaben der potentiell durch die Zuordnung der Projektleitung definierbaren latenten Variablen in das Modell aufgenommen.

Nun liegt folgende Situation vor.

Ein gemeinsames Modell konnte erstellt werden (unter Zuhilfenahme des with-Befehls AU11 with AU12). Dieses Modell umfasst alle Aufgaben aller Kategorien mit mindestens 3 Aufgaben, bis auf die Kategorie „Anwendbarkeit erkennen". „Anwendbarkeit erkennen" konnte aufgrund nicht akzeptabler Model-Fitwerte nicht aufgenommen werden.

Noch nicht aufgenommen wurden außerdem Aufgaben, die Kategorien zugeordnet wurden, welche weniger als 3 Elemente enthalten.

Aufgrund der Notwendigkeit binomische Formeln zu erkennen, werden zwischen den drei Aufgaben der Kategorie „Anwendbarkeit erkennen" with-Befehle vorgeschlagen. Diese führen jedoch dazu, dass „Anwendbarkeit erkennen" keinen selbstständigen Faktor bilden kann. Die Aufgaben aus „Anwendbarkeit erkennen" werden daher erst am Ende der Untersuchung in Schritt 3 wieder hinzugefügt.

In Schritt 2 soll ein weiterer Faktor hinzugenommen werden, dieser soll angelehnt werden an das „geschickte Umformen" und „(verdeckte) Struktur erkennen" aus SUmEdA (Vereinfachtes Modell Kategorie 4).

Der Faktor wird feffektstruk genannt.

Dieser neue Faktor soll als Einflussgröße auf die anderen bereits vorhandenen Faktoren angenommen werden. Die Tabellenstruktur von SUmEdA suggeriert eine teilweise horizontale Zunahme der Fähigkeiten, wie bei der Erstellung des Vereinfachten Modells (Version 1) beschrieben. In der elementaren Algebra nach SUmEdA gipfeln die Fähigkeiten der Manipulation und Deutung algebraischer Ausdrücke in der Kategorie 6 (Vereinfachtes Modell Kategorie 4), dem geschickten Umformen. Deshalb werden in Schritt 2.2 on Befehle eingeführt.

Zur Vereinfachung des Modells muss in Schritt 4 untersucht werden, ob dies gerechtfertigt ist.

Schritt 2.1

Die Aufgaben AU69, AU71, AU73, AU75 bilden den neuen Faktor feffektstruk.

Number of Free Parameters	82	
Chi-Square Test of Model Fit		
Value	510.368*	
Degrees of Freedom	479	
P-Value	0.1554	
RMSEA (Root Mean Square Error Of Approximation)		
Estimate	0.013	
90 Percent C.I.	0.000	0.021
Probability RMSEA $\leq .05$	1.000	
CFI/TLI		
CFI	0.993	
TLI	0.992	
SRMR (Standardized Root Mean Square Residual)		
Value	0.073	

Schritt 2.2

Bei der Erstellung wird versucht, die von SUmEdA indirekt implizierte teilweise Abhängigkeit auf Basis von „on"-Befehlen in die Strukturgleichungsmodelldefinition aufzunehmen:

Zu diesem Zeitpunkt sind neben dem in Schritt 2.1 neu hinzugefügten feffektstruk folgende Faktoren Teil der Modelldefinition:

fsubauf, fTTG, ffehler, fvar, fbefolg

Das Aufstellen von Termen und Substituieren, sowie das schnelle Erkennen von Fehlern in der Struktur von Termen werden wie die Variablenaspekte mit on-Befehlen feffektstruk, dem geschickten Umformen und Arbeiten mit Struktur, untergeordnet.

Das „Befolgen einer vorgegebenen mitabgedruckten Regel", sowie der „Wechsel von Term Tabelle und Graph" werden nicht in die on-Befehlliste aufgenommen. Beide Kategorien sind inhaltlich eigenständiger und unabhängiger von Kategorie 4 des Vereinfachten Modells, dem „geschickten Umformen".

Daher werden folgende on Befehle getätigt.

ffehler on feffektstruk;

fsubauf on feffektstruk;

fvar on feffektstruk;

Number of Free Parameters	76	
Chi-Square Test of Model Fit		
Value	516.540*	
Degrees of Freedom	485	
P-Value	0.1556	
RMSEA (Root Mean Square Error Of Approximation)		
Estimate	0.013	
90 Percent C.I.	0.000	0.021
Probability RMSEA $\leq$ .05	1.000	
CFI/TLI		
CFI	0.993	
TLI	0.992	
SRMR (Standardized Root Mean Square Residual)		
Value	0.073	

Schritt 3: Verteilung der verbleibenden nicht zugeordneten Items

In diesem Schritt sollen die noch verbleibenden nicht im Modell berücksichtigten Aufgaben bereits bestehenden Faktoren beigeordnet werden.

Nunmehr verbleiben die Aufgaben:

AU13 „Parameter"
AU37 „Regelwissen"
AU65 „Gleichheitszeichen"
AU47 „Termumformung"
AU78 „Formel umformen"
und die Aufgaben: AU49, AU51, AU53 „Anwendbarkeit erkennen"

(bis zu diesem Zeitpunkt entfernt wurden AU66 (während der Bewertung), AU64 (während der Modelldefinition, wg. zu leer besetzten Matrizen, wg. zu hoher Lösungsrate))

Im Sinne von SUmEdA sowie im Sinne der neu hinzugenommenen on-Befehle werden die Aufgaben AU37, AU65 und AU47 der bestehenden Kategorie ffehler zugeordnet. Damit wächst die ursprünglich durch die Speedaufgaben gebildete Kategorie inhaltlich auf ein „algebralesendes Rechnen" an. Damit wird der Faktor ffehler immer mehr zur Kategorie 3 des Vereinfachten Modells.

Die Aufgabe AU37 „Regelwissen", ist m. E. eher in die Kategorie 3 nach SUmEdA einzustufen, denn eine Aufgabenbearbeitung der Aufgabenstellung spiegelt nicht die Wiedergabe einer Regel wider (wie bereits in der Expertenbefragung festgestellt). Vielmehr muss dort mit einem algebraischen Ausdruck gearbeitet werden, um die Aufgabe zu lösen.

Die Aufgaben AU65 „Gleichheitszeichen" und AU47 „Termumformung" passen zu der Kategorie 3 des Vereinfachten Modells.

Die Aufgabe AU78, das „Umstellen einer Formel" passt inhaltlich unter den bestehenden Kategorien am besten zu einem „Struktur lesen/erkennen/nutzen" und wird deshalb der Kategorie fstruk und damit dem fusionierten Faktor feffektstruk zugeordnet.

Die Aufgabe AU13 „Parameter" ist in ihrer Kategoriebezeichnung den Variablenaspekten am nächsten und wird deshalb diesen zugeordnet.

Die Aufgaben der Kategorie „Anwendbarkeit erkennen" sind den Aufgaben aus der „geschickten Ausnutzung von Struktur" am nächsten und werden daher feffekt und damit feffektstruk zugeordnet. Hierbei werden die paarweise kombinierten with-Befehle mitaufgenommen (wie bereits angekündigt):

AU49M with AU51M;
AU49M with AU53M;
AU51M with AU53M;

Damit sind alle Aufgaben bis auf AU64 (entfernt siehe oben) und AU66 (entfernt siehe Bewertung) in das Modell integriert (zusätzlich werden die 2 der Übung dienenden Speedtestaufgaben eingesetzt).

MODEL FIT INFORMATION		
Number of Free Parameters	95	
Chi-Square Test of Model Fit		
Value	809.040*	

MODEL FIT INFORMATION		
Degrees of Freedom	766	
P-Value	0.1364	
RMSEA (Root Mean Square Error Of Approximation)		
Estimate	0.012	
90 Percent C.I.	0.000	0.019
Probability RMSEA ≤ .05	1.000	
CFI/TLI		
CFI	0.994	
TLI	0.993	
SRMR (Standardized Root Mean Square Residual)		
Value	0.071	

Schritt 4: Auslassung von with-Befehlen und on-Befehlen

Die Auslassung des „AU11M with AU12M" Befehls (Streichholzterm) führt zu einem nur „undeutlich" bestandenen Chi-quadrat Test und wird deshalb abgelehnt, um die Stabilität des Modells in etwaigen anderen Populationen zu unterstützen.

Während die Auslassung der with-Befehle AU49 with AU53 und AU51 with AU53 nur zu etwas schlechteren Chi-Quadrat Signifikanzwerten führen, kann AU49 with AU51 (den besonders auch optisch nahen Aufgaben unter diesen dreien) nicht entfernt werden, ohne dass nicht akzeptable Model-Fitwerte beobachtet werden.

Daher werden die nicht unbedingt benötigten Angaben AU51 with AU53 und AU51with AU53 entfernt.

Die on Befehle lassen sich bei fsubauf und ffehler entfernen, führen jedoch zu Qualitätsverlust z. B. beim SRMR Wert. Der on Befehl zu fvar lässt sich nicht entfernen, da sonst Korrelationen größer 1 geschätzt werden.

Es wird beschlossen, die on-Befehle beizubehalten.

Insgesamt ergibt sich nach Schritt 4 folgendes Modell: (Ladungskoeffizienten werden unten aufgeführt)

Eine inhaltliche Zusammenfassung der Bedeutung der einzelnen Faktoren findet sich im elektronischen Anhang unter dem Stichwort: aldiff 6-Faktorenmodell inhaltliche Beschreibung der Faktoren.

6-Faktorenmodell von aldiff (ungekürzt)

```
MODEL:

    fsubauf BY
    AU09M AU31M AU35M AU29M AU33M !urspruenglich fsub
    AU59M AU11M AU12M AU57M AU62M !urspruenglich fauf
    fTTG BY
    AU18M AU55M AU17M AU24M AU23M
    AU13M! urspruenglich fpara
    ffehler BY AU40MN AU41MN AU42MN AU43MN
    AU44MN AU45MN AU46MN
    AU37M AU65M AU47M; !algebralesendes rechnen
    fvar BY AU03M
    AU05M AU07M AU08M
    feffektstruk BY AU69M AU71M
    AU73M AU75M!urspruenglich fstruk
    AU78M !urspruenglich fFormelumf
    AU49M AU51M AU53M !urspruenglich fanwend
    fbefolg BY AU281M AU282M AU25M


    !with fuer fauf
    AU11M with AU12M;
    !with fuer fawend nun möglich, da in größerem Faktor
    AU49M with AU51M;
    !AU49M with AU53M; !entfernt in Schritt 4
    !AU51M with AU53M; !entfernt in Schritt 4

    ffehler on feffektstruk;
    fsubauf on feffektstruk;
    fvar on feffektstruk;
```

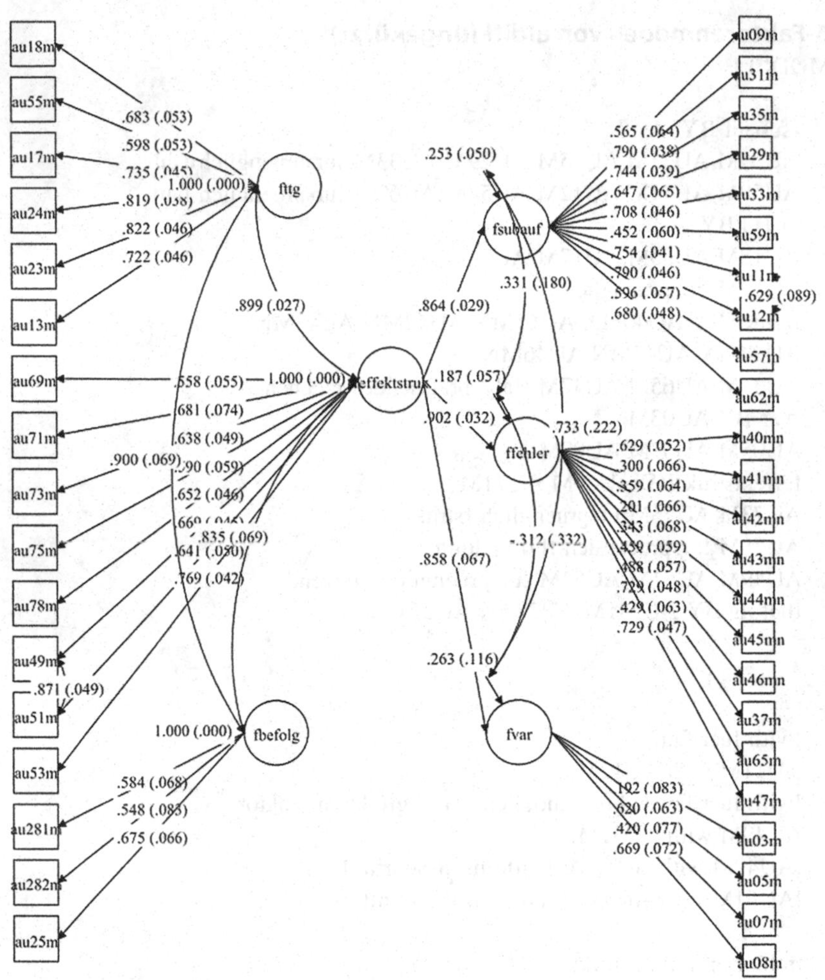

MODEL FIT INFORMATION		
Number of Free Parameters	93	
Chi-Square Test of Model Fit		
Value	812.650*	
Degrees of Freedom	768	
P-Value	0.1282	

MODEL FIT INFORMATION		
RMSEA (Root Mean Square Error Of Approximation)		
Estimate	0.012	
90 Percent C.I.	0.000	0.019
Probability RMSEA ≤ .05	1.000	
CFI/TLI		
CFI	0.994	
TLI	0.993	
SRMR (Standardized Root Mean Square Residual)		
Value	0.071	

STDYX Standardization				
	Two-Tailed			
	Estimate	S.E.	Est./S.E.	P-Value
FSUBAUF BY				
AU09M	0.565	0.064	8.800	0.000
AU31M	0.790	0.038	20.933	0.000
AU35M	0.744	0.039	18.848	0.000
AU29M	0.647	0.065	9.890	0.000
AU33M	0.708	0.046	15.338	0.000
AU59M	0.452	0.060	7.493	0.000
AU11M	0.754	0.041	18.505	0.000
AU12M	0.790	0.046	17.012	0.000
AU57M	0.596	0.057	10.529	0.000
AU62M	0.680	0.048	14.284	0.000
FTTG BY				
AU18M	0.683	0.053	12.791	0.000
AU55M	0.598	0.053	11.271	0.000
AU17M	0.735	0.045	16.292	0.000
AU24M	0.819	0.038	21.620	0.000
AU23M	0.822	0.046	17.800	0.000
AU13M	0.722	0.046	15.668	0.000

STDYX Standardization				
	Two-Tailed			
	Estimate	S.E.	Est./S.E.	P-Value
FFEHLER BY				
AU40MN	0.629	0.052	12.054	0.000
AU41MN	0.300	0.066	4.553	0.000
AU42MN	0.359	0.064	5.645	0.000
AU43MN	0.201	0.066	3.031	0.002
AU44MN	0.343	0.068	5.012	0.000
AU45MN	0.459	0.059	7.720	0.000
AU46MN	0.488	0.057	8.485	0.000
AU37M	0.729	0.048	15.141	0.000
AU65M	0.429	0.063	6.777	0.000
AU47M	0.729	0.047	15.648	0.000
FVAR BY				
AU03M	0.192	0.083	2.307	0.021
AU05M	0.620	0.063	9.882	0.000
AU07M	0.420	0.077	5.430	0.000
AU08M	0.669	0.072	9.345	0.000
FEFFEKTS BY				
AU69M	0.558	0.055	10.197	0.000
AU71M	0.681	0.074	9.223	0.000
AU73M	0.638	0.049	13.139	0.000
AU75M	0.590	0.059	9.987	0.000
AU78M	0.652	0.046	14.280	0.000
AU49M	0.669	0.045	14.927	0.000
AU51M	0.641	0.050	12.818	0.000
AU53M	0.769	0.042	18.101	0.000
FBEFOLG BY				
AU281M	0.584	0.068	8.598	0.000
AU282M	0.548	0.083	6.637	0.000
AU25M	0.675	0.066	10.213	0.000
FFEHLER ON				
FEFFEKTSTR	0.902	0.032	28.370	0.000

STDYX Standardization				
	Two-Tailed			
	Estimate	S.E.	Est./S.E.	P-Value
FSUBAUF ON				
FEFFEKTSTR	0.864	0.029	30.149	0.000
FVAR ON				
FEFFEKTSTR	0.858	0.067	12.733	0.000
FFEHLER WITH				
FSUBAUF	0.331	0.180	1.842	0.066
FVAR WITH				
FSUBAUF	0.733	0.222	3.299	0.001
FFEHLER	−0.312	0.332	−0.938	0.348
FEFFEKTS WITH				
FTTG	0.899	0.027	33.353	0.000
FBEFOLG WITH				
FTTG	0.900	0.069	13.113	0.000
FEFFEKTSTR	0.835	0.069	12.163	0.000
AU11M WITH				
AU12M	0.629	0.089	7.059	0.000
AU49M WITH				
AU51M	0.871	0.049	17.713	0.000

5.16.4 Rückbezug des empirischen 6-Faktorenmodells auf das Vereinfachte Modell

Das im letzten Abschnitt entwickelte 6-Faktorenmodell entspricht offensichtlich nicht dem Vereinfachten Modell. Die Faktoren des empirischen 6-Faktorenmodells werden aufgrund der Aufgabenzuordnungen und der Beschreibungen während der Erstellung des Modells als hinreichend erachtet.

Eine Einordnung in das auf SUmEdA rückbezogene Vereinfachte Modell schließt die Beschreibung der Faktoren ab:

Das empirische Modell weicht insofern vom Vereinfachten Modell ab, als dass hauptsächlich in den Aufgaben aus SUmEdA gesetzte Schwerpunkte das Vereinfachte Modell weiter differenzieren und zum Teil umordnen.

Die Kategorie 1 des Vereinfachten Modells ist, wie bereits ausgeführt, nicht in den Aufgaben aus SUmEdA gesondert enthalten.

Der Faktor fbefolg entspricht Kategorie 2 des Vereinfachten Modells.

Der Faktor ffehler ist Teil der Kategorie 3 des Vereinfachten Modells.

Der Faktor fvar entspricht der Kategorien 6 des Vereinfachten Modell zusammengefasst mit dem Gleichheitszeichenverständnis aus Kategorie 3 des Vereinfachten Modells.

Der Faktor TTG entspricht der Kategorie 5 des Vereinfachten Modells.

Der Faktor fsubauf bewegt sich im Grenzbereich von Kategorie 3 des Vereinfachten Modells in Richtung Kategorie 4 des Vereinfachten Modells.

Der Faktor feffektstruk eher umgekehrt von Kategorie 4 des Vereinfachten Modells in Richtung Kategorie 3.

Ausgestaltung von Förderung in den Faktoren des 6-Faktorenmodells

Mit der Zuordnung der Faktoren des empirischen 6-Faktorenmodells zu den Kategorien des Vereinfachten Modells, welches über SUmEdA definiert ist, ergibt sich sogleich ein Bedarf an Folgeforschung.

Der erste Folgeschritt wäre, Literatur, die SUmEdA zugrunde liegt, nach Methoden zur Förderung der einzelnen Bereiche zu durchsuchen:

Als erste seien allgemein die Ausführungen bei Schacht, Tabach und Friedlander erwähnt. (Hußmann und Schacht 2015; Schacht 2012; Tabach und Friedlander 2017) die in den Bereichen Struktur und Strukturierung zur Konzeption einer Förderung zurate gezogen werden könnten. Die „Festlegungen" bei Schacht könnten hierzu eine Stufenfolge des Lernens definieren.

Dies entspräche in etwa dem Förderansatz, wie er beim smart Test Algebra (Stacey et al. 2013) zur Anwendung kam. Auch der Einsatz technisch innovativer Fördermaterialien sollten erwogen werden (Oldenburg 2005, 2009a).

Zum Einsatz der Arbeitsanweisung „Vereinfachen" können Zusammenstellungen wie bei Stahl (2000, S. 33) dienlich sein.

Landy und Goldstone sowie Kellmann untersuchen visuelle Aspekte des Strukturierens von algebraischen Ausdrücken und würde sich daher im Kontext des Wiedererlernens (siehe Ende der Auswertung d)) von Strukturierungsprozessen anbieten. (Goldstone et al. 2017; Kellman et al. 2010; Landy et al. 2014; Landy und Goldstone 2007a, 2007b; Marghetis et al. 2016).

Auch Guides zur Verwendung von Formelsammlungen könnten sich als Anregung für Förderung in fbefolg erweisen (Tapson 2004) (siehe alternative Formulierung des Vereinfachten Modells, vgl. TestAS, DEMAT9).

Auch ein Blick auf die Vorschläge des „What works Clearinghouse (WWC)" zum Themengebiet Algebra wäre ebenfalls naheliegend.

Vorschau auf die Förderung nach einem 2-Faktorenmodell.
Die Förderung über das im nächsten Abschnitt beschriebene 2-Faktoren Teilmodell könnte angelehnt werden an Literatur zum Übergang zur Arithmetik und im Kontext des „Faktorisierens" z. B. bei Sun et al. (2019).

Eine Förderung auf Basis des im folgenden Abschnitt erläuterten 2-Faktorenmodells müsste die Unterscheidung zwischen „Faktorisieren" und „Struktur" herausarbeiten.

Als mögliche Anregungen für Fördermaterialien dazu eignen sich sehr ausdifferenzierte erklärende Videos die verschiedene Faktorisierungsszenarien aufgreifen (Kirchner 2018). Ebenso scheinen die Aufgaben der Internetseite serlo "Faktorisieren", einen angemessenen Einstieg in die Konstruktion von Lern- und Übungsaufgaben aufzubauen. Kurze Erklärtexte, die Fachbegriffe über Links hinterlegt, machen die Erklärungen dabei sehr übersichtlich für den bereits vorgebildeten Leser (Zielpopulation von aldiff!). Anregungen für interaktive automatisierte und randomisierte Übungsaufgaben finden sich auch zu diesem Bereich bei Brünner (2020). Das Lösen von Gleichungen mittels Faktorisieren wird z. B. auch im cosh Mindestanforderungskatalog benannt. Eine Beschreibung des Lösens von Gleichungen gezielt unter Einsatz des „Werkzeuges Faktorisieren" findet sich z. B. am Übergang zum Geometrieunterricht, siehe Labs (2011, S. 90).

Eine Übersicht über mögliche Untersuchungsgegenstände beim Faktorisieren mit binomischen Formeln, die zur Erstellung von Förderung dienlich sein könnte, findet sich im Narrativ in einer Festschrift bei Krainer und Zehetmeier (2012).

Es folgt nun die Darstellung des 2-Faktorenmodells.

5.17 Auswertung b) Erstellung eines 2-Faktoren-Teilmodells (b1*))

Ausgangspunkt
Mit dem 6-Faktorenmodell wurde ein Modell gefunden, welches möglichst viele der Items des Tests beinhaltet und ausreichend Faktoren für eine differenzierende Förderung auf Basis der Diagnose aufweist. Die Untersuchungen wurden explorativ mit konfirmatorischen Methoden CFA, SEM durchgeführt.

Die zu Beginn der Analyse aufgetretenen Probleme bei der explorativen Faktorenanalyse hatten zwei Ursachen:

1. Die Anzahl der Faktoren war ungewiss (widersprüchliche Anzahlbestimmung)
2. Längst nicht alle Aufgaben ließen sich anhand der Komponentenmatrix sicher zuordnen.

Das 6-Faktorenmodell versuchte alle Aufgaben zuzuordnen. Von dieser Design-Notwendigkeit entlastet kann daher ein zweites rein-exploratives Modell entwickelt werden. Dieses soll sich vermehrt der Untersuchung von empirisch ausgewählten Teilen des Tests zuwenden.

Betrachtung des 2-Faktorenmodells aus der Hauptkomponentenanalyse in Mplus

Die Untersuchung dieses neu hinzugefügten Modells wird fortgesetzt, indem eine (explorativ) konfirmatorische Untersuchung, die verschiedenen naheliegend zusammenstellbaren Modelle zu beurteilen sucht. Mit diesem Schritt der Zuordnung und Wertung der Items, ebenso mit der Ausblendung von Items verlässt die Analyse den rein explorativen Teil der Untersuchung und bereitet die Verwendung des Modells im Rahmen des Förderkonzepts vor.

Modell A

Das **Modell A** ist definiert durch die nach **Hauptkomponentenanalyse** deutlich zuordenbaren Items beider Faktoren. Im elektronischen Anhang finden sich diese Faktorendefinitionen im Abschnitt „Deutung des 2-Faktorenmodells" unter der Bezeichnung „Faktorisieren in quadratischen Situationen" und „Mit Struktur arbeiten, Struktur schaffen":

Aufgaben in Faktor 1	Aufgabeninhalt
AU09, AU08, AU33, AU75	Termoberflächenstruktur nutzen
AU57	Aaron und Berta
AU64	Umfang bestimmen bei Figur mit Variablen

Das sind für Faktor 2:

Aufgaben in Faktor 2	Aufgabeninhalt
AU55	zu quadratischem Funktionsgraph als Beschreibung einen Funktionsterm identifizieren, in Scheitelpunktform
AU53	Faktorisieren verborgener Struktur mittels 3. binomischer Formel (quadratischer Term)
AU71	Faktorisieren verborgener Struktur um elegant zu lösen (quadratischer Term)
AU39	Speedaufgabe

MODEL FIT INFORMATION		
Number of Free Parameters	21	
Chi-Square Test of Model Fit		
Value	35.556*	
Degrees of Freedom	34	
P-Value	0.3949	
RMSEA (Root Mean Square Error Of Approximation)		
Estimate	0.011	
90 Percent C.I.	0.000	0.038
Probability RMSEA $\leq$ .05	0.996	
CFI/TLI		
CFI	0.997	
TLI	0.996	
SRMR (Standardized Root Mean Square Residual)		
Value	0.065	

Modell A erfüllt damit alle Gütekriterien.

Modell B

Zur Erweiterung von Model A werden diejenigen Aufgaben ergänzt, die die folgenden Eigenschaften besitzen:

- Die Aufgabe lässt sich anhand der Komponentenmatrix Faktor X zuordnen
- Die Aufgabe passt inhaltlich zu der Beschreibung der Faktoren in Modell A

Aufgaben in Faktor 1	**Aufgabeninhalt**
AU62	Variablenaspekt bei Termaufstellung
AU25	Regel befolgen, Struktur nachvollziehen
AU31, AU35	Substitution

Aufgaben in Faktor 2	**Aufgabeninhalt**
AU51	Faktorisieren verborgener Struktur mittels 3. binomischer Formel
AU23	An Scheitelpunktform, Scheitelpunkt ablesen und anschließend y -Achsenabschnitt bestimmen.
AU42–AU44	Speedaufgaben (wie AU39)

Nun werden die weniger deutlich zuordenbaren Items hinzugefügt. Die neue Modelldefinition lautet:

f1 BY AU09M AU08M AU33M AU75M AU57M AU64M
AU62M AU25M AU31M AU35M
f2 BY AU55M AU53M AU71M AU39MN
AU51M AU23M AU42MN AU43MN AU44MN

Number of Free Parameters	39	
Chi-Square Test of Model Fit		
Value	159.996*	
Degrees of Freedom	151	
P-Value	0.2926	
RMSEA (Root Mean Square Error Of Approximation)		
Estimate	0.012	
90 Percent C.I.	0.000	0.027
Probability RMSEA ≤ .05	1.000	
CFI/TLI		
CFI	0.995	
TLI	0.995	
SRMR (Standardized Root Mean Square Residual)		
Value	0.068	

Modell B erfüllt alle Gütekriterien.

5.18 Methodik c) Erstellung einer Testkürzung (c1))

In Forschungsfragen c) wurde beschlossen eine Testkürzung vorzunehmen. Zur Beurteilung gekürzter Testversionen werden einerseits Korrelationen und andererseits Kennwerte von SEM-Analysen verwendet.

Die gekürzte Version muss sicherstellen, dass alle im Modell aus Schritt 4 verwendeten Kategorien weiterhin repräsentiert bleiben. Eine Kürzung des

Algebra-Gesamttests wird nur vorgenommen unter der Voraussetzung, dass die statistischen Kennwerte akzeptabel bleiben.

Damit die Kategorien als Faktoren gedeutet werden können, müssen mindestens je 3 Aufgaben pro Kategorie erfragt werden. Dadurch ergibt sich für diesen Ansatz ein theoretisches Minimum von 3*Anzahl der Faktoren.

Alle Entscheidungen zur Kürzung des Tests durch Herausnahme von Aufgaben finden auf unterster Ebene, d. h. auf der Ebene der Einzelfaktoren statt. Die Art und Weise der Testkürzung befördert natürliche Homogenisierungseffekte auf der Faktorenebene. (Die Iteration führt in höchstens k – 3 Durchläufen zum Vorschlag einer Testkürzung, wobei k die Anzahl der Items in der größten Kategorie ist.)

5.18.1 Schema zur Kürzung des Testes

In jedem Schritt in jeder Kategorie wird höchstens eine Aufgabe entfernt. Die Kürzung geschieht reihum in allen Kategorien zeitgleich. Nach jedem Vorschlag zur Löschung eines Items wurde eine hier nicht weiter berichtete Kontrolle durchgeführt, ob das resultierende gekürzte Modell schlechtere Fit-Eigenschaften aufweist, als das ursprüngliche Modell vor der Kürzung. Dieser Fall trat nicht ein; daher wurde die Kürzung, wie durchgeführt belassen.

Schema der Kürzung

0. Es wird geprüft, ob jede der 6 vorhandenen Kategorien durch mindestens 3 Aufgaben repräsentiert bleibt; durch die verwendeten with-Befehle kann es notwendig sein, mehr als 3 Aufgaben im Test zu erhalten.

In diesen Fällen lässt sich in der jeweiligen Kategorie keine weitere Kürzung vornehmen.

Schritt 1. Wo möglich, werden zunächst alle Aufgaben mit besonders hoher Lösungsrate entfernt ($\geq$0,8). Dies macht hier Sinn, da der Test keine Entscheidungsfindung im unteren und untersten Leistungsbereich anstrebt. (Dies steht im Gegensatz zur Testkürzung z. B. bei IRT-Modellen).

(Die Entfernung besonders informationsarmer Aufgaben wird z. B. auch bei einem TIMSS basierten Test in den TOSCA Studien durchgeführt (Trautwein et al. 2010, S. 282).)

Die Aufgaben mit besonders hoher Lösungsrate scheinen für einen differenziert fehlerdiagnostischen Test zur Kürzung besonders geeignet zu sein. Da die „durchgängig leistungsschwache“ Randgruppe über aldiff nicht sinnvoll gefördert werden kann (vgl. Zeitmanagement), ist eine Feindiagnose im unteren Leistungsbereich (unter Beibehaltung häufig gelöster Aufgaben) nicht notwendig.

Schritt 2. Solange eine Kategorie durch mehr als 3 Aufgaben vertreten ist, wird in jedem Schritt versucht eine weitere Aufgabe zur Löschung vorzuschlagen (bei with-Befehlen entsprechend mehr, siehe Hinweis oben):

Schritt 2A. Für die Kategorie wird eine inhaltliche Analyse der Items vorgenommen. Besonders einander ähnliche Items werden als Kandidaten zur Löschung vorgeschlagen. Die Vielfalt innerhalb eines Faktors bleibt dadurch erhalten.

Schritt 2B. Falls die inhaltliche Ähnlichkeit aus 2A nicht gegeben erscheint und sich daher auf diese Weise keine Kandidaten zur Löschung finden lassen, wird inhaltlich eine Aufgabe ausgewählt, die im Vergleich zu den anderen möglichst indirekt oder in Vermischung mit anderen Aufgabenaspekten der Kategorie zugeordnet ist. Bewusste Entscheidungen gegen die Vielfalt in den gekürzten Faktoren werden begründet dokumentiert. Hier werden inhaltlich Designentscheidungen getroffen, dazu gehören auch vereinzelt inhaltlich bewusst getroffene Entscheidungen für eine Homogenisierung.

Löschung in 2

Wenn mehrere Aufgaben als Kandidaten zur Löschung vorgeschlagen werden, so muss eine Wahl getroffen werden, welche der Aufgaben entfernt werden soll. Dazu wird jeweils die Korrelation der jeweiligen „Kategorie im ungekürzten Modell" mit der „Kategorie der aktuell gekürzten Version nach Entfernung des Kandidaten" bestimmt. Es wird mit „einfacher Mehrheit" dasjenige Item zur Löschung ausgewählt, das die höchste Korrelation nach Entfernung hinterlässt. Statistisch wird so ein Homogenisierungseffekt angestrebt.

Bedingung 1: Es wird jedoch in der Regel kein Item nach 2A ausgewählt, wenn alle Möglichkeiten zu einer Korrelation $<0{,}85$ führen würden.

Bedingung 2: Es wird keine Kürzung akzeptiert, die zu einer empirischen Nichtakzeptanz des Modells führen würde.

Lassen sich Bedingung 1 und Bedingung 2 nicht weiter umsetzen und ein Verfahren nach 2B scheint unangemessen, verbleiben alle übrigen Aufgaben des aktuell betrachteten Faktors im Modell.

Schritt 3. Nachdem die Iteration in allen Faktoren abgeschlossen oder abgebrochen ist, kann überlegt werden, weitere Aufgaben aus anderen Gründen zum Testsatz noch hinzuzunehmen: z. B. die Einfügung einer Aufgabe mit hoher Lösungsrate als Eingangsaufgabe mit „Eisbrecherfunktion" (Moosbrugger und Kelava 2012, S. 68). Die Reihenfolge der Items wird aus der Hauptstudie übernommen, eine Steigerung der Schwierigkeit im Testverlauf (Moosbrugger und

Kelava 2012, S. 68) wird wie schon bei der Erhebung der Hauptstudie bewusst nicht vorgenommen, der Test soll durchgängig durchmischt bleiben.

Nachteile des beschriebenen iterativen Vorgehens

Wie bei vielen Arten iterativer Vorgehensweisen besteht die Gefahr, gute Modelle zu übersehen, da nicht gleichzeitig die Untersuchung der Entfernung einer Kombination von Aufgaben, sondern jeweils nur die Entfernung einzelner Aufgaben untersucht wird. Daher wird empfohlen bei drastischeren Kürzungsvorhaben andere Verfahren zu testen.

5.19 Durchführung der Testkürzung (c1))

Die Testkürzung wird wie beschrieben durchgeführt. Um die Darstellung der Vorgehensweise zu berichten wird faktorweise dokumentiert. Um einzukürzen, werden nur die Schritte berichtet, die Entscheidungen bewirken.

Theoretisches Kürzungsideal:

18 = 6 (Kategorien) * 3 (je 3 Aufgaben).

Die Kürzungen legen Kendall-Tau Korrelationskoeffizienten zugrunde.

Alle Korrelationen sind, wenn nicht anders angegeben auf Signifikanzniveau 1 % (zweiseitig) signifikant.

Die Reduktion erfolgt ausgehend vom finalen 6-Faktorenmodell (siehe Auswertung b)).

Kürzung von fbefolg

fbefolg BY AU281M AU282M AU25M

Schritt 0

Der Faktor fbefolg kann nicht weiter gekürzt werden und wird daher beibehalten.

Entscheidung: Kürzungsvorgang fbefolg wird abgeschlossen.

Kürzung von fsubauf

fsubauf BY

AU09M AU31M AU35M AU29M AU33M !fsub

AU59M AU11M AU12M AU57M AU62M !fauf

Schritt 1

Entscheidung: AU09 wird aufgrund hoher Lösungsrate entfernt.

Schritt 2A.1

AU29, AU31 und AU35 stehen sich inhaltlich nahe. Bei allen drei Aufgaben müssen 2 Gleichungen mittels Substitution miteinander verknüpft werden. Man betrachte die Korrelationen:

fsubauf	fsubauf aus Schritt 1. ohneAU31	fsubauf aus Schritt 1. ohneAU35	fsubauf aus Schritt 1. ohneAU29
1	0,935	0,911	0,951

Die Korrelation der „ungekürzten Kategorie“ mit der „gekürzten Kategorie nach Entfernung der Aufgabe“ ist mit der Auslassung von AU29 am größten.

Entscheidung: AU29 wird entfernt.

Schritt 2A.2

Die Aufgaben AU11 und AU12 sind, wie schon im with-Befehl formuliert „Streichholzterm“-Aufgaben. Daher wird versucht eine dieser beiden zu löschen.

fsubauf	fsubauf aus Schritt 2A.1 ohneAU11	fsubauf aus Schritt 2A.1 ohneAU12
1	0,926	0,94

Entscheidung: AU12 wird entfernt.

Schritt 2A.3

Die Aufgaben 11 (Streichholz), 62 (allgemeines Produkt dreier aufeinanderfolgender Zahlen) und 57 („Aaron und Berta“) sind Aufgaben, bei denen ein algebraischer Ausdruck aus einer Wortbeschreibung heraus aufgestellt werden soll.

fsubauf	fsubauf aus Schritt 2A.2 ohneAU11	fsubauf aus Schritt 2A.2 ohneAU57	fsubauf aus Schritt 2A.2 ohneAU62
1	0,880	0,903	0,898

Entscheidung: AU57 wird entfernt.

Schritt 2B.1
Die Aufgabe AU59 ist der Kategorie „Term aufstellen" zugeordnet. Mit ihrem Format als Ankreuzaufgabe eignet sie sich dazu nur bedingt.

Entscheidung: AU59 wird entfernt.

fsubauf	fsubauf aus Schritt 2A.3 ohneAU59
1	,878

Eine weitere Kürzung wird abgelehnt (Schritt 2. Bedingung 1).

fsubauf	fsubauf aus Schritt 2B.1 ohneAU31	fsubauf aus Schritt 2B.1 ohneAU35	fsubauf aus Schritt 2B.1 ohneAU33	fsubauf aus Schritt 2B.1 ohneAU11	fsubauf aus Schritt 2B.1 ohneAU62
1	,843	,849	,819	,815	,834

Entscheidung: Kürzungsvorgang fsubauf wird abgebrochen.

Kürzung von fTTG
fTTG BY AU18M AU55M AU17M AU24M AU23M AU13M

Schritt 1
Entscheidung: AU18 wird aufgrund hoher Lösungsrate entfernt.

Schritt 2A.1
Als ähnliche Aufgaben werden die Aufgaben AU13, AU24, AU55 vorgeschlagen. Bei diesen muss ein gezeichneter quadratischer Funktionsgraph in Verbindung mit einem Funktionsterm gebracht werden.

TTG	TTG aus Schritt 1. ohneAU55	TTG aus Schritt 1. ohneAU13	TTG aus Schritt 1. ohneAU24
1	,885	,892	,878

Entscheidung: AU13 wird entfernt.

Schritt 2B.1

AU23 bildet nicht nur den Kernbereich des Wechsels zwischen Term, Tabelle und Graph ab. Darüber hinaus wird zusätzlich nicht algebraisches Regelwissen vorausgesetzt.

Entscheidung: AU23 wird entfernt.

Entscheidung: Kürzungsvorgang fTTG wird abgeschlossen.

Kürzung von ffehler

ffehler BY

AU40MN AU41MN AU42MN AU43MN AU44MN AU45MN AU46MN AU37M AU65M AU47M

Schritt 1

Entscheidung: AU44 wird aufgrund hoher Lösungsrate entfernt.

Sonder-Schema-Speedaufgaben

Aufgrund der gesonderten Erhebungssituation bei den Speedaufgaben und der kurzen Bearbeitungszeit für jede Speedaufgabe verfolgt die Kürzung in diesem Faktor nicht das Ziel, nur drei Items in der Testkürzung zu erhalten. Die Aufgaben AU41 und AU43 werden entfernt (Homogenisierung), sodass 4 Speedaufgaben verbleiben.

Entscheidung: AU41 und AU43 werden entfernt.

Schritt 2B

Aufgabe AU37 wurde eingangs von der Projektleitung als „Regelwissen" eingestuft und verlässt damit den Kernbereich der Kategorie ffehler.

Entscheidung: AU37 wird entfernt.

Die Korrelation sinkt damit insgesamt ab auf:

ffehler	ffehler aus „Sonder-Schema-Speedaufgaben" ohneAU37
1	,804

Entscheidung: Kürzungsvorgang ffehler wird abgebrochen (Schritt 2. Bedingung 1)

Kürzung von fvar

fvar BY AU03M AU05M AU07M AU08M

Schritt 0
fvar wird um die Aufgabe mit Lösungsraten >0,8 gekürzt. Das wären die Aufgaben AU03 (0,87) und AU07 (0,82). Eine Kürzung um 2 Aufgaben ist nicht möglich (Schritt 0.)

Entscheidung: AU03 wird entfernt.

Entscheidung: AU03 wird wieder hinzugefügt und weiterhin als erste einstimmende Aufgabe im Test weiterverwendet, „Eisbrecherfunktion“ (selbe Aufgabe wie in Hauptstudie).

Entscheidung: Kürzungsvorgang fvar wird abgeschlossen.

Kürzung von feffektstruk

feffektstruk BY
AU69M AU71M !urspruenglich feffekt
AU73M AU75M!urspruenglich fstruk
AU78M !urspr fFormelumf
AU49M AU51M AU53M!urspr fanwend

Schritt 1
Entscheidung: AU49 wird aufgrund hoher Lösungsrate entfernt.

Schritt 2A
Die Aufgaben AU69 und AU71 sind sehr ähnlich vom Typus der Aufgabenstellung her.

feffektstruk	feffektstruk aus Schritt 1. ohneAU69	feffektstruk aus Schritt 1. ohne AU71
1	,860	,927

Entscheidung: AU71 wird entfernt.

Schritt 2B
Die Aufgaben AU73 und AU75 werden ähnlich eingeordnet. AU75 prüft, ohne Klammern zu verwenden, das Erkennen von Teilterm-Strukturen. Die Präferenz fällt auf den Erhalt von AU75 als SUmEdA-eigene Aufgabe.

Entscheidung: AU73 wird entfernt.

AU78 steht für eine Entfernung zur Disposition, da das “Formel umstellen” nachträglich diesem Faktor zugeordnet wurde.

Entscheidung: AU78 wird entfernt.

Entscheidung: Kürzungsvorgang feffektstruk wird abgebrochen.
Entscheidung: Hiermit ist die Testkürzung abgeschlossen.

5.19.1 6-Faktorenmodell von aldiff (gekürzt)

Der gekürzte Test setzt sich somit aus 25 gewerteten Aufgaben zusammen.
MODEL:

fsubauf BY AU31M AU35M AU33M AU11M AU62M;
fTTG BY AU17M AU24M AU55M;
ffehler BY AU40MN AU42MN AU45MN AU46MN
AU65M AU47M;
fvar BY AU03M AU05M AU07M AU08M;
feffektstruk BY AU69M AU75M AU51M AU53M;
fbefolg BY AU281M AU282M AU25M;
ffehler on feffektstruk;
fsubauf on feffektstruk;
fvar on feffektstruk;

Das gekürzte Modell weist in der Version mit AU05 folgende Modell-Fit-Eigenschaften auf.

Das Modell wird akzeptiert.

MODEL FIT INFORMATION		
Number of Free Parameters	59	
Chi-Square Test of Model Fit		
Value	269.631*	
Degrees of Freedom	266	
P-Value	0.4264	
RMSEA (Root Mean Square Error Of Approximation)		
Estimate	0.006	
90 Percent C.I.	0.000	0.021
Probability RMSEA ≤ .05	1.000	
CFI/TLI		
CFI	0.999	
TLI	0.999	

MODEL FIT INFORMATION		
SRMR (Standardized Root Mean Square Residual)		
Value	0.060	

Schaubild des gekürzten Modell (STDYX)

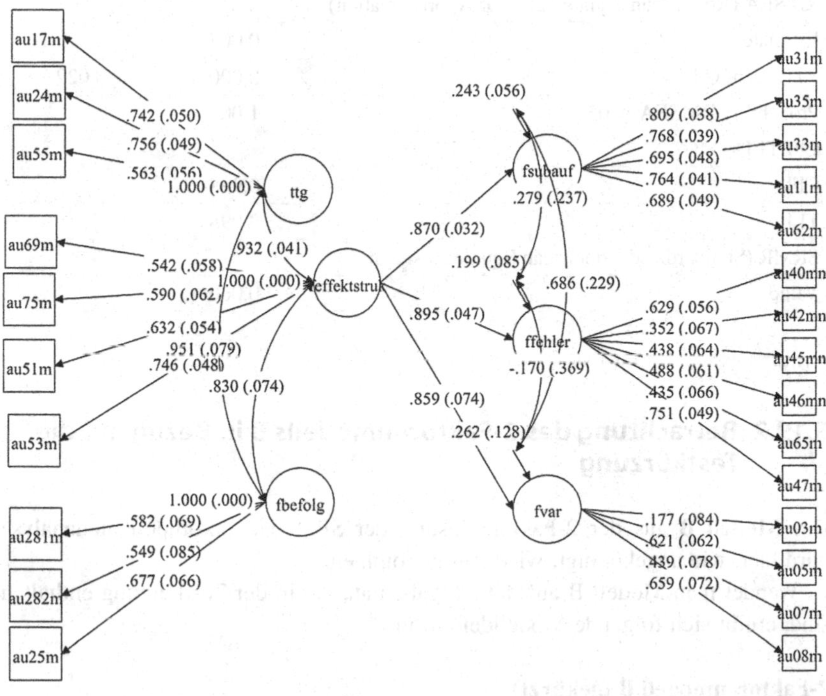

Optimierung der automatischen Auswertung im Konflikt mit Aufgabe AU05
Möchte man die automatische Auswertung besonders objektiv und vollständig automatisiert gestalten, bietet es sich an, die Aufgabe AU05 zu entfernen, da Aufgabe AU05 als einzige Aufgabe nicht mit STACK auswertbar ist, siehe dazu auch Auswertung c). Eine Entfernung würde jedoch die Inhaltsvalidität schmälern. Zugunsten der Inhaltsvalidität wird daher die Aufgabe im Testumfang belassen.

MODEL FIT INFORMATION		
Number of Free Parameters	57	
Chi-Square Test of Model Fit		
Value	248.058*	
Degrees of Freedom	243	
P-Value	0.3982	
RMSEA (Root Mean Square Error Of Approximation)		
Estimate	0.007	
90 Percent C.I.	0.000	0.022
Probability RMSEA ≤ .05	1.000	
CFI/TLI		
CFI	0.998	
TLI	0.998	
SRMR (Standardized Root Mean Square Residual)		
Value	0.060	

5.19.2 Betrachtung des 2-Faktorenmodells B in Bezug auf die Testkürzung

Das **Modell B** aus der 2-Faktorenlösung der SPSS Hauptkomponentenanalyse wird hier, wie angekündigt, wiederaufgenommen.

Wendet man Modell B auf die Aufgaben an, die in der Testkürzung enthalten sind, ergibt sich folgende Modelldefinition:

2-Faktorenmodell B (gekürzt)

f1 BY AU08M AU33M AU75M AU62M AU25M AU31M AU35M
f2 BY AU55M AU53M AU51M AU42MN;

MODEL FIT INFORMATION		
Number of Free Parameters	23	
Chi-Square Test of Model Fit		
Value	39.915*	
Degrees of Freedom	43	
P-Value	0.6059	

MODEL FIT INFORMATION		
RMSEA (Root Mean Square Error Of Approximation)		
Estimate	0.000	
90 Percent C.I.	0.000	0.030
Probability RMSEA ≤ .05	1.000	
CFI/TLI		
CFI	1.000	
TLI	1.003	
SRMR (Standardized Root Mean Square Residual)		
Value	0.045	

Modell B entspricht somit sogar den „harten" SRMR Kriterien
Das Diagramm für stdy, stdx stellt sich dann so dar:

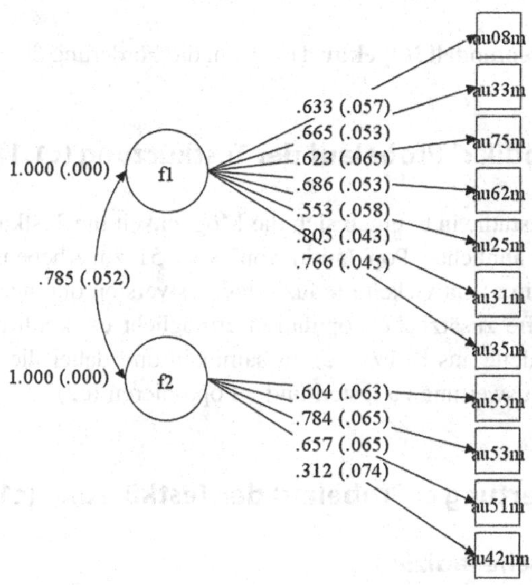

Legt man im Vergleich dazu beide Faktoren f1 und f2 zu einem Faktor zusammen, erhält man die im Vergleich dazu eher unbefriedigenden Modellergebnisse:

MODEL FIT INFORMATION		
Number of Free Parameters	22	
Chi-Square Test of Model Fit		
Value	59.783*	
Degrees of Freedom	44	
P-Value	0.0566	
RMSEA (Root Mean Square Error Of Approximation)		
Estimate	0.030	
90 Percent C.I.	0.000	0.047
Probability RMSEA ≤ .05	0.973	
CFI/TLI		
CFI	0.987	
TLI	0.984	
SRMR (Standardized Root Mean Square Residual)		
Value	0.054	

Das **2-Faktorenmodell B (gekürzt)** wird in die Förderung übernommen.

5.19.3 Methodik c) Probelauf der Testkürzung (c1.1) c2))

Neben der Hauptstudie in b) ergab sich die Möglichkeit die Testkürzung mit einer der Hauptstudie ähnlichen Population von N = 51 zu erheben. Es wurde ein Testlauf mit der in c) entwickelte reduzierten Testversion durchgeführt.

Die unverhoffte zusätzliche Population ermöglicht es, konfirmierenden Indizien für die Modelle aus b) bzw. c) zu sammeln und dabei die Umsetzung der automatischen Auswertung zu testen und zu optimieren (c2)).

5.19.4 Auswertung c) Probelauf der Testkürzung (c1.1) c2))

Konfirmatorische Indizien

Für einen echten konfirmatorischen Durchlauf ist die Anzahl von 51 Personen zu gering.

Im Folgenden wird der Frage nachgegangen, wie dennoch Indizien gesammelt werden können für eine konfirmierende Bestätigung des 6-Faktorenmodells von aldiff (gekürzt).

Die N = 51 Personen werden zusätzlich an den Datensatz der Hauptbefragung angehängt. Dadurch soll eine bewusste Verwässerung des Datensatzes der Hauptbefragung eingeführt werden, um zu stark auf den Datensatz der Hauptbefragung angepasste Modellentscheidungen zu entlarven.

Damit ergibt sich ein erweiterter Datensatz mit N = 407 + 51 = 458. Dies entspricht einer Erweiterung des Datensatzes um ca. $\frac{1}{8}$.

Prüft man nun in diesem erweiterten Datensatz das Modell der Testkürzung (mit AU03 und AU05) so erhält man weiterhin akzeptable Modelfit-Werte:

MODEL FIT INFORMATION		
Number of Free Parameters	59	
Chi-Square Test of Model Fit		
Value	272.935*	
Degrees of Freedom	266	
P-Value	0.3719	
RMSEA (Root Mean Square Error Of Approximation)		
Estimate	0.008	
90 Percent C.I.	0.000	0.020
Probability RMSEA ≤ .05	1.000	
CFI/TLI		
CFI	0.998	
TLI	0.998	
SRMR (Standardized Root Mean Square Residual)		
Value	0.059	

Entfernt man die ersten 203 Probanden und halbiert damit den ursprünglichen Datensatz, erhöht sich der Anteil der Erweiterung des Datensatzes auf ca. $\frac{1}{4}$. (Die Power verringert sich dadurch zugunsten des Anteils neuer Daten.) Damit besitzt der Analysedatensatz noch N = 255 Probanden und es ergeben sich folgende noch akzeptable Modellfitwerte:

MODEL FIT INFORMATION		
Number of Free Parameters	59	
Chi-Square Test of Model Fit		
Value	276.143*	
Degrees of Freedom	266	

MODEL FIT INFORMATION		
P-Value	0.3216	
RMSEA (Root Mean Square Error Of Approximation)		
Estimate	0.012	
90 Percent C.I.	0.000	0.028
Probability RMSEA $\leq .05$	1.000	
CFI/TLI		
CFI	0.995	
TLI	0.995	
SRMR (Standardized Root Mean Square Residual)		
Value	0.077	

Umsetzung der automatischen Auswertung

Vorverarbeitung vor STACK Auswertung

Bei fast allen Aufgaben im Algebratest sollen die Probanden algebraische Ausdrücke in die reservierten STACK Eingabefelder als Antwort eingeben. Sowohl in der Hauptstudie, als auch bei den 51 Personen, zeigt es sich, dass die Probanden bei einigen wenigen der Aufgaben anstelle algebraisch korrekter Ausdrücke, die Antworten vermengt mit Sprache eingegeben haben. Beispiel Eingaben der Art wie: "x ist 3."

Eine direkte Auswertung mit STACK ohne Vorprozessierung nicht möglich.

Betroffen waren vor allem die Aufgaben AU08 und AU25.

Es erfolgt eine daher eine Vorverarbeitung der Eingaben, wie sie z. B. bei Zehner et al. (2016) unternommen wird. Die Vorprozessierung wurde in JavaScript umgesetzt.

In der finalen Version des gekürzten Tests werden erwartete Texteingaben wie „ist" automatisch ersetzt durch „=", sofern „=" noch nicht eingegeben wurde. Wenn das Zeichen „=" bereits eingegeben wurde, wird die zusätzliche Eingabe des Wortes „ist" gelöscht.

So können Eingaben verschiedener Form zuverlässig erkannt werden.

Beispiel:

…. wenn… „x ist 3"

… wenn… „x = 3 ist"

Weiteres Beispiel:

Bei AU25 sollte eigentlich eine Gleichung angegeben werden. Viele der Probanden geben jedoch nur die linke Seite der Gleichung an und lassen die vollständige Weiterführung der Antwort, die mit „=0“ zu beenden wäre, weg. In der Hauptstudie wurde eine solch unvollständige Eingabe, ohne Beendigung der Schreibweise mit „=0“, als richtige Antwort akzeptiert (und in der Musterlösung durch die Projektleitung so festgelegt).

Bei einer automatischen Korrektur durch STACK wird die Eingabe einer Gleichung erwartet. Wird keine vollständige Gleichung eingegeben werden keine Punkte vergeben. Um in der Korrektur konform zu bleiben, werden bei diesen Aufgaben die Eingaben um „=0“ automatisch ergänzt, sofern „0“ und „=“ vom Probanden nicht Teil seiner Abgabe war.

Durch die oben beschriebenen Modifikationsmaßnahmen können alle Aufgaben automatisiert bewertet werden. **Über 95 %** der Eingaben der Hauptstudie, stimmen so mit den Ergebnissen der händisch vorgenommenen Auswertung überein. Eine Ausnahme bildet die Aufgabe AU05, die ein vollkommen freies Antwortformat in Schriftsprache fordert. Auch hier wurde der Versuch unternommen eine automatische Bewertung durch Erkennen und Zählen erwartbarer Eingaben voranzutreiben.

Einsatz von STACK für die Förderung

Förderung mittels Formative Assessment/Feedback

Formatives Feedback (Hattie und Timperley 2007; Mason und Bruning 2001) würde sich zur Förderung mit der Software STACK eignen.

In Anlehnung an die Mathebrücke der PH Heidelberg:

Die Mathebrücke der PH Heidelberg ist ein regelmäßig angebotenes Vorkurs-/Brückenkursangebot, durchgeführt unter der Leitung von Prof. Dr. Guido Pinkernell. In Anlehnung an das Format der Mathebrücke könnte zentrales Element der Förderung die Arbeit mit digitalen automatisiert ausgewerteten Aufgaben mit unmittelbarer Rückmeldung an den Probanden sein.

Als Grundlage der Erstellung von Förderaufgaben wird für aldiff daher das Modell „error analysis“ aus Pinkernell et al. (2019) empfohlen. Dort finden sich empirische Untersuchungen zu zwei verschiedenen Feedbackmodellen: worked-out example (hier nicht ausgeführt) und **error analysis**:

Das Feedbackmodell „error analysis“ besteht aus 2 zeitlichen Stufen, die über 4 Elemente miteinander verbunden sind und zyklisch mehrfach durchlaufen werden können. Dieses Feedbackmodell zeigt sich defizitorientiert und fügt sich damit passend ins Modell aldiff ein. Dies begründet sich schließlich daraus, dass es im Rahmen desselben Vorkurskontexts erstellt wurde.

Die Konzeption beruht auf den nachfolgend beschriebenen vier Elementen.

Zeitstufe 1: unmittelbar

- Unmittelbar nach der Bearbeitung erhält der Aufgabenbearbeitende die Rückmeldung, ob seine Antwort korrekt oder falsch war (Knowledge of results (KR)).

Bei einer korrekten Antwort erfolgt in der Regel keine weitere Rückmeldung. In Einzelfällen, bei denen es sich anbietet, wird die Analyse der abgegebenen Lösung vorgenommen und auf weitere, ebenfalls korrekte Lösungsansätze hingewiesen.

Bei einer falschen Abgabe, wird die abgegebene Antwort auf vorab programmierte, erwartbare typische Fehler hin analysiert:

- Falls die Analyse einen solchen „typischen" Fehler nahelegt, wird die Entstehung des Fehlers formuliert als Vermutung dem Aufgabenbearbeitenden mitgeteilt: in etwa: „Du hast wahrscheinlich diesen Fehler gemacht:..." (Knowledge about mistakes (KM))

Diese relativierende Formulierung ist nötig, da der Proband auch auf einem anderen Wege zu demselben falschen Ergebnis gekommen sein könnte. Die Relativierung soll vermeiden, dass der Aufgabenbearbeitende durch systemische Bestimmtheit zusätzlich weiter verwirrt werden könnte.

- Ist die Fehleraufklärung nicht möglich, da kein „erwartbarer" Fehler vom System erkannt wurde, wird anstelle einer Fehleraufklärung der erste Schritt hin zu einer korrekten Lösung angegeben (Knowledge about task constraints (KTC)).

Des Weiteren erhält der Aufgabenbearbeiter gleichzeitig mit KR und KM bzw. KTC die Aufforderung, die Aufgabe (in strukturell ähnlicher randomisierter Form) erneut zu bearbeiten, was ihm durch das Einblenden eines Buttons unmittelbar ermöglicht wird.

Zeitstufe 2: nach 60 Sekunden Verzögerung

Der Aufgabenbearbeitende hat bereits die Rückmeldungen KR und KM bzw. KTC erhalten. Im Falle, dass er sich dennoch nicht gerüstet fühlt, die Aufgabe zu bearbeiten, bietet sich ihm die Möglichkeit einer weiteren Option:

- 60 Sekunden nach Erhalt des unmittelbaren Feedbacks kann zusätzlich eine Musterlösung der Aufgabe optional angefordert werden (Knowledge about how to proceed (KH)).

Die 60 Sekunden Wartezeit zum Überdenken kann nicht abgekürzt übersprungen werden. Da die Wartezeit nicht umgangen werden kann, erhoffen sich die Aufgabensteller, dass diese Zeit vom Bearbeitenden dazu genutzt wird, um erneut über die eigene Aufgabenbearbeitung unter Beachtung des automatisch erhaltenen unmittelbaren Feedbacks nachzudenken. Die erzwungene Wartezeit soll entgegenwirken, dass die unmittelbare sofortige Herausgabe von Musterlösungen leicht dazu führen kann, eigene Fähigkeiten dahingehend zu überschätzen, dass das inhaltliche Nachvollziehen einer Musterlösung noch nicht die Fähigkeit beinhaltet, eine solche Aufgabe zukünftig selbstständig zu lösen.

Die Wirksamkeit des Feedbackkonzepts wurde bereits empirisch im Kontext der eingangs beschriebenen MatheBrücke untersucht (Pinkernell et al. 2019). In Reflexion der 8 Arten des computerbasierten Feedbacks nach Mason und Bruning (2001) scheint die vorgeschlagene Feedbackart als angemessen (zum Beispiel in Bezug auf „bug-related" Feedback, welches sich in Zeitstufe 1 des Feedbacks aus Pinkernell et al. (2019) wiederfindet.)

Das beschriebene Feedback würde sich als Grundlage für ein „Formative-Assessment" sowohl auf Ebene der Einzelaufgaben, als auch in Konzeption von modellbasierter Förderung anbieten, auch um technische Umsetzbarkeit in der Konzeption von Förderung mitzudenken (Suurtamm et al. 2016, S. 6–10):

> *„Es bezeichnet die lernbegleitende Beurteilung von Schülerleistung mit dem Ziel, diagnostische Informationen zu nutzen, um Unterricht und Lernen zu verbessern. Grundlegende Merkmale von formativem Assessment sind die Klärung von Lernzielen, die Diagnose der individuellen Leistung sowie eine darauf basierende Rückmeldung und Förderung. […] Studien untermauern die lernförderliche Wirkung von formativem Assessment, wobei diese von der konkreten Gestaltung abhängt." (Schütze et al. 2018, S. 697)*

Abschließend sei angemerkt, dass die Untersuchung von Feedback schon viele widersprüchliche Erkenntnisse (durch zu stark vereinfachte Verallgemeinerungen) hervorgebracht hat (Shute 2008). Auch dies bestärkt die Verwendung von kontextnah bereits untersuchten Feedbackvarianten und damit die Wahl des Feedbacks bei Pinkernell et al. (2019).

5.20 Methodik d) Entwicklung eines Förderkonzeptes

In d) wird eine Analyse der Ergebnisse von c), insbesondere der identifizierten Faktoren aus b) erfolgen. Diese Analyse hat zum Ziel Förderempfehlungen zu entwickeln und zur wissenschaftlichen Untersuchung vorzuschlagen.

Die praktische Notwendigkeit, Quantifizierungsregeln für die Beurteilung von Förderbedarfen und Empfehlungen zu definieren, wurde im Theorieteil a) zu MaLeMINT bereits für die Auswertungen in Forschungsstrang a) angedeutet. Analog dazu sollen in d) Quantifizierungen vorgenommen werden, um der Kritik undeutlicher Förderempfehlungen zu begegnen (siehe Theorie d) und Eingangszitat).

Der folgende Abschnitt enthält Auszüge aus dem zum Zeitpunkt der Fertigstellung der Arbeit noch unveröffentlichten Tagungsbandartikel anlässlich der GDM2020.

Förderung auf mehreren Ebenen – Alternativer Ansatz in aldiff
Zur Lösung der Problematik „Festhalten am Fördermodell trotz Förderung-nicht-differenzierender Empfehlungen" werden von aldiff additiv teilweise komplementäre Ebenen der Förderung vorgeschlagen: Diese sind angeordnet entlang eines Gradienten von der Förderung auf Basis von Details einer Einzel-Aufgabe über die Förderung auf Basis von Teilaufgabensets bis hin zur Förderung auf Modellebenen (6-Faktorenmodell und 2-Faktorenmodell). Damit unterstützt aldiff die Planung eines individuellen, aber zeitlich bewusst fixierten Treatments, in Vorbereitung von Nachfolgeforschung zur Förderwirksamkeit.

In aldiff werden modellorientierte und nicht-modellorientierte Ebenen der Förderung vorgeschlagen.

Die **modellorientierten** Ebenen der Förderung bestehen aus Teilbereichen/Faktoren, die durch die Zuordnung von Testaufgaben definiert sind. Der Vergleich der Erfolgsraten innerhalb einer Ebene führt zur Entscheidung, ob eine Förderempfehlung in dieser Ebene erfolgt und in diesem Falle, in welchen Teilbereichen/Faktoren ein Treatment ansetzen sollte. Wenn eine der Förderebenen nicht hinreichend die Förderung eines Individuums differenziert, wird diese Förderebene für dieses Individuum nicht vorgeschlagen.

Um die Förderempfehlung in Form einer quantitativ begründeten Entscheidung umzusetzen, muss Sprache gefunden werden. „Quantitativ begründet" muss die Entscheidung deshalb erfolgen, weil die automatische Auswertung des Diagnosetests gewahrt bleiben soll. Dazu werden Begriffe definiert:

Der Begriff „**Einzelausfallerscheinung**“ wird für die modellorientierten Ebenen definiert, um Begrifflichkeiten für die quantifizierte Entscheidung der Förderempfehlung zu finden. Auf den modellorientierten Ebenen werden Definitionen getätigt:

Eine „Ausfallerscheinung“ eines bestimmten Elements einer bestimmten Partition des Aufgabenpools liegt dann vor, wenn die Aufgaben in diesem Element der Partition des Aufgabenpools nur zu einem gewissen genau bestimmten prozentualen Teil gelöst wurden. Dieser Anteil wird auf Basis der erhobenen Daten der Studie im Vorfeld für jeden Faktor festgelegt, könnte aber auch, je nach Einsatzbereich, durch z. B. Studiengangsparameter modifiziert werden. Das Projekt aldiff wählt pauschal 50 %.

Die Mächtigkeit der Menge der „Ausfallerscheinungen“ bestimmt, ob die „Ausfallerscheinungen“ als „Einzelausfallerscheinungen“ zu benennen sind. Übersteigt die Anzahl der „Ausfallerscheinungen“ einen gewissen Grad (n), ist die Benennung als „Einzelausfallerscheinung“ nicht mehr gerechtfertigt. Bis n + k „Ausfallerscheinungen“ wird eine eingeschränkte Förderempfehlung ausgesprochen, mit niederer Priorität. Ab n + k + 1 „Ausfallerscheinungen“ erfolgt keine Förderempfehlung ausgehend von der gewählten Partition.

Das Projekt aldiff wählt für das 2-Faktorenmodell [n = 1 und k = 0] und testet für das 6-Faktorenmodell sowohl [n = 3 und k = 1] als auch [n = 2 und k = 1].

Von diesem Verfahren ausgenommen sind die Förderempfehlungen, die aldiff auf den **nicht-modellorientierten-Ebenen** ausspricht. Für jede falsch bearbeitete Aufgabe wird eine Förderempfehlung auf „Itemebene“ oder „Ebene von lose inhaltlich übergreifenden Algebra-Inhalten“ (Bsp. Binomische Formeln) ausgesprochen.

Erhält ein Proband aufgrund restriktiver Quantifizierung keine Förderempfehlung auf den modellorientierten Ebenen, da sich eine Kategorisierung der „Ausfallerscheinungen“ in „Einzelausfallerscheinungen“ verbietet, bleibt dennoch die Empfehlung auf den nicht-modellorientierten Ebenen erhalten.

Diese Empfehlung fällt dann naturgemäß deutlich zeit- und umfangsaufwendiger aus, wenn auch letztlich modell-unspezifisch und damit theoretisch auf die Stufe der Diagnoseaufgaben zurückfallend.

Eine Darstellung der nicht-modellorientieren Ebenen, kann wegen der Nicht-Veröffentlichung der Aufgaben nicht genauer ins Detail gehend beschrieben werden, wird jedoch für Nachfolgeforschung aufbewahrt.

Das Förderschema bei aldiff für 6 Faktoren [n = 3 und k = 1] und 2 Faktoren [n = 1 und k = 0] zeigt die ganzseitige Übersicht auf der nächsten Seite.

5.21 Förderschema bei aldiff

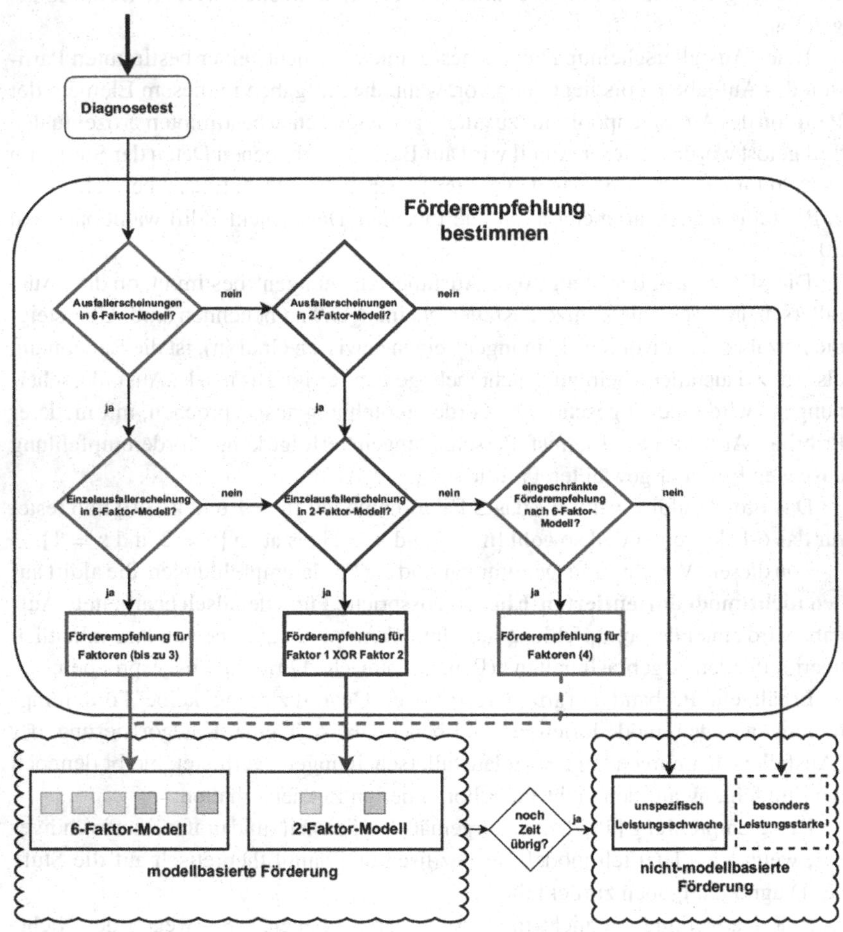

5.22 Auswertung d)

5.22.1 Beurteilung der Förderempfehlungen

Das eben vorgestellte Schema wird auf die Daten der aldiff Hauptstudie (N = 407) angewendet:

49 Personen zeigen keine Ausfallerscheinung im 6-Faktorenmodell. Das entspricht 12 % der Testteilnehmer;

42 Personen zeigen in allen 6 Kategorien Ausfallerscheinungen. Das entspricht 10,3 % der Testteilnehmer;

42 Personen zeigen nur in der Kategorie fbefolg eine Ausfallerscheinung, die folglich als Einzelausfallerscheinung zu bezeichnen ist. Das entspricht 10,3 % der Testteilnehmer.

6-Faktorenmodell [n = 3 und k = 1], 2-Faktorenmodell [n = 1, k = 0]
Einzelausfallerscheinungen (n = 3) nach Faktoren:

Faktor	Personenanzahl mit Förderempfehlung	Personenanzahl mit eingeschränkter Förderempfehlung
fvar	24	22
feffektstruk	77	53
ffehler	23	24
fsubauf	58	34
fbefolg	140	61
fTTG	69	59

Anteil an 407 Probanden	Beschreibung der Daten von aldiff im Schema der Förderung
10,81 % (44)	Probanden, die nur auf Aufgabenebene gefördert werden, weil sie nach keinem der Modelle eine Ausfallerscheinung zeigen (sehr gute Probanden)
49,88 % (203)	Probanden, die nach dem 6-Faktorenmodell gefördert werden sollten (n = 3). Grund: – Sie zeigen „Einzelausfallerscheinungen" im 6-Faktorenmodell (also höchstens 3 Kategorien mit weniger als 50 % Punkten).

Anteil an 407 Probanden	Beschreibung der Daten von aldiff im Schema der Förderung
1,23 % (5)	Probanden, die nach dem 2-Faktorenmodell gefördert werden. Grund: – Diese Probanden zeigen keine „Ausfallerscheinung" nach dem 6-Faktorenmodell (es wurden also in allen 6 Kategorien mehr als 50 % der Punkte erreicht). – Sie zeigen eine „Einzelausfallerscheinung" im 2-Faktorenmodell
9,58 % (39)	Probanden, die nach dem 2-Faktorenmodell gefördert werden. Grund: – Diese Probanden zeigen im 6-Faktorenmodell zu viele „Ausfallerscheinungen" (>3). – Sie zeigen im 2-Faktorenmodell eine Einzelausfallerscheinung
8,85 % (36)	Probanden, die nach dem 6-Faktorenmodell gefördert werden könnten, oder alternativ anders behandelt werden sollten. Grund: – Diese Probanden zeigen im 6-Faktorenmodell 4 Ausfallerscheinungen und erhalten daher eine eingeschränkte Förderempfehlung (n = 3, k = 1) – Diese Probanden erhalten im 2-Faktorenmodell keine Förderempfehlung
19,66 % (80)	Diese Probanden werden nur auf Aufgabenebene gefördert. Grund: – Diese Probanden zeigen sowohl im 6-Faktorenmodell (>4) als auch im 2-Faktorenmodell (>1) zu viele Ausfallerscheinungen, um die Förderung sinnvoll strukturell zu differenzieren

Daraus ergibt sich, dass ca. zwischen 50–60 % der Probanden mit dem 6-Faktorenmodell gefördert werden sollten und ca. 11 % mit dem 2-Faktorenmodell.

Die übrigen Probanden (ca. 30 %) würden nicht-modellspezifisch gefördert, weil sie durchgängig zu leistungsschwach oder durchgängig zu leistungsstark abschneiden.

Alternative Wahl von n

6-Faktorenmodell [**n = 2** und k = 1], 2-Faktorenmodell [n = 1 und k = 0]

Etwas restriktiver kann die Förderempfehlung auch sinnvollerweise für **n = 2** bestimmt werden.

Probanden insgesamt	407	100 %
Förderung nach 6-Faktorenmodell	133	32,7 %
Förderung nach 2-Faktorenmodell, da nicht nach 6-Faktorenmodell	88	21,6 %
Förderung nach eingeschränkter Empfehlung (k = 1)	19	4,7 %
Förderung nicht-modellbasiert, da zu leistungsschwach	123	30,2 %
Förderung nicht-modellbasiert, da zu leistungsstark	44	10,8 %

Etwa 60 % der Probanden würden modellbasierte Förderung erfahren.

Zusammenfassung

Im letzten Abschnitt wurden die Definitionen zur Quantifizierung von Förderempfehlungen anhand der aldiff vorliegenden Daten der Hauptstudie durchgespielt.

Die Analysen zeigen, dass die Überlegung zur Aufteilung der Förderung auf mehrere Ebenen und der „Wahl eines geeigneten Modells individuell für den Probanden" auch auf Basis der Häufigkeiten in der vorliegenden Studie Wirkung zeigt.

Auf diese Weise können Startwerte für „integrierte Förderbänder" (vom Hofe 2011) bestimmt werden.

5.22.2 Beispieldiagnose eines Probanden der aldiff Studie

An einem konkreten Teilnehmer der Studie soll ein Teil der Förderempfehlung durchgespielt werden:

Angaben zur Person, soweit bekannt:
Proband Nr. 38

Geschlecht: weiblich
Schulabschluss: im Jahr 2017
Schulabschluss: Allgemeine Hochschulreife
Abschlussnote: sehr gut
Status: Studentin der Wirtschaftsinformatik (nicht Lehramt)
Standort: dhbw Mosbach
Im 2. Fachsemester

Zusätzliche Informationen z. B. für die zukünftige Erstellung von Testformaten unter Berücksichtigung der Arbeitsweise:

Durfte in Prüfungen CAS-Rechner verwenden; hat Befragung mit Gerät mit physischer Tastatur bearbeitet; hat in nahezu jeder Stunde mit Taschenrechner gearbeitet; verwendete einen CAS Rechner nicht einen GTR;

Kommentar: „Ohne Erwartungen und spontan den Test absolviert, keine Überraschungen“

Entwicklung einer Förderempfehlung für Proband Nr. 38

relevante Personenparameter für modellspezifische Förderung:

Proband 38 zeigt Einzelausfallerscheinungen bei:

fbefolg und feffektstruk (Fehlercode 010010).

Eine ausführliche Tabelle der gesamten Fehlercodeübersicht befindet sich im elektronischen Anhang Stichwort: Ausfallerscheinungen Anzahl und Codes

relevante Personenparameter für nicht-modellspezifische Förderung:

Typischer Fehler in Aufgabe 28

Typischer Fehler in Aufgabe 62

Fehler in Aufgabe unter Beteiligung binomischer Formeln (hier: AU49)

Fehler in Aufgabe unter Beteiligung linearer Funktionen (hier: AU17)

Proband Nr. 38 zeigt gute Förderprognosen. Der Proband könnte möglichst differenziert nach 2 der 6 Faktoren des 6-Faktorenmodells gefördert werden. Falls dem Probanden noch weitere Zeit zur Verfügung stünde, könnte eine Förderung zusätzlich die typischen Fehler thematisieren und allgemein die Inhaltsbereiche „lineare Funktionen“ und „binomische Formeln“ wiedererwecken (siehe Theorie b)).

5.23 Mögliche Anknüpfungspunkte für die Erstellung von Fördermaterialien auf Basis von aldiff

5.23.1 Förderung am Übergang Schule-Hochschule als „Wiedererlernen“

Nicht nur bei WADI, sondern auch im universitären Lehren und Lernen spielt das Wiedereinüben/Wiedererlernen/Wiedererinnern ein Rolle (Westermann und Rummel 2012). Salle et al. (2011) beschäftigen sich mit dem Übergang Grundschule-weiterführende Schule.

Wiedererlernen nach Frohn et al. (2011)

Frohn et al. (2011) beschreiben Brückenkurse am Übergang SekI nach SekII am Oberstufenkolleg Bielefeld. Sie stellen gravierende Defizite bei den untersuchten

SekII-Schülern im Bereich „Bruchrechnung“ und „Termumformung“ fest. Frohn et. al konstatieren „große Schwierigkeiten im symbolisch-technischen Arbeiten“.

Nach Frohn et al. (2011) muss das wiederholende Einarbeiten andere Lernwege gehen, als Erstzugänge.

Frohn erarbeitet fünf Schritte für das Wiedererlernen von mathematischen Themenbereichen der Schulmathematik:

1. Vorwissen aktivieren
2. Argumentieren
3. Typische Fehler thematisieren
4. Vernetzung herstellen
5. Verallgemeinern

Die Erstzugänge erfolgen in der Regel mit Hilfe von Schulbüchern. Die Schüler sind mit der Arbeit mit Schulbüchern durch jahrelange Übung vertraut (Rezat 2011).

Gleichzeitig lassen die Doktoranden, die für diese Studie befragt wurden, das Schulbuch als Option für eine mögliche Ausgestaltung von Vorkursen vollkommen außen vor (Teil 3 der hier nicht weiter berichteten Doktorandenbefragung). Die Möglichkeit zum Einsatz von Schulbüchern und deren Potential für Vorkurszwecke wurde offensichtlich nicht wahrgenommen. Dieser Ansatz wäre m. E. lohnenswert weiterzuverfolgen, denn:

> *„Das Mathematikschulbuch wird nach wie vor zu den wichtigsten Hilfsmitteln im Mathematikunterricht gezählt (Howson 1995; Reichmann 2008; Sträßer 2009; Valverde et al. 2002).“ (Rezat 2011, S. 154)*

Schulbücher sind die den Schülern zur Verfügung stehende Fachliteratur und sind damit gleichzeitig „unverzichtbares“ Hilfsmittel für selbstreguliertes Lernen (Rezat 2011, S. 155). Das Schulbuch scheint auch deshalb ein interessanter Anknüpfungspunkt zu sein, da es sich für ein einfaches und kompatibles Wiedererlernen in vertrauter Arbeitsweise eignet.

Verwendungszwecke zur Arbeit von Schülern mit Schulbüchern außerhalb des Unterrichts nach Rezzat:

„1. Hilfe zum Bearbeiten von Aufgaben

2. Festigen […]“

Wegen der Vertrautheit im Umgang und der physischen Präsenz von Schulbüchern wäre es überlegenswert die Arbeit mit Schulbüchern in eine Förderung im Bereich der nicht-modellorientierten Ebene im Bereich der Vorkurse miteinzubinden.

5.24 Fazit Forschungsstrang d)

Mit dem skizzierten Vorschlag hebt das entwickelte Förderkonzept die Förderentscheidung und Priorisierung von Förderung von der Stufe einer nicht-individuumsbezogenen modellbasierten Förderung auf die Stufe einer individuell-datenbasierten Priorisierung von Modellen zur modellbasierten Förderung. Darin sieht das Konzept die Komponente des „Differenzierenden" der Förderung gestärkt. Gleichzeitig findet auch die Konsequenz Berücksichtigung, dass unter Umständen für ein Individuum keines der eingegebenen Modelle eine Förderung ausreichend differenziert. Die Entwicklung des Förderkonzepts ist implizit davon ausgegangen, dass die Förderung eines Individuums auf Modellebene, anstatt lediglich auf Itemebene, im Sinne der Aufarbeitung (noch) defizitärer Kompetenzen wünschenswert ist.

Mit dem Ausblick auf die Umsetzung eines differenzierenden Förderkonzeptes endet Forschungsstrang d) und kommt zur Gesamtschau der in dieser Arbeit vorgestellten Forschungsergebnisse.

Gesamtschau 6

6.1 Reflexion der allgemeinen Testgütekriterien als rückbezogene Betrachtung

Es folgt eine Abarbeitung ausgewählter Testgütekriterien nach Moosbrugger und Kelava (2012) aus dem „Theorieteil allgemein", die sich von besonderer Relevanz für das Projekt aldiff gezeigt haben. Die Bezugnahme erfolgt auf die Algebratestkürzung, wie sie in Forschungsstrang c) entwickelt wurde.

6.1.1 Zusammenschau der Gütekriterien, die bereits ausgeführt wurden

Normierung, Testökonomie, Nützlichkeit und Zumutbarkeit
Normierung

> *„Unter der Normierung (Eichung) eines Tests versteht man das Erstellen eines **Bezugssystems**, mit dessen Hilfe die Ergebnisse einer Testperson im Vergleich zu den Merkmalsausprägungen anderer Personen eindeutig eingeordnet und interpretiert werden können." (Moosbrugger und Kelava 2012, S. 19)*

Die Eichstichprobe der Hauptstudie N = 407 am Übergang Schule-Hochschule war sinnvoll gewählt, um den möglichen Einsatz des Diagnoseinstrumentes nicht zu eng zu fassen (**Bezugssystem**). Die Studie zeigt, dass für Schüler und Studenten am Übergang Schule-Hochschule gemeinsame Modelle gefunden werden können. Die

T. Lutz, *Diagnose und Förderung in der elementaren Algebra*, Landauer Beiträge zur mathematikdidaktischen Forschung, https://doi.org/10.1007/978-3-658-34208-1_6

unabhängige Stichprobe N = 51 der Testkürzung zeigt Indizien für konfirmierende Überlegungen.

Testökonomie

> *„Ein Test erfüllt das Gütekriterium der Ökonomie, wenn er, gemessen am diagnostischen Erkenntnisgewinn, relativ* ***wenig finanzielle und zeitliche Ressourcen****beansprucht." (Moosbrugger und Kelava 2012, S. 21)*

Für Anwender der Moodle/Ilias:Erweiterung STACK mit der Möglichkeit JavaScript ausführbar einzubinden, ist die Nutzung des Testinstrumentes in vollem Umfang und **kostenlos** möglich (Anfragen an tim.lutz@alumni.uni-heidelberg.de).

Eine Beratung für die Einrichtung eines Plattformzugangs mit STACK (gerne auch zur Anwendung auf andere Testpopulationen) kann ebenfalls unter dieser Adresse erfolgen.

Eine Testdauer von nunmehr durchschnittlich ca. 20 min macht den Test attraktiv, um ihn in Kombination mit anderen Tests (stationär oder online) einzusetzen; siehe auch:

Zumutbarkeit

> *„Ein Test erfüllt das Kriterium der Zumutbarkeit, wenn er absolut und relativ zu dem aus seiner Anwendung resultierenden Nutzen die zu testende Person in* ***zeitlicher, psychischer****sowie* ***körperlicher****Hinsicht nicht über Gebühr belastet." (Moosbrugger und Kelava 2012, S. 22)*

Da die Testkürzung aus c) ausschließlich die Lösung mathematischer Aufgaben erfordert, wird der Test als zumutbar für Schüler der Oberstufe und Studenten von MINT-Studiengängen eingeschätzt. Die **zeitliche, körperliche und psychische** Belastung wird für „Durchschnittsprobanden" als **zumutbar** eingeschätzt, zumal der Test in Präsenz, aber auch genauso asynchron online durchgeführt werden kann. Selbst die deutlich längere Hauptstudie, die zusätzlich auch Fragen zur Person (zur Kontrolle von Populationsmerkmalen) beinhaltete und bei der eine sich anschließende Förderung nicht in Aussicht stand, war offenbar zumutbar, da der Test freiwillig von 407 der 522 Probanden, die den Test begonnen haben, im Sinne des Projektes „durchgängig" bearbeitet wurde. Die für eine Onlinebefragung ohne Rückmeldung erstaunlich niedrige Abbrecherquote lässt vermuten, dass die Probanden für sich selbst den Test als in irgendeiner Form brauchbar/nützlich einschätzten.

Nützlichkeit

> *„Ein Test ist dann nützlich, wenn für das von ihm gemessene Merkmal* ***praktische Relevanz****besteht und die auf seiner Grundlage getroffenen Entscheidungen (Maßnahmen) mehr Nutzen als Schaden erwarten lassen." (Moosbrugger und Kelava 2012, S. 22)*

Die Erläuterung über die **praktische Relevanz** des Testes findet sich im Theorieteil.

Das gesamte Projektstreben aldiff arbeitet mit seinen unternommenen Forschungsansätzen auf die Erstellung von Diagnoseentscheidungen für Förderung hin.

6.1.2 Gütekriterien, die abschließend noch einmal ergänzend aufgegriffen werden

Testgütekriterium Objektivität:

> *„Ein Test ist dann objektiv, wenn er dasjenige Merkmal, das er misst, unabhängig von* ***Testleiter****und* ***Testauswerter****misst. Außerdem müssen klare und anwenderunabhängige* ***Regeln für die Ergebnisinterpretation****vorliegen." (Moosbrugger und Kelava 2012, S. 8)*

Testleiter: Alle Hinweise, die zur Durchführung des Testes bei aldiff benötigt, werden, erhalten die Probanden standardisiert schriftlich mitgeteilt (Moosbrugger und Kelava 2012, S. 9).

Mündliche Hinweise und weitere Anweisungen durch eine durchführende Person (wie z. B. Eingabe mathematischer Zeichen) sind nicht erforderlich und sollen explizit unter Verweis auf die Befolgung der schriftlich erteilten Hinweise unterlassen werden.

Das Testergebnis in aldiff ist somit unabhängig von der Person eines Testleiters.

Testauswerter: Die Aufgaben des Algebratests aldiff aus c) wurden vom Autor in STACK (zum Teil mit JavaScript-Ergänzungen) so vorbereitet umgesetzt, dass eine vollständig automatisierte Auswertung, ohne Beteiligung eines menschlichen Testauswerters möglich ist.

Das Testergebnis in aldiff ist somit unabhängig vom Testauswerter.

Regeln für die Ergebnisinterpretation: Das Förderkonzept bei aldiff legt fest, welche Testergebnisse in welchen Förderempfehlungen münden sollen. Die Ergebnisinterpretation ist somit bis zur Förderentscheidung vollständig quantifiziert automatisiert festgelegt. Ermessensspielräume der Ergebnisinterpretation durch menschliche Auswerter entfallen. Für die Ausgestaltung von Förderung auf Basis der Diagnose in aldiff wurden literaturbasierte Bezüge auf SUmEdA gegeben, die um Vorkurskontexte für den speziellen Bezug des Übergangs Schule-Hochschule erweitert wurden.

Testgütekriterium Reliabilität:

> *"Eine völlige Reliabilität würde sich bei einer* ***Wiederholung der Testung****an derselben Testperson unter gleichen Bedingungen und* ***ohne Merkmalsveränderung****darin äußern, dass der Test zweimal zu dem gleichen Ergebnis führt."(Moosbrugger und Kelava 2012, S. 11)*

Wiederholung der Testung: Der aldiff Test wird vom Probanden (außer den Speedaufgaben) ohne Vorgabe eines Zeitrahmens in seinem eigenen individuellen Tempo bearbeitet. Sofern dem Probanden keine Diagnose gestellt wird, ist davon auszugehen, dass er bei einer Testwiederholung sehr ähnliche Überlegungen zur Entwicklung von Lösungsstrategien anstellen wird, die zu sehr ähnlichen Lösungsabgaben führen. Folglich wäre auch die Beurteilung durch das Bewertungssystem sehr ähnlich.

ohne Merkmalsveränderung: Empirisch wurde diese Vorgehensweise für den Test bei aldiff nicht untersucht, da dies für die Zielsetzung aldiff, der Entwicklung einer Diagnose für Förderung defizitärer Bereiche nicht im Fokus steht. Für den Nachweis für Wirksamkeit von Förderung sollte in Erwägung gezogen werden, einen Paralleltest zu entwickeln unter Verwendung des verbliebenen Aufgabenpools. Prinzipiell könnte hier die Methode der Itemzwillinge (Moosbrugger und Kelava 2012, S. 129) zur Anwendung kommen.

Allgemeiner zur Reliabilität: Split-Half-Testreliabilität des 1-Faktorenmodells

Für aldiff und das 1-Faktorenmodell gilt:

Die Korrelation zwischen den nach SPSS bestimmten Split-Half-Teilen führt zur Korrelation zwischen den Formen von 0,667. Korrigiert über den Spearman-Brown-Koeffizienten führt dies zu einem Reliabilitätsurteil von 0,8 für die Gesamttestlänge.

Zusätzlich wird der probabilistische Ansatz bei Hunt (2013) gewählt: "Maximal Split-Half Coefficients". Dieser Ansatz stellt eine "praktisch rechenbare" Umsetzung von Überlegungen von Guttman dar. Guttman sucht die bestmöglichen Testhälften, um eine Split-Half-Testreliabilität zu untersuchen (Hunt 2013, S. 7).

mean	max	median	minimum
0,918	0,939	0,918	0,886

Validität

*„Ein Test gilt dann als valide (»gültig«), wenn er das Merkmal, das er messen soll, **auch wirklich misst**und nicht irgendein anderes." (Moosbrugger und Kelava 2012, S. 13)*

*„Unter **Inhaltsvalidität**versteht man, inwieweit ein Test oder ein Testitem das zu messende Merkmal repräsentativ erfasst." (Moosbrugger und Kelava 2012, S. 15)*

*„**Augenscheinvalidität**gibt an, inwieweit der Validitätsanspruch eines Tests, vom bloßen Augenschein her einem Laien gerechtfertigt erscheint." (Moosbrugger und Kelava 2012, S. 15)*

*„Ein Test weist **Konstruktvalidität**auf, wenn der Rückschluss vom Verhalten der Testperson innerhalb der Testsituation auf zugrunde liegende psychologische Persönlichkeitsmerkmale (»Konstrukte«, »latente Variablen«, »Traits«) wie Fähigkeiten, Dispositionen, Charakterzüge, Einstellungen wissenschaftlich fundiert ist. Die Enge dieser Beziehung wird aufgrund von testtheoretischen Annahmen und Modellen überprüft." (Moosbrugger und Kelava 2012, S. 16)*

Die **Inhaltsvalidität (und damit, ob das Testitem misst, was es messen soll)** der Testitems sieht aldiff darin bestätigt, dass die Testitems theoretisch im Vorgängerprojekt in SUmEdA erarbeitet wurden. Dabei fanden auch Aufgabeninhalte Eingang, die von dritter Seite als inhaltsvalide gekennzeichnet sind.

Die Inhaltsvalidität bezüglich der Zuordnung zu SUmEdA nahen Wissens/Könnenselementen zu Beginn der Modelluntersuchungen in b) wird durch die Projektleitung verantwortet.

Die **Augenscheinvalidität** des fertiggestellten Tests scheint gegeben, da sich das 6-Faktorenmodell kompatibel zum Vereinfachten Modell zeigt.

Mit den Untersuchungen in a) mit Dozenten scheint die Augenscheinvalidität auch auf der Seite möglicher „Testveranstalter" mit empirischen Indizien plausibel.

Bezüglich der **Konstruktvalidität** ging aldiff in seinen Untersuchungen struktursuchend vor: Das theoretische Modell SUmEdA und dessen Derivate waren Grundlage aller Untersuchungen zum 6-Faktorenmodell.

Strukturprüfende Indizien liegen mit der Zusatzerhebung aus Forschungsstrang c) vor. Eine regulär strukturprüfende Testvalidierung auf Basis einer größeren unabhängigen Stichprobe, wäre sinnvoll und einfach in sich anschließende Förderwirksamkeitsforschung in Form der Einbindung des Tests aus c) als Diagnoseeingangstest integrierbar.

Zur Bildung nomologischer Testungs-Netzwerke müssten gezielt, z. B. im Kontext von SUmEdX als weitergefasstem allgemein-mathematischen Modell empirische Untersuchungen erfolgen. Voraussetzung hierfür sind jedoch Testdurchläufe in den einzelnen Bereichen, bevor das Gesamtkonstrukt SUmEdX als komplexes Modell zusammengeführt werden kann.

6.1.3 Gütekriterium Fairness

*„Ein Test erfüllt das **Gütekriterium der Fairness**, wenn die resultierenden Testwerte zu keiner systematischen Benachteiligung bestimmter Personen aufgrund ihrer Zugehörigkeit zu ethnischen, soziokulturellen oder geschlechtsspezifischen Gruppen führen.“ (Moosbrugger und Kelava 2012, S. 24)*

Vorkursangebote haben mit diversen Schwierigkeiten zu kämpfen, die aus der Heterogenität der Teilnehmerschaft erwachsen. Trotzdem soll das **Gütekriterium der Fairness** gewahrt bleiben. Die Aufgabenstellungen selbst sind in ihrer Formulierung in der Regel in möglichst einfacherer Sprache gehalten. Dort jedoch, wo sprachliche Kompetenz und deren Übersetzung in algebraische Zusammenhänge die zu testende Kompetenz ausmachen, kann nicht von einem Culture-Fair Test gesprochen werden (Moosbrugger und Kelava 2012, S. 24).

Eine diesbezügliche Optimierung (außerhalb einer Übersetzung) scheint schwer möglich, ohne die getesteten Kompetenzen mit zu verändern.

Die Durchführungsfairness scheint gegeben: Bei den Probanden handelt es sich durchgängig um einen etwa gleich alten jungen Personenkreis, für den die Testbearbeitung in digitaler Form möglicherweise etwas ungewohnt sein könnte, für die jedoch die Bearbeitung an einem Computer von ihrer Bearbeitungs-„Fitness“ her leistbar ist.

Nicht geeignet wäre der aldiff Test in unveränderter Form z. B. für sehbehinderte Personen, da hierfür einige Bereiche des Tests, allen voran die visuell arbeitenden Speedtestaufgaben, in der dargebotenen Form nicht geeignet und auch schwer anderweitig vergleichbar umsetzbar wären. Für Personen mit Einschränkungen im visuellen oder feinmotorischen Bereich müsste der Test anders konzeptioniert übersetzt werden.

Nach der Einordnung des Testes aldiff in die Testgütekriterien nach Moosbrugger und Kelava (2012) soll ein reflexiver Vergleich der Ergebnisse von aldiff mit Ergebnissen bei Feldt-Caesar (2017) erfolgen, um die Ergebnisse von aldiff in einen allgemeineren Großzusammenhang von Forschungsstrategien zu stellen.

6.2 Vergleich der Forschungsstrategien bei aldiff mit anderen Forschungsstrategien am Beispiel von Feldt-Caesar (2017)

Im Theorieteil b) wurde bereits ausgeführt, dass die Definition von grundlegendem Wissen und Können oft, teilweise curricular gefüllt, auf Basis von praktischen nicht unbedingt wissenschaftlich modelltheoretischen Kriterien erfolgt (vgl. WADI).

Einen wichtigen wissenschaftlichen Beitrag im Bereich „Mindeststandards" leistet Feldt-Caesar (2017). Feldt-Caesar erstellt dazu ein eigenes wissenschaftliches Konstrukt und schlägt das „elementarisierende Testen" als neue Art der adaptiven Testung vor. Die Begriffe „Fehleraufklärungsquote" und „kritische Gruppe" werden als technische Hilfsbegriffe definiert.

Im Rückblick auf die Ergebnisse und Vorschläge die in dieser Arbeit formuliert wurden, ergeben sich äußerst interessante Querbezüge zu Feldt-Caesar (2017).

Querbezug 1: Nachlernförderliches Feedback

> *„Zu diesem Zweck sollte das Feedback – im Falle von registrierten Schwierigkeiten – direkte Verweise auf konkrete Nachlernmaterialien umfassen, die für den Lernenden beispiel[s]weise in Form seines Lehrbuchs oder durch online bereit gestellte Materialien unmittelbar zugänglich sind. Da der reguläre Unterricht häufig keinen Raum für ausführliche Wiederholungseinheiten zu vorangegangenen Unterrichtseinheiten bietet, kommt dem eigenständigen Aufarbeiten möglicher Lücken im Bereich von Mindeststandards besondere Bedeutung zu. Hierin sollten Schüler durch ein (nach)lernförderliches Feedback bestmöglich unterstützt werden." (Feldt-Caesar 2017, S. 151)*

Auch Feldt-Caesar argumentiert den zeitlichen Mehraufwand für die Erarbeitung des adaptiven Testsystems, wie dies auch schon in aldiff bezogen auf die Förderung festgestellt wurde.

Querbezug 2: Hauptlinienaufgaben

„Beim Elementarisierenden Testen werden Inhalte und Handlungen zunächst im Sinne eines kumulierten Testens in verknüpfter Form getestet. Diese Aufgaben, die zusammen die Hauptlinie des Tests ergeben, werden von jedem Lernenden bearbeitet. Unterläuft einem Schüler bei der Bearbeitung einer dieser Hauptlinienaufgaben ein Fehler, so wird er durch eine Schleife geleitet, in der eine Elementarisierung der Anforderung der Hauptlinienaufgabe stattfindet. Eine solche Testschleife kann aus einer oder mehreren elementarisierten Testaufgaben bestehen, in der oder denen die zum Bearbeiten der Hauptlinienaufgabe notwendigen Stoffelemente und Handlungen isoliert betrachtet werden. Nach dem Durchlaufen der elementarisierenden Schleife wird der Schüler wieder auf die Hauptlinie zurückgeleitet und setzt dort die Bearbeitung der regulären Testaufgaben fort." (Feldt-Caesar 2017, S. 156)

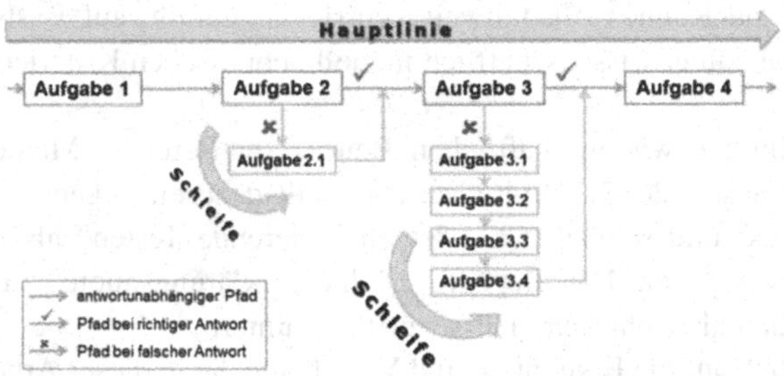

(Feldt-Caesar 2017, S. 156)

Die Vorgehensweise bei Feldt-Caesar (2017), bei nicht korrekt bearbeiteten Hauptlinienaufgaben in Feindiagnose überzugehen, entspricht simultan den Ansätzen bei aldiff. Im Unterschied dazu arbeitet aldiff modellorientiert (und damit mit mehreren Aufgaben), die gemeinschaftlich gesehen eine Hauptlinienaufgabe bilden. Dies kann bei aldiff als Bestrebung gesehen werden, einen solchen Ansatz wie bei Feldt-Caesar (2017) weiterzudenken.

Die zwei empirischen Modelle aus aldiff sind als Maßgabe der Hauptlinie bei Feldt-Caesar zu sehen; das formative Assessment in der Förderung kann als Entsprechung zur Feindiagnose in den Nebenlinienaufgaben bei Feldt-Caesar gelten.

Nach der Einordnung von aldiff in die Forschungsstrategien eines vergleichbar ähnlichen Projektes soll sich eine Sammlung von Fragestellungen anschließen, die sich aus der vorliegenden Arbeit über aldiff ergeben haben. Damit soll der Bogen zu allgemeinen Forschungsbemühungen im Bereich der Förderkonzepterstellung am Übergang SekI-SekII-Hochschule geschlagen werden.

Ausblick 7

Die dringlichsten Fragestellungen im Anschluss an das Projekt aldiff beschäftigen sich mit der empirischen Untersuchung von Förderung am Übergang Schule-Hochschule, ebenso wie mit dem Transfer der Aussagen von aldiff auf Diagnosen am Übergang SekI-SekII. Die Fülle von c^2(aldiff) sollte weitergeführt werden in der Summe aus a^2(Erweiterung der Diagnose auf andere Populationen) und b^2(Förderung). Die Fülle von a^2 ist im Rahmen meiner Tätigkeit an der Universität Landau (z. B. Tätigkeitsfeld Lehr-Lern-Labore) bereits in Vorbereitung.

T. Lutz, *Diagnose und Förderung in der elementaren Algebra*, Landauer Beiträge zur mathematikdidaktischen Forschung,
https://doi.org/10.1007/978-3-658-34208-1_7

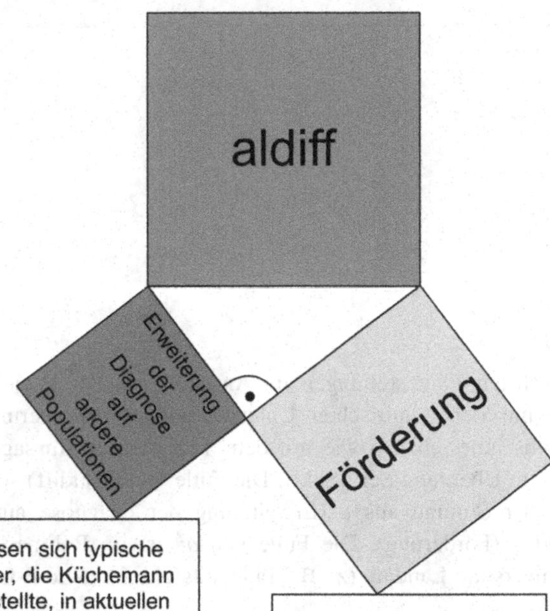

Lassen sich typische Fehler, die Küchemann feststellte, in aktuellen Schülerpopulationen wiederfinden?

Lassen sich die bei aldiff gewählten empirischen Modelle in der Sekundarstufe I konfirmieren?

Inwiefern müssen die vorgenommenen Quantifizierungen der Aussprache von Förderempfehlungen angepasst werden, um innerhalb einer Population sinnvolle Fördergruppengrößen auszumachen?

Was sind typische Fehler am Übergang Schule - Hochschule?

Auf welche Weise können für alle von aldiff vorgeschlagenen Teilbereiche der Förderung bereits bestehende theoretische Förderkonzepte eingebunden werden?

Wie kann praxiserprobtes Fördermaterial aufbauend auf die Diagnose entwickelt werden?

Wie kann Förderwirksamkeit individuums-bezogener Priorisierung von Modellen zur modellbasierten Förderung untersucht werden?

8 Schlusswort Kurzes persönliches Résumé der Arbeit am Projekt

Was nehme ich für mich persönlich aus dieser Zeit mit?

aufregend war die Erfahrung ein Projekt in allen Phasen mitzuverfolgen.

lehrreich erfrischend war aus dem Mathestudium kommend, die Statistik von ihrer Anwenderseite aus kennenzulernen.

dienlich war die mathematische Herangehensweise der Definition von Quantifizierungen eigentlich qualitativ definierter Kategorien.

interessant zu sehen war, dass die Erstellung der 1. Version des Vereinfachten Modells bereits Zusammenhänge zum 6-Faktorenmodell erkennen lässt.

feature-reich ist für mich die Erweiterung der STACK-Software-Basis um GeoGebra-Elemente und Anwendungsentwicklungen im Bereich AR.

future d. h. zukunftsorientiert einsetzbar ist, dass aus der Arbeit ein Produkt entstanden ist, das eingesetzt werden kann und von mir künftig auch selbst in weitergehender Forschung verwendet werden kann.

T. Lutz, *Diagnose und Förderung in der elementaren Algebra*, Landauer Beiträge zur mathematikdidaktischen Forschung, https://doi.org/10.1007/978-3-658-34208-1_8

Verzeichnis von Abbildungen aus Fremdquellen

T. Lutz, *Diagnose und Förderung in der elementaren Algebra*, Landauer Beiträge zur mathematikdidaktischen Forschung, https://doi.org/10.1007/978-3-658-34208-1

BMT10 2006 A Seite 2 Aufgabe 4
BMT10 2006 A Seite 4 Aufgabe 9
BMT8 2008 A Seite 2 Aufgabe 3
BMT8 2008 A Seite 4 Aufgabe 9
BMT10 2008 A Seite 2 Aufgabe 2
BMT8 2009 A Seite 3 Aufgabe 5
BMT8 2010 A Seite 2 Aufgabe 4
BMT8 2010 A Seite 2 Aufgabe 5
BMT8 2010 A Seite 2 Aufgabe 6
BMT10 2010 A Seite 2 Aufgabe 2
BMT10 2010 A Seite 3 Aufgabe 4
BMT8 2011 A Seite 2 Aufgabe 3
BMT8 2011 A Seite 4 Aufgabe 7
BMT10 2011 A Seite 2 Aufgabe 2
BMT10 2011 A Seite 4 Aufgabe 6
BMT8 2012 A Seite 1 Aufgabe 1
BMT8 2016 A Seite 4 Aufgabe 7
Abbildung aus Greefrath et al. (2015, S. 25).
„M124 Gehen“ (PISA „Sammlung freigegebener PISA-Aufgaben“ durch das Bundesinstitut bifie des östereichischen Schulwesens 2015, S.5)
Aufgabe 9(iii) bei Küchemann (1981, S. 114)
Aufgabe 9 (ii) bei Küchemann (1981, S. 114)
Aufgabe 3 bei Küchemann (1981, S. 111)
Aufgabe 14 bei Küchemann (1981, S. 105)
Aufgabe 5(ii) und 5(iii) bei Küchemann (1981, S. 106)
Aufgabe 18(ii) (Küchemann (1981, S. 109)
(Feldt-Caesar 2017, S. 156)

Literaturverzeichnis

Agarwala, A. (2015). Physikstudium Ganz schön verrechnet, ZEIT ONLINE. http://www.zeit.de/2015/23/physikstudium-mathematik-hochschule-ranking. Zugegriffen: 21. April 2020.

Alpers, B. (Hrsg.). (2013). A framework for mathematics curricula in engineering education. A report of mathematics working group. Brussels: SEFI.

Araujo, Z. de, Otten, S. & Birisci, S. (2017). Teacher-created videos in a flipped mathematics class: digital curriculum materials or lesson enactments? *ZDM 49* (5), 687–699. https://link.springer.com/content/pdf/10.1007%2Fs11858-017-0872-6.pdf. Zugegriffen: 22. März 2019.

Arzheimer, K. (2016). *Strukturgleichungsmodelle.* Wiesbaden: Springer Fachmedien Wiesbaden.

Barth, K. (1932). *Die kirchliche Dogmatik. Prolegomena zur kirchlichen Dogmatik. Band 1, Halbband 1: Kapitel: Die Offenbarung Gottes* (Die kirchliche Dogmatik (KD)). Zürich: Theologischer Verlag.

Baumert, J., Kunter, M., Blum, W., Brunner, M., Voss, T., Jordan, A., Klusmann, U., Krauss, S., Neubrand, M. & Tsai, Y.-M. (2010). Teachers' Mathematical Knowledge, Cognitive Activation in the Classroom, and Student Progress. *American Educational Research Journal 47* (1), 133–180. https://doi.org/10.3102/0002831209345157

Baumert, J., Lehmann, R., Lehrke, M., Clausen, M., Hosenfeld, I., Neubrand, J., Patjens, S., Jungclaus, H. & Günther, W. (1998). *Testaufgaben Mathematik TIMSS 7./ 8. Klasse (Population 2)* (Materialien aus der Bildungsforschung, Nr. 60). Berlin: Max-Planck-Inst. für Bildungsforschung.

Bausch, I., Biehler, R., Bruder, R., Fischer, P. R., Hochmuth, R., Koepf, W. et al. (Hrsg.). (2014). *Mathematische Vor- und Brückenkurse.* Wiesbaden: Springer Fachmedien Wiesbaden.

Bender, P. (2005). PISA, Kompetenzstufen und Mathematik-Didaktik. *Journal für Mathematik-Didaktik 26* (3–4), 274–281. https://link.springer.com/content/pdf/10.1007%2FBF03339026.pdf. Zugegriffen: 22. März 2019.

Biehler, R., Fischer, P. R., Hochmuth, R. & Wassong, T. (2012). Self-regulated learning and self assessment in online mathematics bridging courses. In J. Huertas (Hrsg.), *Teaching Mathematics Online* (216–237).

T. Lutz, *Diagnose und Förderung in der elementaren Algebra*, Landauer Beiträge zur mathematikdidaktischen Forschung, https://doi.org/10.1007/978-3-658-34208-1

Bildungsstandards der Kultusministerkonferenz. https://www.kmk.org/themen/qualitaetssicherung-in-schulen/bildungsstandards.html. Zugegriffen: 18. September 2019.

Bildungsstandards im Fach Mathematik für die Allgemeine Hochschulreife. Beschluss der Kultusministerkonferenz vom 18.10.2012. (2012). https://www.kmk.org/fileadmin/Dateien/veroeffentlichungen_beschluesse/2012/2012_10_18-Bildungsstandards-Mathe-Abi.pdf. Zugegriffen: 13. September 2019.

Blömeke, S. (2016). Der Übergang von der Schule in die Hochschule. Empirische Erkenntnisse zu mathematikbezogenen Studiengängen. In A. Hoppenbrock, R. Biehler, R. Hochmuth & H.-G. Rück (Hrsg.), *Lehren und Lernen von Mathematik in der Studieneingangsphase.* Wiesbaden: Springer Fachmedien Wiesbaden.

Blum, W. (Hrsg.). (2012). Bildungsstandards Mathematik: konkret. Sekundarstufe I: Aufgabenbeispiele, Unterrichtsanregungen, Fortbildungsideen; mit CD-ROM (6. Aufl.). Berlin: Cornelsen.

BMBF (Hrsg.). (2001). *TIMSS – Impulse für Schule und Unterricht.*

Bos, W., Wendt, H., Köller, O. & Selter, C. (Hrsg.). (2012). *TIMSS 2011. Mathematische und naturwissenschaftliche Kompetenzen von Grundschulkindern in Deutschland im internationalen Vergleich.* Münster: Waxmann.

Brown, M., Hart, K. & Küchemann, D. (1984). Chelsea diagnostic mathematics test. Algebra. http://iccams-maths.org/CSMS/images/algebra.pdf. Zugegriffen: 12. September 2019.

Brünner, A. (2020). Mathekurse. https://www.arndt-bruenner.de/mathe/mathekurse.htm.

Cheng, J. (2017). Learning to attend to precision: the impact of micro-teaching guided by expert secondary mathematics teachers on pre-service teachers' teaching practice. *ZDM 49* (2), 279–289. https://link.springer.com/content/pdf/10.1007%2Fs11858-017-0839-7.pdf. Zugegriffen: 22. März 2019.

Derr, K., Jeremias, V. X. & Schäfer, M. (2016). Optimierung von (E-)Brückenkursen Mathematik: Beispiele von drei Hochschulen. In A. Hoppenbrock, R. Biehler, R. Hochmuth & H.-G. Rück (Hrsg.), *Lehren und Lernen von Mathematik in der Studieneingangsphase.* Wiesbaden: Springer Fachmedien Wiesbaden.

Diefenbacher, I. & Wurz, L. (2001). Aus Fehlern lernen. Der Umgang mit dem Gleichheitszeichen. *mathematik lehren* (108), 15–17.

Dürr, R. & Freudigmann, H., Ackermann, A.; Binder, M.; Langmann, C.; Kölle, M.; Rempe, S. & Zmaila, A. (Mitarbeiter). WAchhalten und DIagnostizieren von Grundkenntnissen und Grundfertigkeiten im Fach Mathematik. Klassenstufe 5/6. Teil 2. https://lehrerfortbildung-bw.de/u_matnatech/mathematik/gym/bp2004/fb1/modul4/wadi5_2/WADI-6.pdf. Zugegriffen: 20. Juli 2019.

Düsi, C., Pinkernell, G. & Götz, G. (2018). Ist der typische Fehler „Überlinearisierung" systematisch? Eine Modellierung als latente Variable von Distraktoren mit erhöhtem diagnostischem Potential. In Fachgruppe Didaktik der Mathematik der Universität Paderborn (Hrsg.), *Beiträge zum Mathematikunterricht 2018* .

Ebner, B., Folkers, M. & Haase, D. (2016). Vorbereitende und begleitende Angebote in der Grundlehre Mathematik für die Fachrichtung Wirtschaftswissenschaften. In A. Hoppenbrock, R. Biehler, R. Hochmuth & H.-G. Rück (Hrsg.), *Lehren und Lernen von Mathematik in der Studieneingangsphase.* Wiesbaden: Springer Fachmedien Wiesbaden.

Embacher, F. & Reisinger, P. (2011). *Self-Assessment-Test Mathematik (SAM) an der Fakultät für Physik der Universität Wien.*

Faschingbauer, T. R. (1974). A 166-item written short form of the group MMPI: The FAM. *Journal of Consulting and Clinical Psychology 42* (5), 645–655.

Feldt-Caesar, N. (2017). *Konzeptualisierung und Diagnose von mathematischem Grundwissen und Grundkönnen.* Wiesbaden: Springer Fachmedien Wiesbaden.

Fischer, P. R. (2014). *Mathematische Vorkurse im Blended-Learning-Format.* Wiesbaden: Springer Fachmedien Wiesbaden.

Frenger, R. P. & Müller, A. (2015). *Evaluationsbericht Online-Vorkurse Mathematik an der Justus-Liebig-Universität Gießen: Wintersemester 2014/2015.*

Frohn, D., Ludwig, E. & Voss, I. (2011). Brücken zur Oberstufe. Diagnose und Förderung zu Beginn der Sekundarstufe II. *mathematik lehren* (166), 54–57.

Gensch, K. & Kliegl, C. (2011). *Studienabbruch – was können Hochschulen dagegen tun? Bewertung der Maßnahmen aus der Initiative „Wege zu mehr MINT-Absolventen"* (Studien zur Hochschulforschung, Bd. 80). München: Bayerisches Staatsinstitut für Hochschulforschung und Hochschulplanung IHF.

Goldstone, R. L., Marghetis, T., Weitnauer, E., Ottmar, E. R. & Landy, D. (2017). Adapting Perception, Action, and Technology for Mathematical Reasoning. *Current Directions in Psychological Science 26* (5), 434–441. https://doi.org/10.1177/0963721417704888

Götz, G., Düsi, C. & Lutz, T. (2018). Vom großen Fisch im kleinen Teich zum kleinen Fisch im großen Teich. Zur Entwicklung von Selbstwirksamkeit und des EVC-Modells in der Studieneingangsphase in WiMINT-Studiengängen. *Beiträge zum Mathematikunterricht 2018.*

Greefrath, G., Hoever, G., Kürten, R. & Neugebauer, C. (2015). Vorkurse und Mathematiktests zu Studienbeginn – Möglichkeiten und Grenzen. In J. Roth, T. Bauer, H. Koch & S. Prediger (Hrsg.), *Übergänge konstruktiv gestalten.* Wiesbaden: Springer Fachmedien Wiesbaden.

Groß, L., Boger, M.-A., Hamann, S. & Wedjelek, M. (2012). *ZEITLast Lehrzeit und Lernzeit: Studierbarkeit der BA-/BSc- und MA/MSc- Studiengänge als Adaption von Lehrorganisation und Zeitmanagement unter Berücksichtigung von Fächerkultur und neuen Technologien.* Forschungsbericht, Mainz. Zugegriffen: 19. April 2017.

Häder, M. (2014). *Delphi-Befragungen.* Wiesbaden: Springer Fachmedien Wiesbaden.

Hattie, J. & Timperley, H. (2007). The Power of Feedback. *Review of educational research 77* (1), 81–112. http://rer.sagepub.com/cgi/doi/10.3102/003465430298487. Zugegriffen: 21. April 2020.

Hefendehl-Hebeker, L. (2016). Subject-matter didactics in German traditions. *Journal für Mathematik-Didaktik 37* (S1), 11–31. https://link.springer.com/content/pdf/10.1007%2Fs13138-016-0103-7.pdf. Zugegriffen: 18. März 2019.

Heimes, B., Leiser, A., Kneip, F. & Pulham, S. (2016). Mathe-MAX – Ein Projekt an der htw saar. In A. Hoppenbrock, R. Biehler, R. Hochmuth & H.-G. Rück (Hrsg.), *Lehren und Lernen von Mathematik in der Studieneingangsphase.* Wiesbaden: Springer Fachmedien Wiesbaden.

Henn, G. & Polaczek, C. (2007). Studienerfolg in den Ingenieurwissenschaften (5), 144–147. http://www.hochschulwesen.info/inhalte/hsw-5-2007.pdf. Zugegriffen: 7. September 2019.

Heublein, U., Hutzsch, C., Schreiber, J., Sommer, D. & Besuch, G. (2010). Ursachen des Studienabbruchs in Bachelor- und in herkömmlichen Studiengängen. Ergebnisse einer bundesweiten Befragung von Exmatrikulierten des Studienjahres 2007/08. https://www.dzhw.eu/pdf/pub_fh/fh-201002.pdf. Zugegriffen: 15. September 2019.

Hill, H. C. & Loewenberg Ball, D. (2004). Learning Mathematics for Teaching: Results from California's Mathematics Professional Development Institutes. *Journal for Research in Mathematics Education, 35* (5), 330–351.

Hinz, A. (2014). Sind konfirmatorische Faktorenanalysen wirklich konfirmatorisch? *Psychotherapie, Psychosomatik, medizinische Psychologie 64* (1), 41–42. https://doi.org/10.1055/s-0033-1359982

Hodgen, J., Küchemann, D., Brown, M. & Coe, R. (2009). Children's understandings of algebra 30 years on. *Research in Mathematics Education 11* (2), 193–194. https://bsrlm.org.uk/wp-content/uploads/2016/02/BSRLM-IP-35-3-13.pdf.

Hooper, D., Coughlan, J. & Mullen, M. R. (2008). Structural Equation Modelling: Guidelines for Determining Model Fit. *The Electronic Journal of Buisness Research Methods 6* (1), 53–60. www.ejbrm.com.

Hoppenbrock, A., Biehler, R., Hochmuth, R. & Rück, H.-G. (Hrsg.). (2016). *Lehren und Lernen von Mathematik in der Studieneingangsphase.* Wiesbaden: Springer Fachmedien Wiesbaden.

Horstmann, N. & Hachmeister, C.-D. (2016). Anforderungsprofile für die Fächer im CHE Hochschulranking aus Professor(inn)ensicht. https://www.che.de/downloads/CHE_AP_194_Anforderungsprofile_Studienfaecher.pdf. Zugegriffen: 11. April 2019.

Horstmann, N., Hachmeister, C.-D. & Thiemann, J. (2016). Welche Fähigkeiten und Voraussetzungen sollten Studierende je nach Studienfach mitbringen? Ergebnisse einer Befragung von Professoren im Rahmen des CHE Hochschulrankings. https://www.che.de/downloads/Im_Blickpunkt_Voraussetzungen_nach_Studienfach.pdf. Zugegriffen: 11. April 2019.

Hu, L.-t. & Bentler, P. M. (1999). Cutoff criteria for fit indexes in covariance structure analysis: Conventional criteria versus new alternatives. *Structural Equation Modeling: A Multidisciplinary Journal 6* (1), 1–55. https://doi.org/10.1080/10705519909540118

Hunt, T. (2013). Package 'Lambda4'. https://cran.r-project.org/web/packages/Lambda4/Lambda4.pdf.

Hußmann, S. & Schacht, F. (2015). Fachdidaktische Entwicklungsforschung in inferentieller Perspektive am Beispiel von Variable und Term. *Journal für Mathematik-Didaktik 36* (1), 105–134. https://link.springer.com/content/pdf/10.1007%2Fs13138-014-0070-9.pdf. Zugegriffen: 22. März 2019.

Institut zur Qualitätsentwicklung im Bildungswesen. VERA – Ein Überblick, Institut zur Qualitätsentwicklung im Bildungswesen. https://www.iqb.hu-berlin.de/vera. Zugegriffen: 5. September 2019.

Jasper, F. (2009). *Zur Psychometrie der Mathematik am Ende der Sekundarstufe I* (Inauguraldissertation zur Erlangung des akademischen Grades eines Doktors der Sozialwissenschaften der Universität Mannheim Inauguraldissertation zur Erlangung des akademischen Grades eines Doktors der Sozialwissenschaften der Universität Mannheim).

Jasper, F. & Wagener, D. (2013). M-PA Mathematiktest für die Personalauswahl. https://www.testzentrale.de/shop/mathematiktest-fuer-die-personalauswahl.html.

Kaufmann, H. & Pape, H. (1996). Clusteranalyse. In L. Fahrmeir, A. Hamerle & G. Tutz (Hrsg.), *Multivariate statistische Verfahren* (2. Aufl., S. 437–535). s.l.: De Gruyter.

Kellman, P. J., Massey, C. M. & Son, J. Y. (2010). Perceptual learning modules in mathematics: enhancing students' pattern recognition, structure extraction, and fluency. *Topics in cognitive science 2* (2), 285–305. https://doi.org/10.1111/j.1756-8765.2009.01053.x

Kempen, L. (2016). Das soziale Netzwerk Facebook als unterstützende Maßnahme für Studierende im Übergang Schule/Hochschule. In A. Hoppenbrock, R. Biehler, R. Hochmuth & H.-G. Rück (Hrsg.), *Lehren und Lernen von Mathematik in der Studieneingangsphase*. Wiesbaden: Springer Fachmedien Wiesbaden.

Kersten, I. (2015). Kalkülfertigkeiten an der Universität: Mängel erkennen und Konzepte für die Förderung entwickeln. In J. Roth, T. Bauer, H. Koch & S. Prediger (Hrsg.), *Übergänge konstruktiv gestalten*. Wiesbaden: Springer Fachmedien Wiesbaden.

Kirchner, A. (2018). Ausklammern und Faktorisieren – Terme vereinfachen – was ist wichtig? https://www.oberprima.com/ausklammern-und-faktorisieren/. Zugegriffen: 24. März 2019.

Kleka, P. & Paluchowski, W. J. (2017). Shortening of psychological tests – assumptions, methods and doubts. *Polish Psychological Bulletin 48* (4), 516–522. https://doi.org/10.1515/ppb-2017-0058

Knoche, N. & Lind, D. (2000). Eine Analyse der Aussagen und Interpretationen von TIMSS unter Betonung methodologischer Aspekte. *Journal für Mathematik-Didaktik 21* (1), 3–27. https://link.springer.com/content/pdf/10.1007%2FBF03338904.pdf. Zugegriffen: 22. März 2019.

Kompetenzzentrum Technik-Diversity-Chancengleichheit e.V. (2019). komm mach mint Test, Kompetenzzentrum Technik-Diversity-Chancengleichheit e.V. https://www.komm-mach-mint.de/schuelerinnen/teste-dich-selbst/mint-test.

Konferenz der Fachbereiche Physik. (2011). Empfehlung der Konferenz der Fachbereiche Physik zum Umgang mit den Mathematikkenntnissen von Studienanfängern der Physik Berlin, 7. November 2011.

Krainer, K. & Zehetmeier, S. (2012). Mathematikdidaktik als herausfordernde Wissenschaft – oder: Zur Komplexität des Lehrens und Lernens von Mathematik sowie des Erforschens desselben. In W. Blum, R. Borromeo Ferri & K. Maaß (Hrsg.), *Mathematikunterricht im Kontext von Realität, Kultur und Lehrerprofessionalität* (S. 376–380). Wiesbaden: Vieweg+Teubner Verlag.

Krumke, S. O., Roegner, K., Schüler, L., Seiler, R. & Stens, R. (2012). Der Online-Mathematik Brückenkurs OMB Eine Chance zur Lösung der Probleme an der Schnittstelle Schule/Hochschule. http://page.math.tu-berlin.de/~seiler/publications/OMB-eine-Chance.pdf. Zugegriffen: 11. April 2019.

Küchemann, D. (1978). Children's Understanding of Numerical Variables. *Mathematics in School 7* (4). http://iccams-maths.org/CSMS/images/algebra.pdf.

Küchemann, D. (1981). Chapter 8: Algebra. In K. M. Hart (Hrsg.), *Children's understanding of mathematics: 11–16* (S. 102–119).

Küchemann, D. (2013 (Upload)). Chelsea Diagnostic Mathematics Tests. Teacher's Guide: Algebra. http://iccams-maths.org/CSMS/images/CSMS%20tests%20teacher's%20guide%20ALGEBRA.pdf. Zugegriffen: 12. September 2019.

Kürten, R. (2016). Mindestanforderungskatalog Mathematik. Für ein Studium der Ingenieurwissenschaften am Campus Steinfurt. https://www.fh-muenster.de/studium/downloads/Mindestanforderungskatalog_Mathematik_2016.pdf. Zugegriffen: 11. April 2019.

Labs, O. (2011). Gleichungen in Bildern. In A. Filler, M. Ludwig & R. Oldenburg (Hrsg.), *Werkzeuge im Geometrieunterricht. Vorträge auf der 29. Herbsttagung des Arbeitskreises Geometrie in der Gesellschaft für Didaktik der Mathematik vom 10. bis 12. September 2010 in Marktbreit* .

Landesinstitut für Schulentwicklung Baden-Württemberg. (2019). VERA 8 – Verfahren, Landesinstitut für Schulentwicklung Baden-Württemberg. https://www.ls-bw.de/,Lde/Startseite/Lernstandserhebungen/VERA+8+Verfahren. Zugegriffen: 5. September 2019.

Landy, D., Allen, C. & Zednik, C. (2014). A perceptual account of symbolic reasoning. *Frontiers in psychology 5,* 275. https://doi.org/10.3389/fpsyg.2014.00275

Landy, D. & Goldstone, R. L. (2007a). Formal notations are diagrams: Evidence from a production task. *Memory & Cognition 35,* 2033–2040.

Landy, D. & Goldstone, R. L. (2007b). How abstract is symbolic thought? *Journal of experimental psychology. Learning, memory, and cognition 33* (4), 720–733. https://doi.org/10.1037/0278-7393.33.4.720

Lang, M. (2004). *eLearning: Open Source Software vs proprietäre Software. Darstellung und Vergleich.* https://www.tutonaut.de/wp-content/uploads/2017/02/Diplomarbeit_Final.pdf. Zugegriffen: 7. Juni 2019.

Lang, M. (2017). eLearning-Plattformen im Vergleich – Diplomarbeit 2004 vs. 2017. https://www.tutonaut.de/elearning-plattformen-im-vergleich-diplomarbeit-2004-vs-2017/.

Langemann, D. (2016). Die dunkle Seite der Schulmathematik – eine Parabel. *Mitteilungen der Deutschen Mathematiker-Vereinigung 24* (1). https://www.degruyter.com/downloadpdf/j/dmvm.2016.24.issue-1/dmvm-2016-0016/dmvm-2016-0016.pdf. Zugegriffen: 14. September 2019.

Lecon, C. & Koot, C. (2015). Virtuelle 3D-Räume und Lehrvideos als E-Learning-Angebote: Praktische Erfahrungen an der Hochschule Aalen. *HMD Praxis der Wirtschaftsinformatik 52* (1), 108–119. https://doi.org/10.1365/s40702-014-0110-4

Lehrerfortbildung BW. (2009). WADI. https://lehrerfortbildung-bw.de/u_matnatech/mathematik/gym/bp2004/fb1/modul4/basis/.

LIFE Bildung Umwelt Chancengleichheit e.V. (2019). tasteMINT – Technik ausprobieren Stärken entdecken, LIFE Bildung Umwelt Chancengleichheit e.V. https://tastemint.de/. Zugegriffen: 30. Mai 2019.

Loewenberg Ball, D. (2011). Vorwort von Mathematics Teacher Noticing: Seeing Through Teachers' Eyes.

Loewenberg Ball, D., Thames, M. H. & Phelps, G. (2008). Content Knowledge for Teaching. *Journal of Teacher Education 59* (5), 389–407. https://doi.org/10.1177/0022487108324554

Lutz, T. (2019). GeoGebra and STACK. Creating tasks with randomized interactive objects with the GeoGebraSTACK_HelperTool. In *Contributions to the 1st International STACK conference.*

Lutz, T., Pinkernell, G. & Vogel, M. (2020). Ergebnisse einer Expertenbefragung zu einem vereinfachten Modell der elementaren Algebra. In A. Frank, S. Krauss & K. Binder (Hrsg.), *Beiträge zum Mathematikunterricht 2019. 53. Jahrestagung der Gesellschaft der Didaktik der Mathematik.*

Marghetis, T., Landy, D. & Goldstone, R. L. (2016). Mastering algebra retrains the visual system to perceive hierarchical structure in equations. *Cognitive research: principles and implications 1* (1), 25. https://doi.org/10.1186/s41235-016-0020-9

Mason, B. J. & Bruning, R. H. (2001). Providing Feedback in Computer-based Instruction: What the Research Tells Us. *CLASS Project Research Report No. 9.*

Melnick, S. A. & Meister, D. G. (2008). A Comparison of Beginning and Experienced Teachers' Concerns. *Educational Research Quarterly 31* (3), 40–56.

Meyer, A. (2015). *Diagnose algebraischen Denkens.* Wiesbaden: Springer Fachmedien Wiesbaden.

Meyer, A. & Fischer, A. (2013). Wie algebraische Symbolsprache die Möglichkeiten für algebraisches Denken erweitert – Eine Theorie symbolsprachlichen algebraischen Denkens. *Journal für Mathematik-Didaktik 34* (2), 177–208. https://link.springer.com/content/pdf/10.1007%2Fs13138-013-0054-1.pdf. Zugegriffen: 22. März 2019.

Mindestanforderungskatalog Mathematik (Version 2.0) der Hochschulen Baden-Württembergs für ein Studium von WiMINT-Fächern. Ergebnis einer Tagung vom 05.07.2012 und einer Tagung vom 24.-26.02.2014.

Minio-Paluello, L. (1949). *Aristotelis categoriae et liber de interpretatione.* Oxford.

Moosbrugger, H. & Kelava, A. (Hrsg.). (2012). *Testtheorie und Fragebogenkonstruktion* (Springer-Lehrbuch). Berlin, Heidelberg: Springer Berlin Heidelberg.

Mundfrom, D. J. & Shaw, D. G. (2005). Minimum Sample Size. Recommendations for Conducting Factor Analyses. *International Journal of Testing,* 159–168.

Nagy, G., Neumann, M., Trautwein, U. & Lüdtke, O. (2010). Voruniversitäre Mathematikleistungen vor und nach der Neuordnung der gymnasialen Oberstufe in Baden-Württemberg. In U. Trautwein, M. Neumann, G. Nagy, O. Lüdtke & K. Maaz (Hrsg.), *Schulleistungen von Abiturienten.* Wiesbaden: VS Verlag für Sozialwissenschaften.

National Action Plan for addressing the critical needs of the U.S. science, technology, engineering, and mathematics education system. (2007). https://www.nsf.gov/pubs/2007/nsb07114/nsb07114.pdf. Zugegriffen: 16. Juni 2019.

Neumann, I., Pigge, C. & Heinze, A. (2017). *Welche mathematischen Lernvoraussetzungen erwarten Hochschullehrende für ein MINT-Studium? Eine Delphi-Studie.*

Neumann, I., Pigge, C. & Heinze, A. (2018). Mathematische Lernvoraussetzungen für MINT-Studiengänge aus Sicht der Hochschulen. Eine empirische Studie mit Hochschullehrenden zu Mindestanforderungen. *GDM-Mitteilungen 105.*

Neumann, M. & Nagy, G. (2010). Kapitel 8 Mathematische und naturwissenschaftliche Grundbildung vor und nach der Neuordnung der gymnasialen Oberstufe in Baden-Württemberg. In U. Trautwein, M. Neumann, G. Nagy, O. Lüdtke & K. Maaz (Hrsg.), *Schulleistungen von Abiturienten.* Wiesbaden: VS Verlag für Sozialwissenschaften.

O'Connor, B. P. (2000). SPSS and SAS programs for determining the number of components using parallel analysis and Velicer's MAP test. *Behavior Research Methods, Instrumentation, and Computers 32* (3), 396–402. https://people.ok.ubc.ca/brioconn/nfactors/nfactors.html.

OECD. (2019). PISA – Internationale Schulleistungsstudie der OECD, OECD. http://www.oecd.org/berlin/themen/pisa-studie/.

Oldenburg, R. (2005). Bidirektionale Verknüpfung von Computeralgebra und dynamischer Geometrie. *Journal für Mathematik-Didaktik 26* (3–4), 249–273. https://link.springer.com/content/pdf/10.1007%2FBF03339025.pdf. Zugegriffen: 22. März 2019.

Oldenburg, R. (2009a). FeliX – mit Algebra Geometrie machen. *Informatik-Spektrum 32* (1), 23–26. https://doi.org/10.1007/s00287-008-0303-8

Oldenburg, R. (2009b). Structure of algebraic competencies. In *Proceedings of CERME 6, January 28th-February 1st 2009* .

Oldenburg, R. (2013a). Syntactic and Semantic Items in Algebra Tests. A Conceptual and Empirical View.

Oldenburg, R. (2013b, April). *Untersuchungen zur Kompetenzstruktur in der Algebra,* Landau.

Pant, H. A. (2013). Wer hat einen Nutzen von Kompetenzmodellen? *Zeitschrift für Erziehungswissenschaft 16* (S1), 71–79. https://link.springer.com/content/pdf/10.1007%2Fs11618-013-0388-y.pdf. Zugegriffen: 18. März 2019.

Pigge, C., Neumann, I. & Heinze, A. (2016). Mathematische Lernvoraussetzungen für MINT-Studiengänge aus Hochschulsicht – eine Delphi-Studie. In *Beiträge zum Mathematikunterricht* .

Pinkernell, G. (2015). Wo Mathe drauf steht ist auch Mathe drin. Die Fachausbildung im Lehramt als Rekonstruktion des Faches aus der Schulmathematik. *mathematica didactica 38,* 256–273. http://mathematica-didactica.com/altejahrgaenge/md_2015/md_2015_Pinkernell_Mathe.pdf. Zugegriffen: 24. März 2019.

Pinkernell, G. (2019). SUmEdX. https://wordpress.pinkernell.online/?page_id=446. Zugegriffen: 21. Mai 2019.

Pinkernell, G., Gulden, L. & Kalz, M. (2019). Automated feedback at task level: Error analysis or worked out examples. *ICTMT 14.* Which type is more effective?

Pötschke, M. & Karnaz, S. (2009). Erwartungen und Anforderungen an Studierende. Ergebnisse einer Lehrendenbefragung. https://www.uni-kassel.de/fb05/fileadmin/groups/w_151207/Erwartungen_und_Anforderungen_an_Studierende.pdf. Zugegriffen: 11. April 2019.

quarks.de. PISA-Studie 2019: So sind die Ergebnisse einzuordnen, quarks.de. https://www.quarks.de/gesellschaft/bildung/pisa-studie-2019-so-sind-die-ergebnisse-einzuordnen/.

Rach, S. & Heinze, A. (2013). Welche Studierenden sind im ersten Semester erfolgreich? *Journal für Mathematik-Didaktik 34* (1), 121–147. https://doi.org/10.1007/s13138-012-0049-3

Rach, S., Heinze, A. & Ufer, S. (2014). Welche mathematischen Anforderungen erwarten Studierende im ersten Semester des Mathematikstudiums? *Journal für Mathematik-Didaktik 35* (2), 205–228. https://doi.org/10.1007/s13138-014-0064-7

Reimpell, M., Hoppe, D., Pätzold, T. & Sommer, A. (2014). Brückenkurs Mathematik an der FH Süd-Westfalen in Meschede. In I. Bausch, R. Biehler, R. Bruder, P. R. Fischer, R. Hochmuth, W. Koepf et al. (Hrsg.), *Mathematische Vor- und Brückenkurse.* Wiesbaden: Springer Fachmedien Wiesbaden.

Reiss, K., Sälzer, C., Schiepe-Tiska, A., Klieme, E. & Köller, O. (Hrsg.). (2016). *PISA 2015. Eine Studie zwischen Kontinuität und Innovation.* Münster: Waxmann.

Rezat, S. (2011). Wozu verwenden Schüler ihre Mathematikschulbücher? Ein Vergleich von erwarteter und tatsächlicher Nutzung. *Journal für Mathematik-Didaktik 32* (2), 153–177. https://link.springer.com/content/pdf/10.1007%2Fs13138-011-0028-0.pdf. Zugegriffen: 22. März 2019.

Rockmann, U. & Bömermann, H. (2008). eLearning – Konzepte und Beispiele. *AStA Wirtschafts- und Sozialstatistisches Archiv 2* (1–2), 127–143. https://link.springer.com/content/pdf/10.1007%2Fs11943-008-0041-z.pdf. Zugegriffen: 18. März 2019.

Roegner, K., Heimann, M. & Seiler, R. (2016). Die Mumie im Einsatz: Tutorien lernerzentriert gestalten. In A. Hoppenbrock, R. Biehler, R. Hochmuth & H.-G. Rück (Hrsg.), *Lehren und Lernen von Mathematik in der Studieneingangsphase.* Wiesbaden: Springer Fachmedien Wiesbaden.

Rolfes, T. (2018). *Funktionales Denken.* Wiesbaden: Springer Fachmedien Wiesbaden.

Romppel, M. (2014). Welche Vorzüge haben konfirmatorische Faktorenanalysen im Vergleich zu explorativen Faktorenanalysen? *Psychotherapie, Psychosomatik, medizinische Psychologie 64* (5), 200–201. https://doi.org/10.1055/s-0034-1369965

Roth, J., Bauer, T., Koch, H. & Prediger, S. (2015). *Übergänge konstruktiv gestalten.* Wiesbaden: Springer Fachmedien Wiesbaden.

Rüede, C., Streit, C. & Royar, T. (2016). Ein Modell des mathematischen Lehrerwissens als Orientierung für die mathematische Ausbildung im Lehramtsstudium der Grundschule. In A. Hoppenbrock, R. Biehler, R. Hochmuth & H.-G. Rück (Hrsg.), *Lehren und Lernen von Mathematik in der Studieneingangsphase.* Wiesbaden: Springer Fachmedien Wiesbaden.

Rüede, C., Weber, C. & Eberle, F. (2018). Welche mathematischen Kompetenzen sind notwendig, um allgemeine Studierfähigkeit zu erreichen? Eine empirische Bestimmung erster Komponenten. *Journal für Mathematik-Didaktik 35* (1). https://link.springer.com/content/pdf/10.1007%2Fs13138-018-0137-0.pdf. Zugegriffen: 22. März 2019.

Ruthven, K. (2000). Towards Synergy of Scholarly and Craft Knowledge.

Ruthven, K. (2011). Chapter 6: Conceptualising mathematical knowledge in teaching. In T. Rowland & K. Ruthven (Hrsg.), *Mathematical knowledge in teaching.* Dordrecht: Springer.

Sachse, M. (2009). Kritikanalyse VERA. http://vergleichsarbeiten.isb-qa.de/userfiles/Kritikanalyse-VERA.pdf. Zugegriffen: 5. September 2019.

Salle, A., vom Hofe, R. & Pallack, A. (2011). Fördermodule für jede Gelegenheit. SINUS.NRW-Projekt Diagnose & individuelle Förderung. *mathematik lehren* (166).

Sangwin, C. J. STACK [Computer software]: School of Mathematics. The University of Edinburgh. https://www.ed.ac.uk/maths/stack/.

Sangwin, C. J. (2013). *Computer aided assessment of mathematics* (1st ed.). Oxford: Oxford Univ. Press.

Schacht, F. (2012). *Mathematische Begriffsbildung zwischen Implizitem und Explizitem.* Wiesbaden: Vieweg+Teubner Verlag.

Schermelleh-Engel, K., Moosbrugger, H. & Müller, H. (2003). Evaluating the Fit of Structural Equation Models: Tests of Significance and Descriptive Goodness-of-Fit Measures. *Methods of Psychological Research Online 8* (2), 23–74. https://www.dgps.de/fachgruppen/methoden/mpr-online/issue20/art2/mpr130_13.pdf. Zugegriffen: 16. Februar 2019.

Schleim, S. (2019). Wie Deutschland bei PISA auf Platz 1 kommen könnte. Oder schafft das Messinstrument endlich ab. https://www.heise.de/tp/features/Wie-Deutschland-bei-PISA-auf-Platz-1-kommen-koennte-4607865.html.

Schütze, B., Souvignier, E. & Hasselhorn, M. (2018). Stichwort – Formatives Assessment. *Zeitschrift für Erziehungswissenschaft 21* (4), 697–715. https://link.springer.com/content/pdf/10.1007%2Fs11618-018-0838-7.pdf. Zugegriffen: 18. März 2019.

Selden, A. & Selden, J. (2013). Persistence and self-efficacy in proving. In*Proceedings of the 35 th annual meeting of the North American Chapter of the International Group for the Psychology of Mathematics Education* (304-307). http://www.researchgate.net/profile/Annie_Selden/publication/268524363_Persistence_and_Self-Efficacy_in_Proving/links/54701c6d0cf24af340c09839.pdf. Zugegriffen: 7. Oktober 2015.

Seppälä, M., Xambo, S. & Caprotti, O. (Hrsg.). (2006). *WebALT 2006 Proceedings.*

Short, D. J. & Echevarria, J. (1999). *The sheltered instruction observation protocol: a tool for teacher-researcher collaboration and professional development.*

Shute, V. J. (2008). Focus on Formative Feedback. *Review of educational research 78* (1), 153–189.

Simoncini, K. M., Lasen, M. & Rocco, S. (2014). Professional Dialogue, Reflective Practice and Teacher Research: Engaging Early Childhood Pre-Service Teachers in Collegial Dialogue about Curriculum Innovation. *Australian Journal of Teacher Education 39* (1). https://doi.org/10.14221/ajte.2014v39n1.3

Staatsinstitut für Schulqualität und Bildungsforschung München. Jahrgangsstufentests am Gymnasium BMT – Informationen für Eltern, Staatsinstitut für Schulqualität und Bildungsforschung München. http://jahrgangsstufenarbeiten.isb.bayern.de/www.isb.bayern.de/download/21779/flyer_elterninformationen_feb_2013.pdf. Zugegriffen: 20. Juli 2019.

Stacey, K., Steinle, V., Price, B. & Gvozdenko, E. (2013). Smart tests – homepage Specific Mathematics Assessments that Reveal Thinking. http://www.smartvic.com/smart/index.htm. Zugegriffen: 4. Dezember 2019.

Stahl, R. (2000). *Lösungsverhalten von Schülerinnen und Schülern bei einfachen linearen Gleichungen. Eine empirische Untersuchung im 9. Schuljahr und eine Entwicklung eines kategoriellen Computerdiagnosesystems.* https://d-nb.info/959151001/34. Zugegriffen: 11. Juni 2019.

Stein, M. (2019). Hinweise von Prof. Stein für Schülerinnen und Schüler zur Arbeit mit bettermarks. http://mathematiktest-fuer-schulen.de/wp-content/uploads/2019/08/Hinweise_fuer_Schueler_zur_Arbeit_mit_bm.pdf. Zugegriffen: 22. Januar 2020.

Strobl, R. (2019). Pisa-Ergebnisse schocken Experten: „Dramatisch“ – Rangliste zeichnet deutliches Bild. https://www.merkur.de/politik/pisa-studie-2019-rangliste-deutschland-schueler-ergebnisse-zr-13266783.html.

Sun, X. H., Xin, Y. P. & Huang, R. (2019). A complementary survey on the current state of teaching and learning of Whole Number Arithmetic and connections to later mathematical content. *ZDM 15* (1), 69. https://link.springer.com/content/pdf/10.1007%2Fs11858-019-01041-z.pdf. Zugegriffen: 22. März 2019.

Suurtamm, C., Thompson, D. R., Kim, R. Y., Moreno, L. D., Sayac, N., Schukajlow, S., Silver, E., Ufer, S. & Vos, P. (2016). *Assessment in Mathematics Education.* Cham: Springer International Publishing.

Tabach, M. & Friedlander, A. (2017). Algebraic procedures and creative thinking. *ZDM 49* (1), 53–63. https://link.springer.com/content/pdf/10.1007%2Fs11858-016-0803-y.pdf. Zugegriffen: 22. März 2019.

Tapson, F. (2004). Study Guide for Maths Formulary. http://www.cleavebooks.co.uk/trol/trolmf.pdf. Zugegriffen: 1. November 2019.

Tartsch, G. (2011). Notstand Mathematik. ein Projekt der Industrie- und Handelskammer Braunschweig. http://www.mathematikinformation.info/pdf2/MI55Tartsch.pdf. Zugegriffen: 14. September 2019.

Testothek der Pädagogischen Hochschule Heidelberg. “Thematische Liste der Testinstrumente der Testothek der PH Heidelberg, Systematik nach PSYNDEX Januar 2018”, Testothek der Pädagogischen Hochschule Heidelberg.

Tietze, U.-P. (1988). Schülerfehler und Lernschwierigkeiten in Algebra und Arithmetik – Theoriebildung und empirische Ergebnisse aus einer Untersuchung. *Journal für Mathematik-Didaktik 9* (2–3), 163–204. https://link.springer.com/content/pdf/10.1007%2FBF03339290.pdf. Zugegriffen: 22. März 2019.

TIMSS 2015. (2016). *Trends in Maths and Science Study (TIMSS): National Report for England*. https://assets.publishing.service.gov.uk/government/uploads/system/uploads/attachment_data/file/572850/TIMSS_2015_England_Report_FINAL_for_govuk_-_reformatted.pdf. Zugegriffen: 1. Dezember 2019.

TIMSS 2019 frameworks. (2017). 140 Commonwealth Avenue Chestnut Hill MA: TIMSS & PIRLS.

Trautwein, U., Neumann, M., Nagy, G., Lüdtke, O. & Maaz, K. (Hrsg.). (2010). *Schulleistungen von Abiturienten*. Wiesbaden: VS Verlag für Sozialwissenschaften.

Trost, G. & Althaus, H.-J. (2017). TestAS Modellaufgaben Deutsch. https://www.testas.de/de/pdf/TestASModellaufgabenDeutsch.pdf. Zugegriffen: 30. Mai 2019.

Urban, D. & Mayerl, J. (2014). *Strukturgleichungsmodellierung*. Wiesbaden: Springer Fachmedien Wiesbaden.

vom Hofe, R. (Hrsg.). (2011). *Förderkonzepte*.

Watermann, R. & Maaz, K. (2006). Effekte der Öffnung von Wegen zur Hochschulreife auf die Studienintention am Ende der gymnasialen Oberstufe. *Zeitschrift für Erziehungswissenschaft 9* (2), 219–239. https://link.springer.com/content/pdf/10.1007%2Fs11618-006-0019-y.pdf. Zugegriffen: 18. März 2019.

Wattenberg, M., Viégas, F. & Johnson, I. (2016). How to Use t-SNE Effectively, Distill. http://distill.pub/2016/misread-tsne.

Weidner, W. (1999). *Meckerbissen. Aphorismen und Pointen* (Orig.-ausg., 1. Aufl.). Berlin: Frieling.

Westermann, K. & Rummel, N. (2012). Delaying instruction: evidence from a study in a university relearning setting. *Instructional Science 40* (4), 673–689. https://link.springer.com/content/pdf/10.1007%2Fs11251-012-9207-8.pdf. Zugegriffen: 18. März 2019.

Wild, E. & Esdar, W. (2014). Eine heterogenitätsorientierte Lehr-/Lernkultur für eine Hochschule der Zukunft. Fachgutachten im Auftrag des Projektes nexus der Hochschulrektorenkonferenz. http://www.hrk-nexus.de/fileadmin/redaktion/hrk-nexus/07-Downloads/07-02-Publikationen/Fachgutachten_Heterogenitaet_Wild.pdf. Zugegriffen: 28. November 2015.

Wiljes, J.-H. de, Hamann, T. & Schmidt-Thieme, B. (2016). Die Hildesheimer Mathe-Hütte. Ein Angebot zur Einführung in mathematisches Arbeiten im ersten Studienjahr. In A. Hoppenbrock, R. Biehler, R. Hochmuth & H.-G. Rück (Hrsg.), *Lehren und Lernen von Mathematik in der Studieneingangsphase*. Wiesbaden: Springer Fachmedien Wiesbaden.

Winter, K. (2011). *Entwicklung von Item-Distraktoren mit diagnostischem Potential zur individuellen Defizit- und Fehleranalyse: didaktische Überlegungen, empirische Untersuchungen und konzeptionelle Entwicklung für ein internetbasiertes Mathematik-Self-Assessment* (Evaluation und Testentwicklung in der Mathematik-Didaktik). Münster: WTM, Verl. für wiss. Texte und Medien.

Wladis, C., Offenholley, K., Licwinko, S., Dawes, D. & Lee, J. K. (2017). Theoretical Framework of Algebraic Concepts for Elementary Algebra. In A. Weinberg, C. Rasmussen, J. Rabin, M. Wawro & S. Brown (Hrsg.), *Proceedings of the 20th Annual Conference on Research in Undergraduate Mathematics Education*. .

Wolf, P. & Friedenberg, S. (2017). Gegenüberstellung von Bildungsstandards und Bedarfsanalyse bzgl. der Mathematikgrundlagen an der HS Stralsund. *ZFHE 12* (4), 189–214.

Zehner, F., Sälzer, C. & Goldhammer, F. (2016). Automatic Coding of Short Text Responses via Clustering in Educational Assessment. *Educational and psychological measurement*

76 (2), 280–303. http://europepmc.org/backend/ptpmcrender.fcgi?accid=PMC5965586&blobtype=pdf. Zugegriffen: 18. März 2019.

Zentrale für Unterrichtsmedien im Internet e.V. Mathematik-Digital, Zentrale für Unterrichtsmedien im Internet e.V. http://www.zum.de/mathematik-digital/. Zugegriffen: 11. Juni 2019.

Printed in the United States
by Baker & Taylor Publisher Services